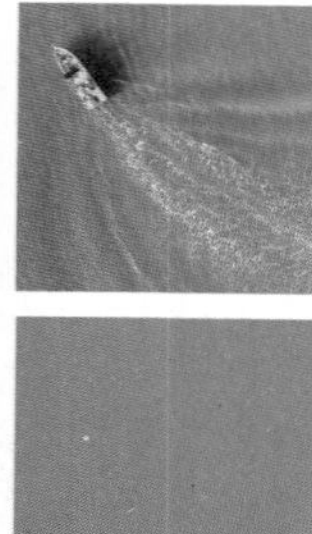

从新手到高手

剪映+Vlog+Premiere短视频制作从新手到高手

方国平 / 编著

清華大学出版社
北京

内 容 简 介

本书是一本系统讲解剪映专业版、剪映手机版和 Premiere Pro 2022 软件的入门到精通教程，主要讲述了剪映和 Premiere Pro 入门必备知识和短视频制作实战技巧，涉及视频剪辑技巧、视频转场、视频调色、抠像、字幕等应用，以及在短视频领域，如抖音、快手、B 站等短视频制作的必备知识。

本书共 14 章，第 1 章介绍拍摄入门的基础知识；第 2 章介绍剪映专业版软件的运用；第 3 章介绍视频剪辑技巧；第 4 章介绍视频转场过渡；第 5 章介绍抠像和蒙版；第 6 章介绍字幕和贴纸；第 7 章介绍特效运用；第 8 章介绍音频处理方法；第 9 章介绍滤镜调色和调节功能；第 10 章介绍短视频制作流程；第 11 章介绍手机版剪映制作；第 12 章介绍热门短视频的制作方法；第 13 章介绍 Premiere Pro 快速入门方法；第 14 章介绍 Vlog 短视频制作方法。

本书适合剪映、Vlog 和 Premiere 初、中级读者使用，也可以作为相关院校的教材和辅导用书。

图书在版编目(CIP)数据

剪映 +Vlog+Premiere 短视频制作从新手到高手 / 方国平编著 . —北京：清华大学出版社，2023.3
（从新手到高手）
ISBN 978-7-302-62926-9

Ⅰ . ①剪…　Ⅱ . ①方…　Ⅲ . ①视频编辑软件　Ⅳ . ① TN94

中国国家版本馆 CIP 数据核字 (2023) 第 036051 号

责任编辑： 陈绿春
封面设计： 潘国文
版式设计： 方加青
责任校对： 徐俊伟
责任印制： 沈　露

出版发行： 清华大学出版社
网　　址： http://www.tup.com.cn，http://www.wqbook.com
地　　址： 北京清华大学学研大厦 A 座　　**邮　　编：** 100084
社 总 机： 010-83470000　　**邮　　购：** 010-62786544
投稿与读者服务： 010-62776969，c-service@tup.tsinghua.edu.cn
质 量 反 馈： 010-62772015，zhiliang@tup.tsinghua.edu.cn
印 装 者： 三河市人民印务有限公司
经　　销： 全国新华书店
开　　本： 188mm×260mm　　**印　　张：** 12.25　　**字　　数：** 349 千字
版　　次： 2023 年 4 月第 1 版　　**印　　次：** 2023 年 4 月第 1 次印刷
定　　价： 79.00 元

产品编号：093981-01

前言 PREFACE

本书是初学者快速自学剪映专业版和Premiere Pro 2022的必备教程，全书从实用角度出发，全面系统地讲解了剪映专业版和Premiere Pro的应用功能，涵盖了视频剪辑、视频转场、视频调色、字幕、音频处理和抠像等功能的应用，同时安排了实战性的剪映短视频制作案例和Premiere Pro制作短视频的案例，详细演示案例的制作过程，系统掌握短视频的制作流程和制作技巧。

目前市面上很多剪映和Premiere Pro教材只讲操作步骤，而忽略了实际应用，在解决实际工作问题时无从下手，很多读者在学习过程中很茫然。本书能够让读者系统高效地学会抖音、快手、视频号和B站的短视频制作方法。本书在案例上更加突出针对性、实用性和技术剖析的力度，对于短视频的制作方法和制作流程均有讲解。

本书特点

1. 零起点、入门快

本书以初学者为主要读者对象，通过对基础知识的介绍，结合案例对剪映专业版和Premiere Pro软件工具做了详细讲解，确保读者零起点、轻松快速入门。

2. 内容细致全面

本书涵盖了剪映和Premiere Pro短视频制作各个方面的内容，可以作为剪映和Premiere Pro入门者的必备教程。

3. 实例精美实用

本书的实例经过精心挑选，确保案例在实用的基础上精美、漂亮，一方面熏陶读者的审美，一方面让读者在学习过程中体会到美。

4. 编写思路符合学习规律

本书在讲解过程中采用了知识点和综合案例相结合的方法，符合广大初学者"轻松易学"的学习要求。

5. 附带高价值教学视频

本书附带一套教学视频，将重点知识与商业案例完美结合，并提供全书所有案例的配套素材与源文件。读者可以方便地看视频及使用素材，对照书中的步骤进行操作，循序渐进，点滴积累，快速进步。

读者按照本书的章节顺序进行学习并加以练习，很快就能学会剪映专业版和Premiere Pro软件的使用方法和技巧，并能够掌握视频剪辑、视频转场、录制音频、音频处理、语音转字幕和视频调色等内容，从而胜任短视频制作等方面的工作。

本书服务

1. 交流答疑微信群

为了方便读者提问和交流，我们特意建立了如下微信群，关注微信公众号"鼎锐教育服务号”，点击菜单“个人中心”>“联系老师”，将会邀请您加入交流群。

2. 微信公众号交流

为了方便读者提问和交流，我们特意建立了微信公众号，打开微信添加公众号“鼎锐教育服务号”，点击菜单“个人中心”，可以进入其中交流剪映+Premiere Pro学习问题。

3. 每周一练

为了方便读者学习，读者可以关注我们的微信公众号“鼎锐教育服务号”，点击菜单“每周一练”。

4. 留言和关注最新动态

为了方便与读者沟通、交流，我们会及时发布与本书有关的信息，包括读者答疑、勘误信息等。读者可以关注微信公众号“鼎锐教育服务号”与我们交流。

本书的配套素材和视频教学文件请扫描下面的二维码进行下载，如果在下载过程中碰到问题，请联系陈老师，邮箱：chenlch@tup.tsinghua.edu.cn。

由于作者水平有限，书中疏漏之处在所难免。如果有任何技术问题请扫描下面的二维码联系相关技术人员解决。

技术支持

配套素材

视频教学

致谢

在编写本书时笔者得到了很多人的帮助，在此表示感谢。感谢海兰对图书编写的悉心指导，感谢天猫对鼎锐教育旗舰店的支持，感谢鼎锐教育全体成员的支持，感谢张成洋、张亮、方广丽、方浩的帮助，感谢清华大学出版社编辑的大力支持，感谢我的爱人和儿子的理解与支持。衷心感谢所有支持和帮助我的人。

编者

2023年1月

CONTENTS 目录

第 1 章　拍摄入门

第 2 章　剪映专业版

第 3 章　视频剪辑技巧

第4章 视频转场

第5章 抠像和蒙版

第6章 字幕和贴纸

第7章 特效运用

第8章 音频处理

第 9 章 滤镜调色和调节功能

第 10 章 短视频制作流程

第 11 章 手机版剪映制作

第 12 章 热门短视频制作

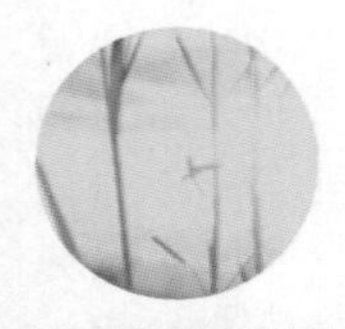

第 13 章　Premiere Pro 快速入门

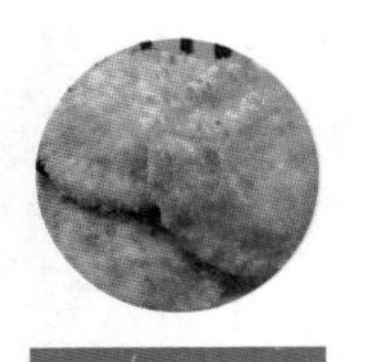

第 14 章　Vlog 短视频制作

第1章

拍摄入门

在抖音、快手等短视频平台，拍摄类视频内容占的比例比较大，掌握拍摄技巧可以更好地拍摄视频画面。可以通过推镜头进行全景、中景、近景、特写来实现整个画面的切换变化，还可以通过拍摄角度来表现拍摄的对象，本章从曝光、快门速度、光圈、感光度、白平衡、拍摄角度、构图等方面介绍视频的拍摄技巧。

1.1 曝光

在拍视频过程中，光线运用得好，可以提升拍摄的效果。可以使用顺光、逆光等来表现场景中的物体与人物，场景中的光线不足时，可以适当使用灯光来补足，使画面的光线处于合适的范围。可以通过调整拍摄设备的光圈和快门来实现画面的曝光，可以通过不同的光圈快门组合完成相同的曝光。大光圈可以获得背景虚化的浅景深效果，慢快门可以让移动的主体形成动感的轨迹。本节介绍快门速度、光圈和感光度。

1.1.1 快门速度

快门速度代表着曝光时间的长短，通常光线越充足，需要的曝光时间越短，光线不足时，需要的曝光时间会比较长，长时间曝光需要搭配三脚架来稳定相机，让图像不会产生晃动的残影。

在拍摄运动对象时，快门速度可以影响到整张照片的清晰度，快门速度越快，成像画面越清晰；快门速度越慢，成像画面越模糊，如图1-1所示。为以快速快门拍摄的运功人物效果。

图1-1　快度快门拍摄的运动人物

1.1.2 光圈

光圈是用来控制镜头进光量的部件，光圈越大，进入的光线越多，画面会越亮；另一方面，大光圈景深更浅，拍摄人像背景更加梦幻。光圈越小，进入的光线越少，照片会较暗；用小光圈背景会更清晰，拍摄风景时保证能捕捉到全部画面。

环境光线弱时，在曝光过程中，单位时间内进入相机的光线较少，为了实现正确的曝光，快门打开的时间就会较长，因此在夜景和光圈较暗的室内拍摄时，只有开大光圈并提高感光度才能够拍摄到清晰的照片，如图1-2所示。

图1-2　大光圈拍摄的照片

1.1.3 感光度

感光度表示手机的感光系统对光线的敏感程度，感光度越高对光线就越敏感，也就意味着拍摄出来的画面会越亮；感光度越低，手机的感光系统对光线的敏感度越低，画面就越暗。

提高感光度能起到提亮画面的作用，设置较高的感光度则可以提升快门的速度，如图1-3所示为高感光度下拍摄的照片。

图1-3 高感光度的照片

1.2 白平衡

同一个物品在日光灯、白炽灯等环境下的颜色是不同的，这是因为这些场景下的灯光颜色不同，白平衡是指对光源进行修正，从而改变色调的功能，一般手机拍摄时使用自动白平衡。

在讨论白平衡时，经常会见到两个概念，冷色调和暖色调，冷色调通常偏蓝，给人寒冷的感觉，暖色调通常偏黄，给人舒适温馨的感觉，通过调整白平衡，可以还原物体原本的色彩，让画面更加自然，如图1-4所示。

1.3 拍摄角度

在视频拍摄过程中，拍摄同一物体选择不同的拍摄角度，拍摄的视频画面区别比较大，不同的拍摄角度会带给观众不同的感受，通过不同的视角可以将普通的拍摄对象以不一样的方法展示出来，本节介绍平视、仰视、俯视的拍摄角度。

1.3.1 平视

平视是指在拍摄时平行取景，取景镜头与拍摄物体高度一致，拍摄者常以站立或半蹲的姿势拍摄对象，可以展现画面的真实细节，如图1-5所示。

图1-4 调整白平衡后的照片

图1-5 平视拍摄的照片

1.3.2 仰视

仰视拍摄就是将对象物体置于水平线上，摄像机低于水平线的位置，也就是从低处向上仰角拍摄，可以30°仰拍、45°仰拍、60°仰拍等，仰拍的角度不一样，拍摄出来的效果自然不同，仰角拍摄会让观众产生一种摄影对象形象高大、强壮、精力充沛的感觉，如果用于建筑的拍摄，可以体现建筑的宏伟大气，如图1-6所示。

图1-6 仰视拍摄的照片

1.3.3　俯视

俯视拍摄时是将拍摄物体置于摄像师的视平线下方的位置，从高处往下拍摄，拍摄出来的视频画面视角大，画面有纵深感和层次感，如图1-7所示。

图1-7　俯视拍摄的照片

1.4　构图

对于短视频的制作，拍摄过程中要防止画面混乱，拍摄的对象主体如果表现得不够突出，可以通过构图将作品主体表现出来，主次要分明，画面要简洁明了，好的构图能够让作品吸引观众的眼球，掌握短视频拍摄一定要掌握构图技巧，好的构图才能使视频更加好看。

1.4.1　水平线构图

水平线构图是最基本的一种构图方式，水平线构图是指画面以水平线为主。水平线构图通常有三种画面形式，分别为高水平线构图、中间水平线构图和低水平线构图。通常根据要表现的景物来安排水平线在画面中的位置，表现天空部分时，可将水平线安排在画面的下1/3处，这样可以很好地表现天空的部分；如果要表现地面部分，可将水平线安排在画面的上1/3处；如果将水平线置于画面的中间位置，以均衡对称的画面形式表现开阔、宁静的感觉，此时水面与天空各占画面的一半，如图1-8所示。

1.4.2　垂直线构图

垂直线构图是指画面以垂直的线条为主，能充分展示景物的高度和深度，能够使画面在上、下方向产生视觉延伸感，可以加强画面中垂直线条的力度和形式感，给人以高大、威严的视觉感受。拍摄树木、植物时经常用到这种构图，通常可以截取对象的局部来获得简练的垂直线，使画面呈现出较强的形式美感，如图1-9所示。在拍摄高楼林立时也可以用到垂直线构图。

图1-8　水平线构图

图1-9　垂直线构图

1.4.3　九宫格构图

九宫格构图是指将画面用横竖的两条直线等分为9个格子，等分完成后画面会形成一个九宫格线条，九宫格的画面中会形成四个交叉点，这些交叉点称为趣味中心点，可以使用趣味中心点来安排拍摄的主体，使主体对象更加醒目。

图1-10就是采用九宫格的构图手法拍摄的荷花，将盛开的荷花放在右下角的交叉点上，可以增强画面中的主体视觉效果。

图1-10　九宫格构图

1.4.4　框式构图

框式构图是指将画面中重点内容利用框架框起来的构图方法，拍摄的时候可以寻找门、窗等框形结构，树枝也可以被当成框，框式构图不一定是封闭的，也可以是开放的、不规则的。框式构图不仅可以汇聚视觉，还可以营造出很好的画面层次感，因此很适合手机摄影，如图1-11所示。

图1-11　框式构图

1.4.5　斜线构图

用手机拍照的时候在构图上可以很灵活，要进行斜线构图时，只要倾斜一下手机就可以，斜线构图能够使画面产生动感，沿着斜线的两端会产生视觉的延伸，并且能加强画面的延伸感。斜线构图打破了画面边框平衡的均衡形式，从而使斜线部分在画面中被突出和强调。

拍摄的时候可以根据拍摄对象的实际情况来控制手机倾斜的程度，如图1-12所示。

图1-12　斜线构图

1.4.6　中心构图

中心构图就是将画面中的主要拍摄对象放置在画面的中心，这样的构图方式主要是将主体突出，非常适合短视频拍摄，是短视频拍摄最常用的构图方法，如图1-13所示。

图1-13　中心构图

1.5　Vlog 拍摄思路

拍摄Vlog短视频，可以采用手机剪映软件拍摄功能来拍摄，也可以使用单反相机等设备进行拍摄，在拍摄视频之前，脑海中首先要有一个画面呈现，怎么拍，在什么地方拍什么镜头，然后根据内容去写脚本，表1-1是一个在家日常生活Vlog的拍摄脚本。

表1-1　日常生活Vlog拍摄脚本

片段	分镜	分镜描述	台词
1. 早晨起床		画面：闹钟响起 运镜：固定镜头	早上好！最近早起的温度都好舒适
		画面：拉开窗帘 运镜：固定镜头	
		画面：晨间活动 运镜：固定镜头	
2. 制作早餐		画面：处理食材 运镜：固定镜头	每天早上制作营养健康的早餐，是一件幸福的事情
		画面：制作早餐 运镜：固定镜头	

续表

片段	分镜	分镜描述	台词
3. 享用早餐		画面：品尝成品 运镜：固定镜头	
4. 早间活动		画面：活动镜头 运镜：固定镜头	写字能反映心境，每天早晨练习1小时毛笔字
		画面：活动镜头 运镜：固定镜头	
5. 制作午餐		画面：午餐制作 运镜：固定镜头	午饭吃最喜爱的溜肉段
		画面：享用午餐 运镜：固定镜头	

续表

片段	分镜	分镜描述	台词
6. 下午活动		画面：午后打扮 运镜：固定镜头	下午和朋友出去拍照片
		画面：逛街风景 运镜：固定镜头	
7. 制作晚餐		画面：晚餐制作 运镜：固定镜头	家里晚餐都是自己做，自己制作的食材新鲜，用料有把握，实实在在，吃得也放心
		画面：制作晚餐 运镜：固定镜头	

第 2 章

剪映专业版

剪映支持手机、平板、PC三端草稿互通，剪映专业版是易用的桌面端剪辑软件，剪映专业版采用更直观易用的创作面板，支持AI识别字幕，一键操作即可上字幕，引入强大的黑罐头素材库，支持搜索海量音频、表情包、贴纸、花字、特效、滤镜等，支持智能抠图和绿幕抠图，支持轻松抠人像，可以自由创作有趣的视频，让专业剪辑变得更简单高效，为更多人提供创作的乐趣，满足创作者的各类创作需求，让视频表达更加栩栩如生。

2.1 剪映专业版界面介绍

计算机中安装的是剪映专业版，打开剪映专业版软件，界面分为左右两侧，左侧由“点击登录账户”“本地草稿”“我的云空间”和“热门活动”模块组成，右侧由“开始创作”“草稿剪辑”组成，如图2-1所示。

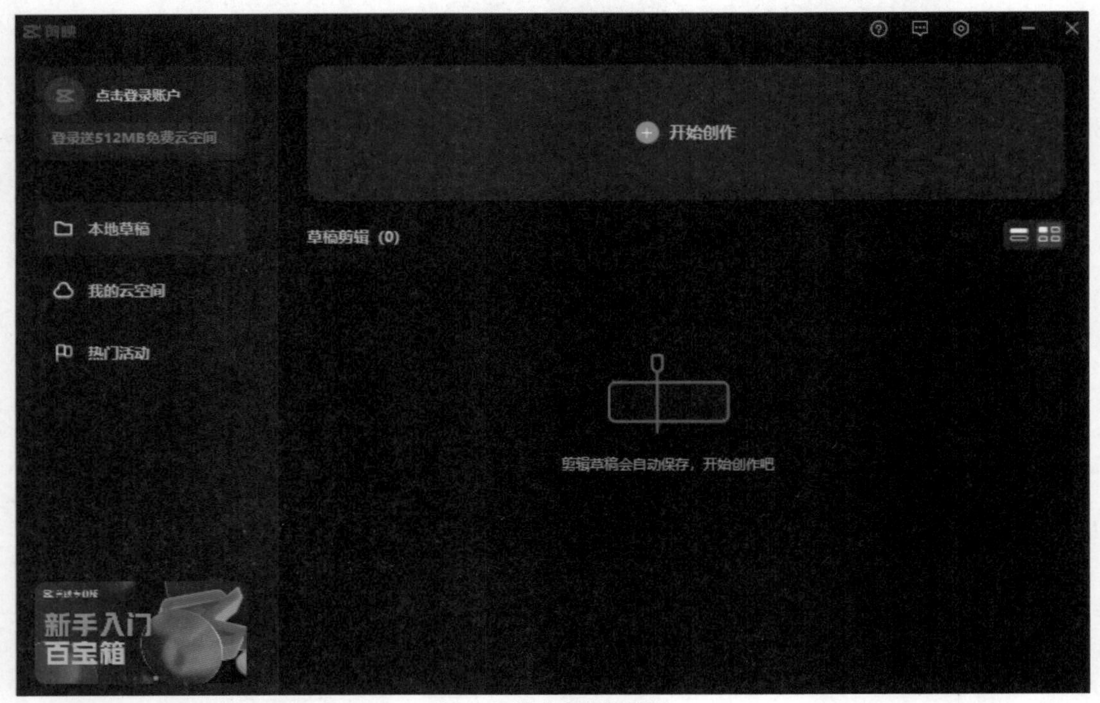

图2-1　剪映专业版界面

2.1.1 剪映专业版工作界面

本小节介绍剪映专业版工作界面。

在剪映专业版的草稿管理页面，单击“开始创作”按钮，打开工作界面，如图2-2所示。

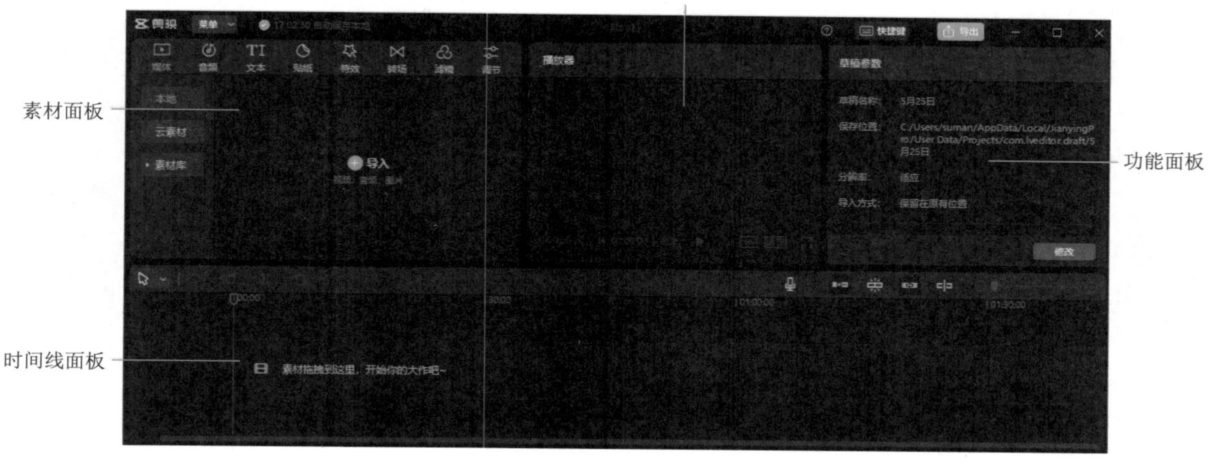

图2-2 工作界面

- 素材面板：主要是放置本地素材以及剪映软件自带的素材库。
- 播放器面板：在媒体面板中导入素材，素材将在播放器面板中显示。在素材库中选择素材，可以在播放器面板中预览。
- 时间线面板：可以对素材进行基础的编辑操作。
- 功能面板：在时间线上选择素材后，功能面板显示素材的编辑属性。

2.1.2 快捷键设置

剪映专业版除了强大的编辑功能外，还设置了很多快捷键，让剪辑更加高效，单击右上的“快捷键”按钮，打开“快捷键”界面，可以选择Final Cut Pro X或Premiere Pro选项，如图2-3所示。

“快捷键”界面包括“时间线”“播放器”“基础”和“其他”。

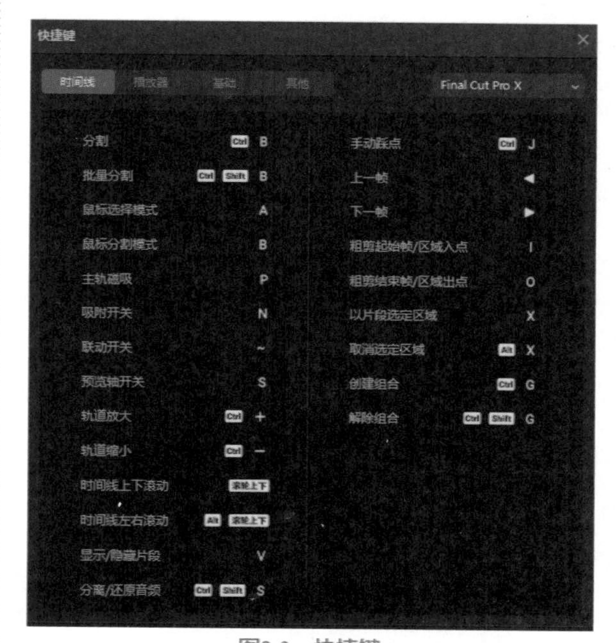

图2-3 快捷键

2.2 导入素材

剪映专业版软件中可以直接导入本地素材和素材库中的素材，可以导入视频、音频和图片素材，下面介绍软件导入素材的方法。

01 打开剪映专业版软件，单击“开始创作”按钮，进入剪映软件的工作界面，如图2-4所示。

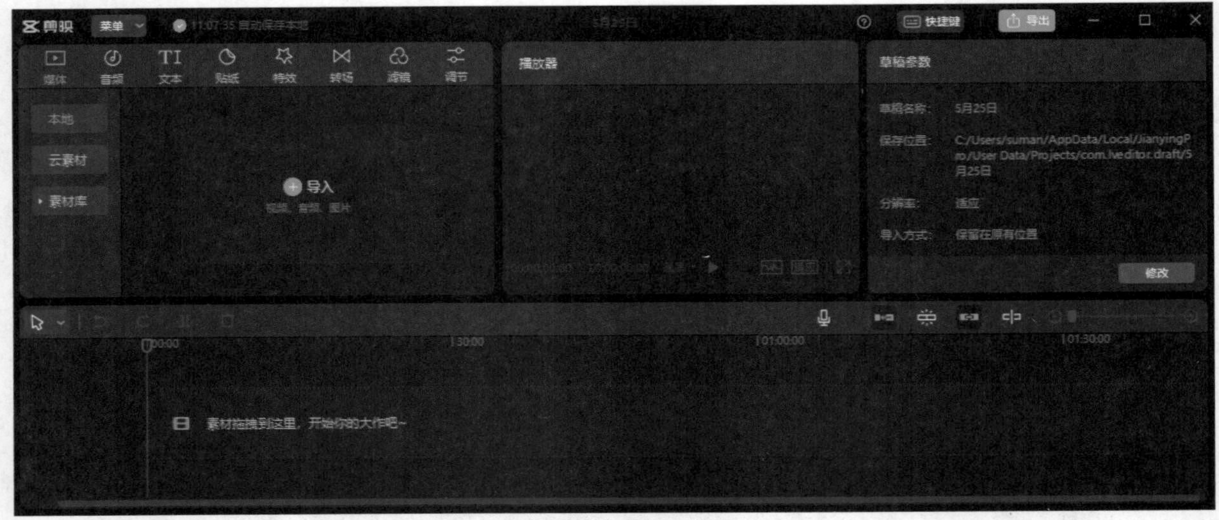

图2-4　剪映专业版工作界面

02 在左侧“媒体”面板中导入素材，可以导入本地素材、云素材和素材库，如图2-5所示。

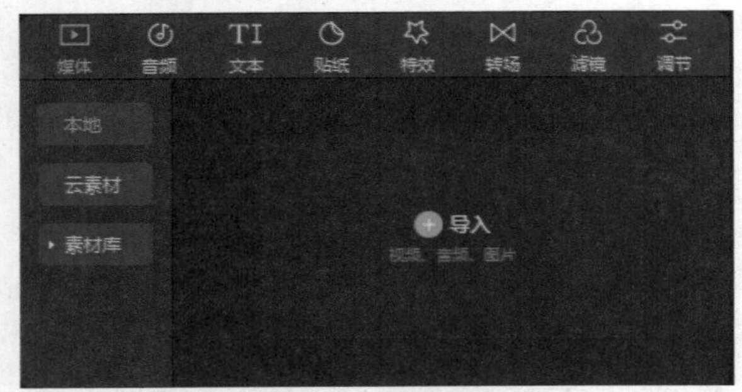

图2-5　“媒体”面板

03 在“本地”选项卡下单击“导入”按钮，打开“请选择媒体资源”对话框，选择素材，如图2-6所示。

04 单击“打开”按钮，即可将素材导入“媒体”面板，如图2-7所示。

05 在“媒体”面板中选择素材，播放器窗口将进行素材预览，如图2-8所示。

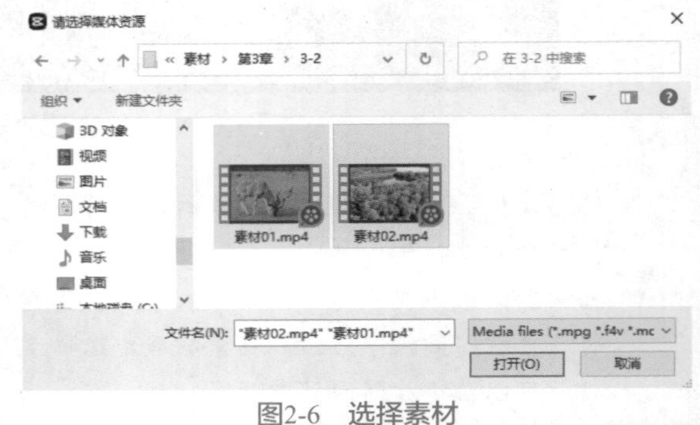

图2-6　选择素材

图2-7　导入素材

图2-8　预览素材

2.3　时间线

本节介绍时间线面板，包括主轨磁吸、自动吸附、预览轴、时间线放大和缩小按钮等的使用方法。

01 在“媒体”面板中选择“素材01”并拖曳到时间线面板，播放器窗口显示当前时间指针位置的视频画面，播放器窗口右侧显示选中素材的功能面板参数，如图2-9所示。

图2-9　工作界面

02 在时间线面板中移动时间指针，在播放器窗口显示当前的画面，如图2-10所示。

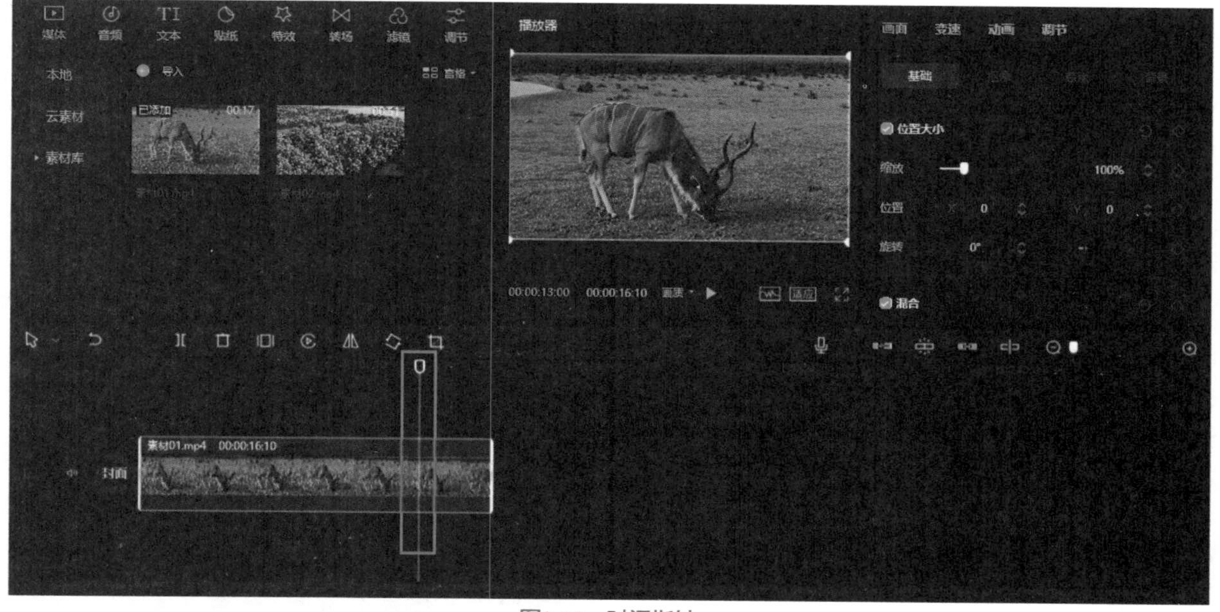

图2-10　时间指针

03 在时间线面板中拖曳素材片段左右白色的裁剪框，可以剪辑素材，如图2-11所示。

04 在时间线面板中单击“打开主轨磁吸”按钮，在“媒体”面板中拖曳“素材02”到时间线轨道，“素材

02”自动吸附到“素材01”片段的后面，如图2-12所示。

05 在时间线面板中单击“关闭主轨磁吸”按钮，拖曳素材到时间线面板，素材片段之间将会有间隙，不会吸附到一起，如图2-13所示。

06 在时间线面板中单击“自动吸附”按钮，在时间线上拖曳“素材02”到“素材01”片段的后面，靠近片段时“素材02”会自动吸附，如图2-14所示。

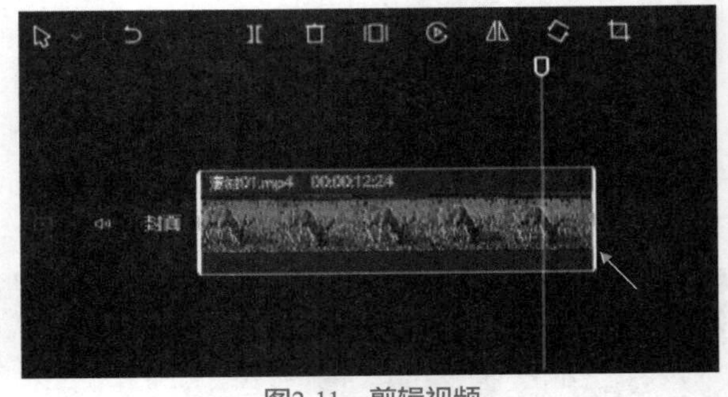

图2-11 剪辑视频

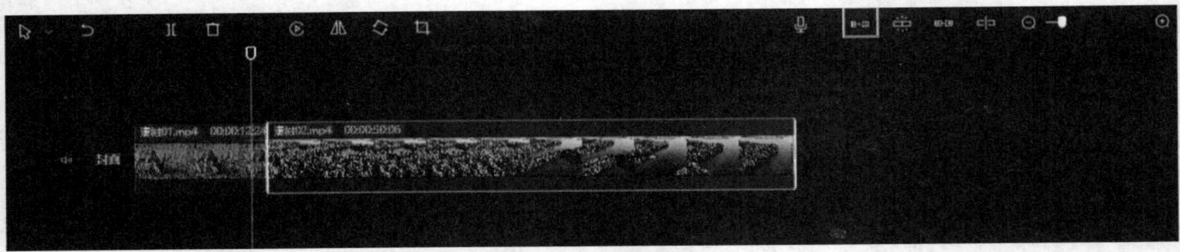

图2-12 主轨磁吸

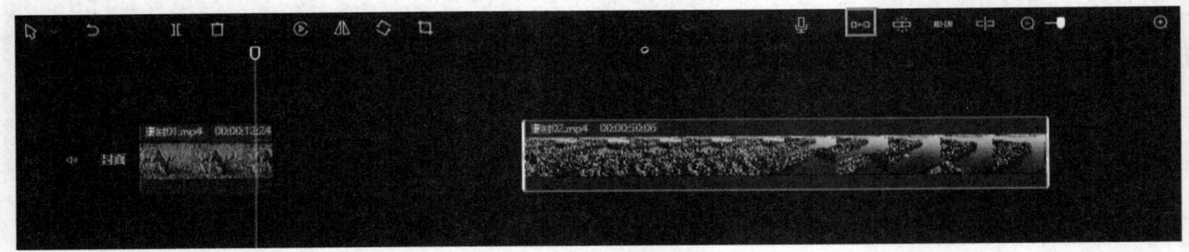

图2-13 关闭主轨磁吸

图2-14 自动吸附

07 在素材面板中单击“文本”按钮，打开文本面板，如图2-15所示。

08 选择“默认文本”选项，添加到轨道，如图2-16所示。

09 在时间线面板中移动“素材02”的位置，“默认文本”的位置将一起移动，如图2-17所示。

10 在时间线面板中单击“联动”按钮，移动素材片段，默认文本将不会一起移动，如图2-18所示。

11 在时间线面板中单击“预览轴”按钮，光标在时间线面板中移动时将显示预览轴，如图2-19所示。

12 在时间线面板中单击“时间线放大”按钮和“时间线缩小”按钮，可以在时间线面板上缩放素材片段，如图2-20所示。

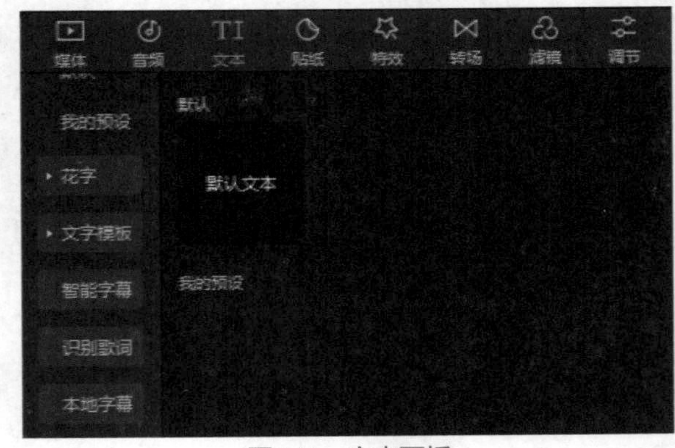

图2-15 文本面板

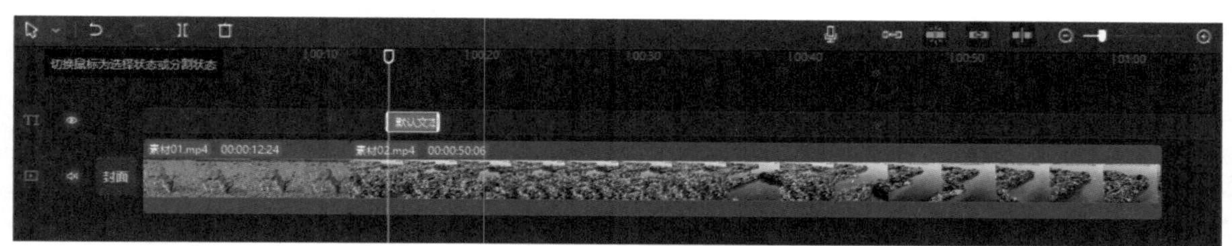

图2-16　添加文本到轨道

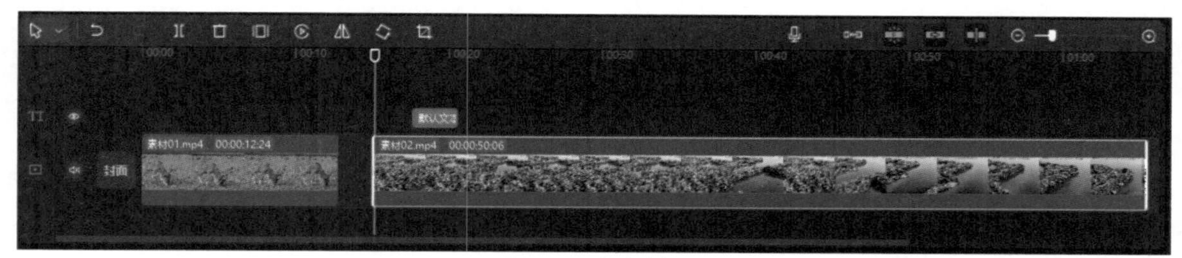

图2-17　移动素材

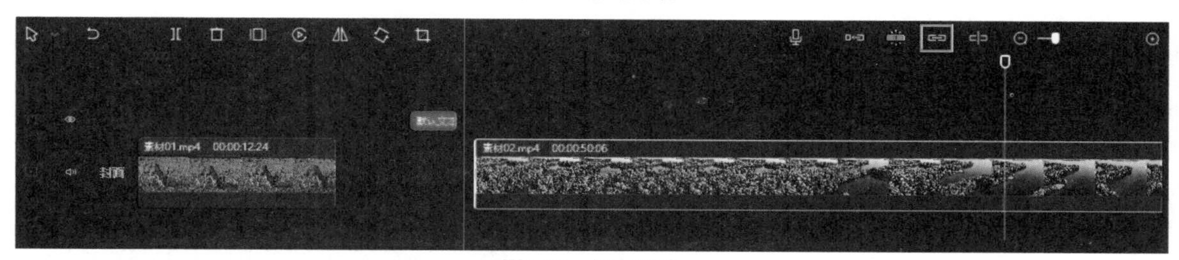

图2-18　关闭联动

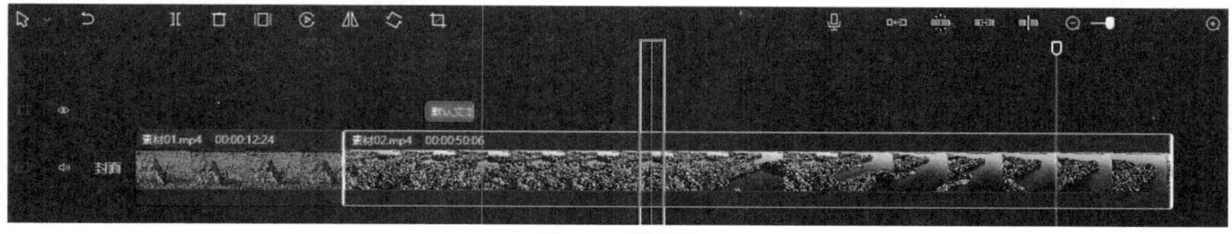

图2-19　预览轴

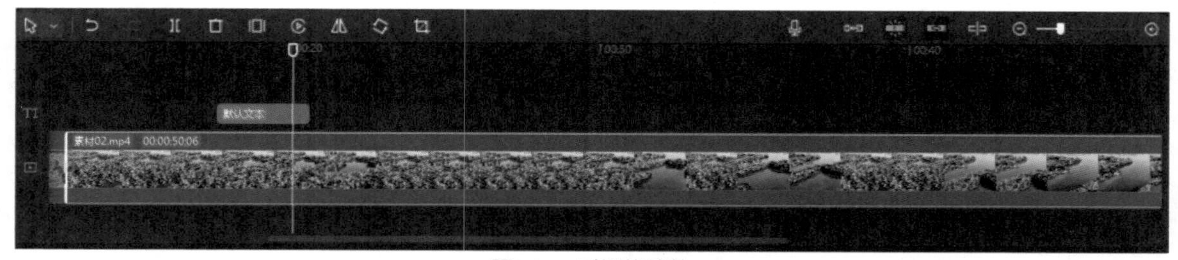

图2-20　时间线缩放

2.4　工具栏

本节介绍剪映专业版的工具栏及其工具的使用方法。

2.4.1　工具栏介绍

工具栏包括选择、分割、撤销、恢复、删除、定格、倒放、镜像、旋转和裁剪工具。

01 在“媒体”面板中选择“素材01”并拖曳到时间线面板，时间线上将激活“选择”、“撤销”、“分割”工具，如图2-21所示。

图2-21 工具

02 单击“选择”工具，展开选择工具列表框，选择“分割”工具，如图2-22所示。

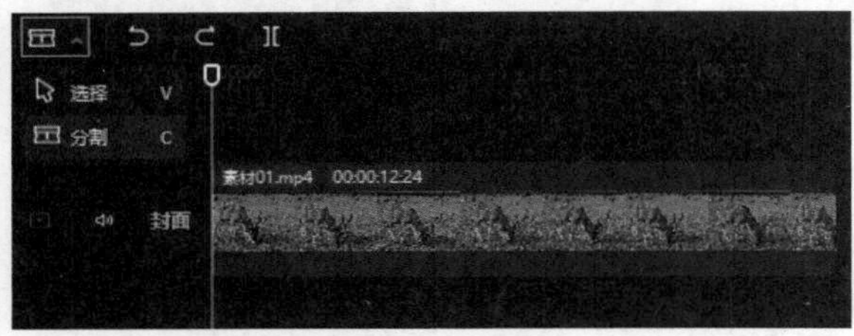

图2-22 分割工具

03 使用“分割”工具在素材片段上对素材进行分割，将素材分成多段，如图2-23所示。

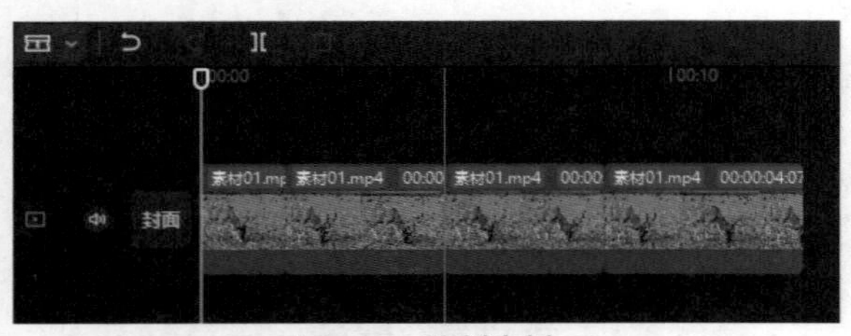

图2-23 分割素材

04 在时间线面板中选择素材，将激活针对素材编辑的按钮，激活“删除”、“定格”、“倒放”、“镜像”、“旋转”和“裁剪”工具，如图2-24所示。

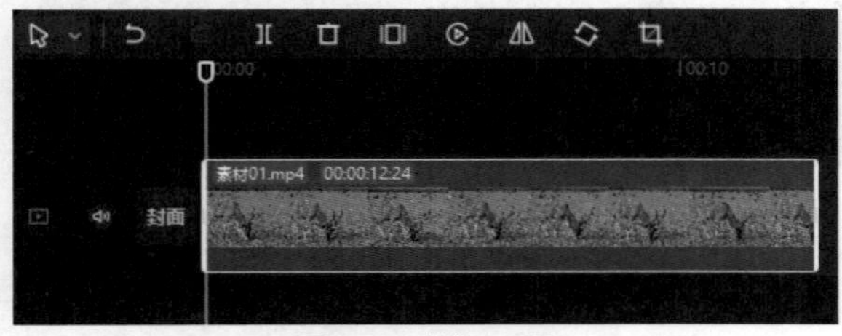

图2-24 激活工具

05 在时间线面板中移动时间指针位置，单击“切割”工具，即可对素材进行分割，如图2-25所示。

06 对时间线面板中素材进行编辑之后，可以对操作的过程进行“撤销”和“恢复”，如图2-26所示。

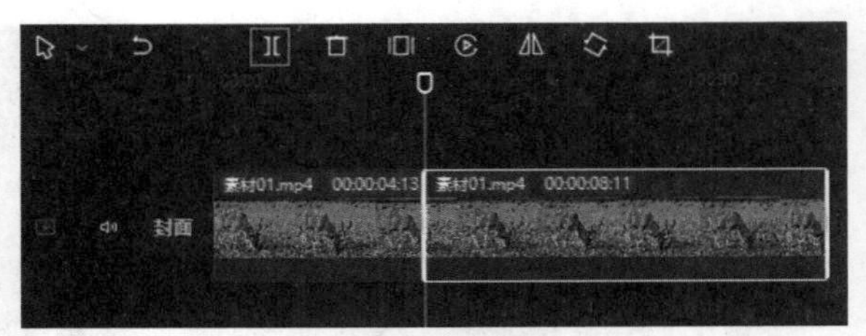

图2-25 分割视频

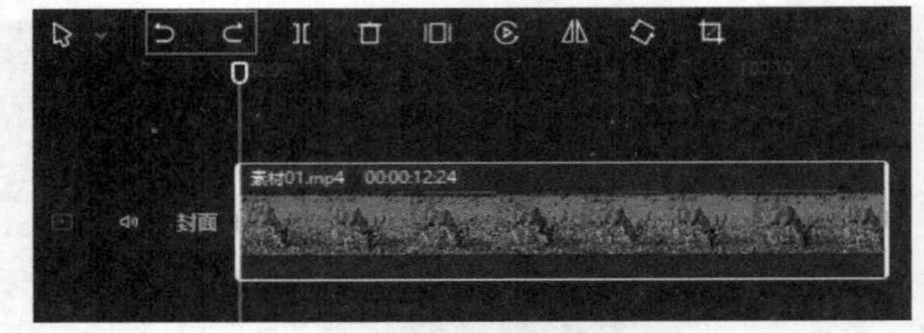

图2-26 撤销和恢复

2.4.2 定格

本小节介绍定格工具的使用方法。

01 在“媒体”面板中单击“导入”按钮，导入素材，“媒体”面板如图2-27所示。

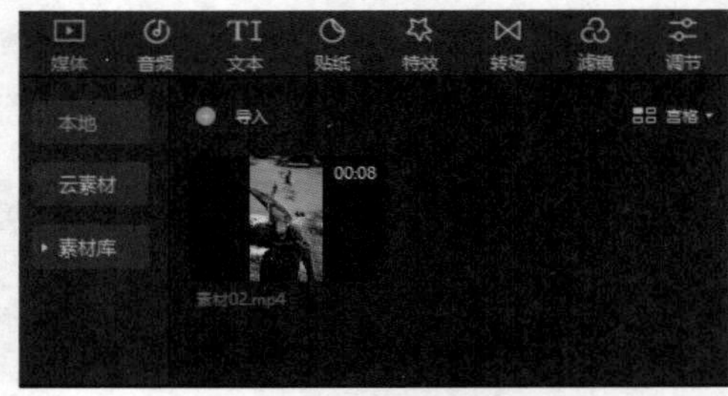

图2-27 “媒体”面板

02 在“媒体”面板中选中“素材02”并拖曳到时间线面板，如图2-28所示。

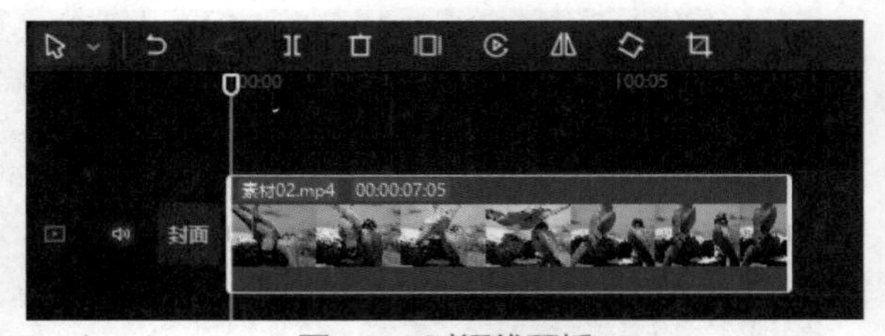

图2-28 时间线面板

03 在时间线面板中将时间指针移动到开始位置，单击“定格”按钮，此时时间线上多了一个定格片段，如图2-29所示。

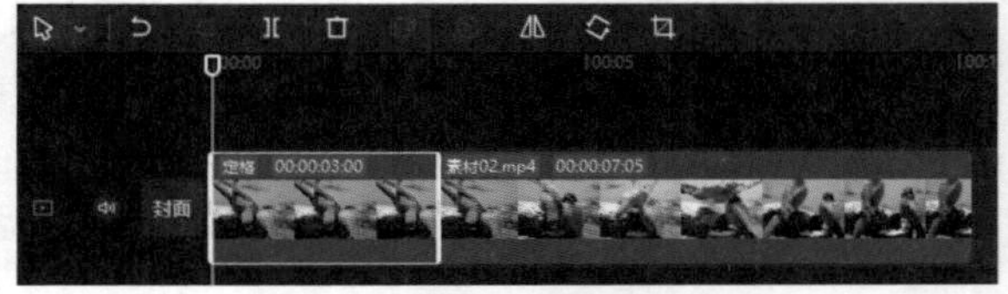

图2-29 单击“定格”按钮

04 选择定格片段的右侧进行拖曳，可以改变定格片段的时间长度，如图2-30所示。

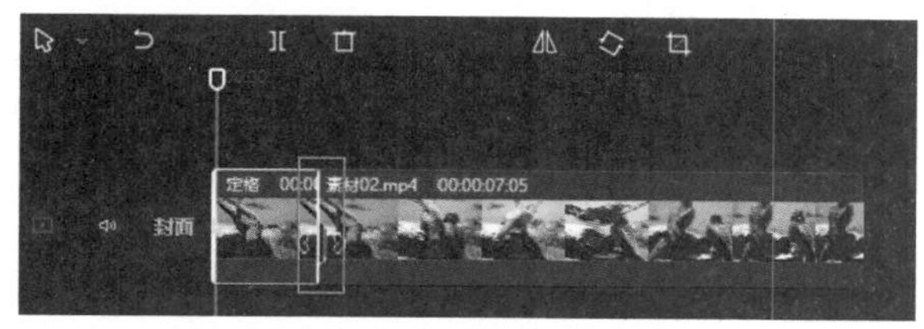

图2-30　改变定格片段的时间长度

05 在时间线面板中将时间指针移动到视频片段的中间位置，如图2-31所示。

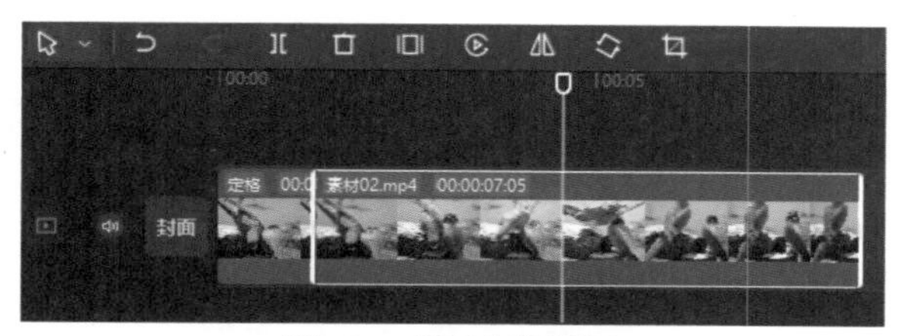

图2-31　移动时间指针

06 单击工具栏中的“定格”按钮，即可在中间位置添加画面定格，然后可以通过拖曳定格片段的左右边缘调整定格的时间长度，如图2-32所示。

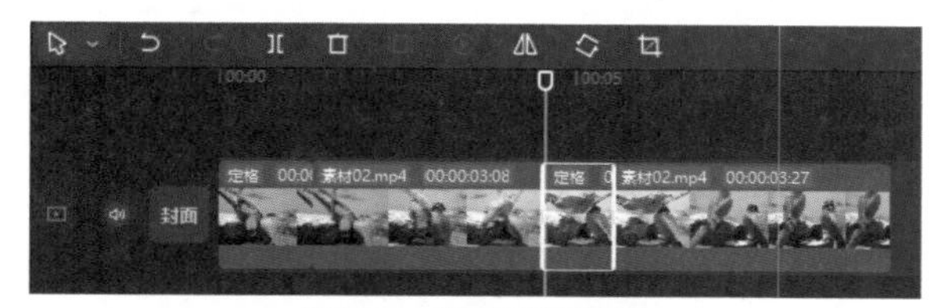

图2-32　拖曳定格片段

2.4.3　倒放效果

本小节介绍视频倒放效果的运用。

01 在“媒体”面板中导入素材，如图2-33所示。

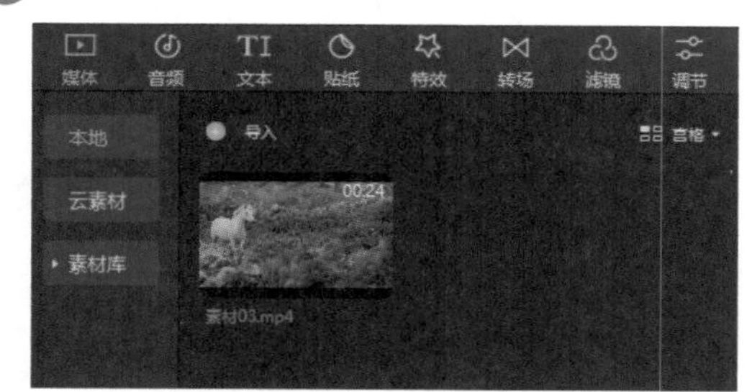

图2-33　“媒体”面板

02 在“媒体”面板中选择“素材03”并拖曳到时间线面板，如图2-34所示。

03 在时间线面板中将时间指针移动到素材片段的中间位置，如图2-35所示。

04 使用“分割”工具将片段分成两段，如图2-36所示。

图2-34　时间线面板

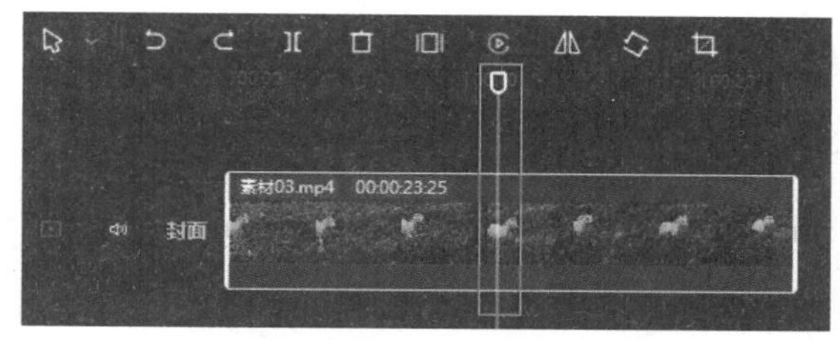

图2-35　移动时间指针

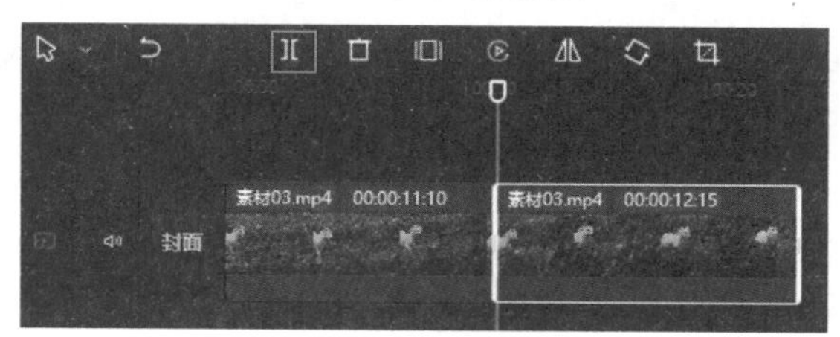

图2-36　分割

05 选中后面一段素材，在工具栏中单击“倒放”按钮，如图2-37所示。

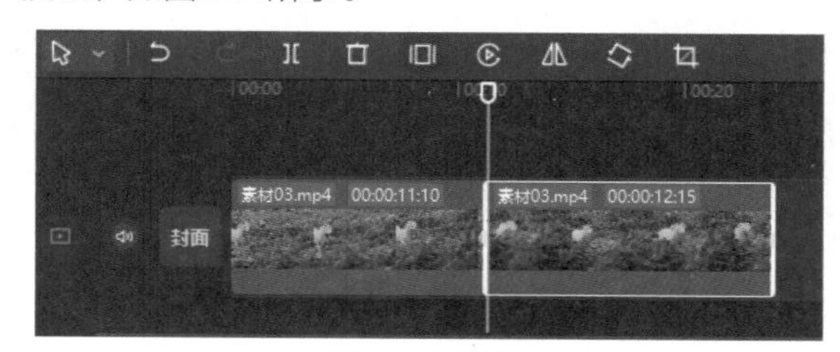

图2-37　倒放

06 在播放器窗口中播放视频，可以看到马先向前奔跑，然后向后倒退的效果，播放器窗口如图2-38所示。

图2-38　倒放效果

这样就给部分视频片段素材进行了倒放，可以看到马开始向前奔跑，然后向后倒退，这样表现了马受到了惊吓并后退的效果。

2.4.4 镜像和裁剪

镜像按钮用于使对象对称，裁剪工具用于裁剪画面的尺寸大小，本小节介绍镜像和裁剪工具的运用。

01 在“媒体”面板中导入素材，如图2-39所示。

图2-39 “媒体”面板

02 在“媒体”面板中选择“素材01”并拖曳到时间线面板，如图2-40所示。

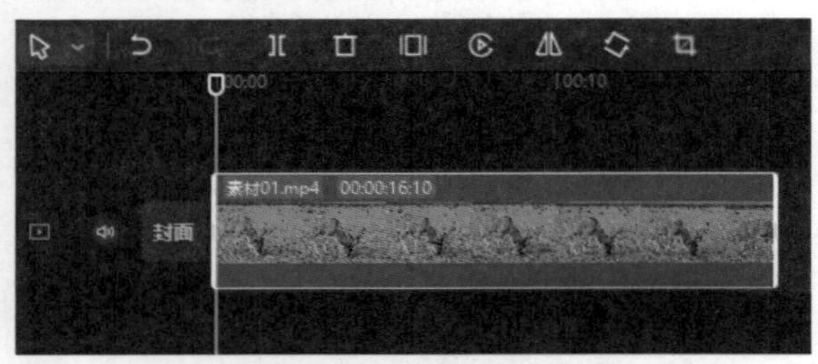

图2-40 时间线面板

03 在“媒体”面板中将“素材01”拖曳到时间线主轨道上方，如图2-41所示。

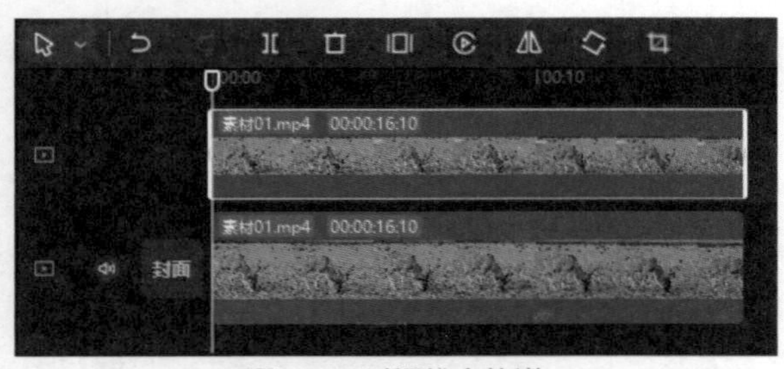

图2-41 时间线主轨道

04 在时间线面板中选中素材，使用“镜像”工具，即可将播放器窗口中的素材进行对称翻转，如图2-42所示。

05 在工具栏中单击“裁剪”按钮，打开“裁剪”对话框，如图2-43所示。

06 在“裁剪”对话框中调整裁剪的尺寸，如图2-44所示。

图2-42 镜像视频

图2-43 “裁剪”对话框

图2-44 调整裁剪尺寸

07 单击“确定”按钮，即可裁剪画面尺寸，如图2-45所示。

图2-45 裁剪画面尺寸

08 在播放器窗口中移动素材的位置，或者在功能区“画面”中调整位置参数，如图2-46所示。

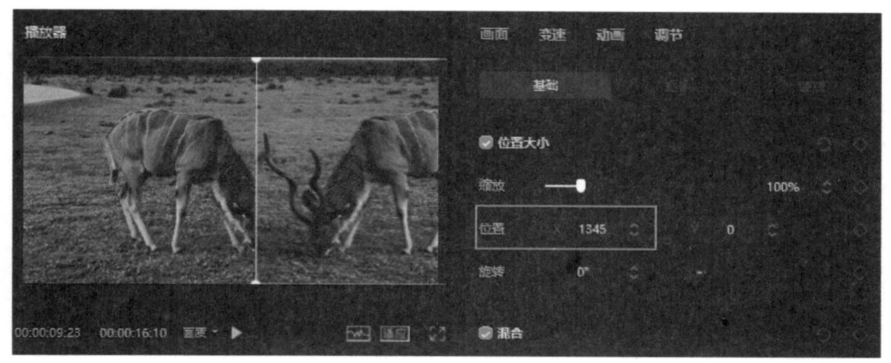

图2-46　移动素材

09 在时间线面板中选择主轨道的素材片段，在功能区“画面”中调整位置的参数，如图2-47所示。

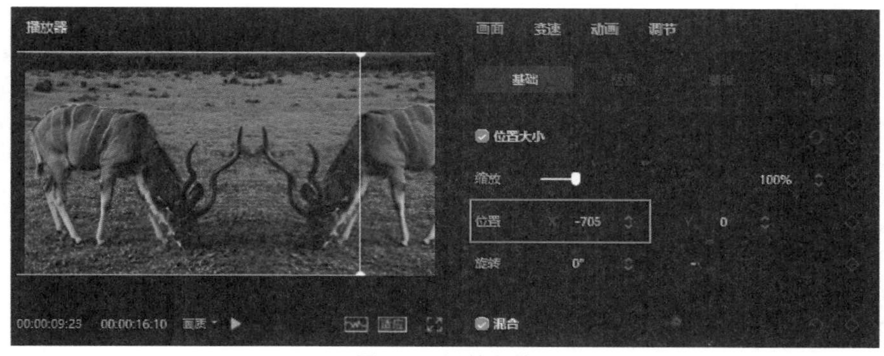

图2-47　调整参数

另外，也可以使用对称工具对画面中的对象进行镜像。

2.5　设置视频比例

在播放器窗口可以设置视频的比例。

01 打开剪映专业版软件，单击“开始创作”按钮，进入剪映软件的工作界面，在“媒体”面板中导入素材，如图2-48所示。

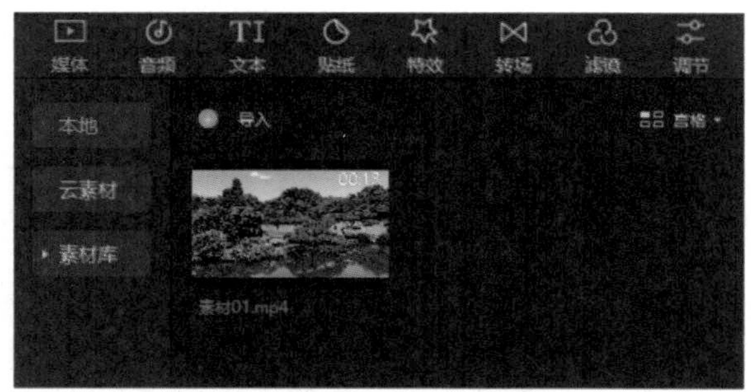

图2-48　“媒体”面板

02 在“媒体”面板中选中素材并拖曳到时间线面板，如图2-49所示。

03 在时间线面板中将时间指针移动到素材片段上，播放器窗口将显示视频预览效果，如图2-50所示。

图2-49　时间线面板

图2-50　预览效果

04 在播放器窗口右下角单击“适应”按钮，打开“适应”列表框，可以设置视频的比例，如图2-51所示。

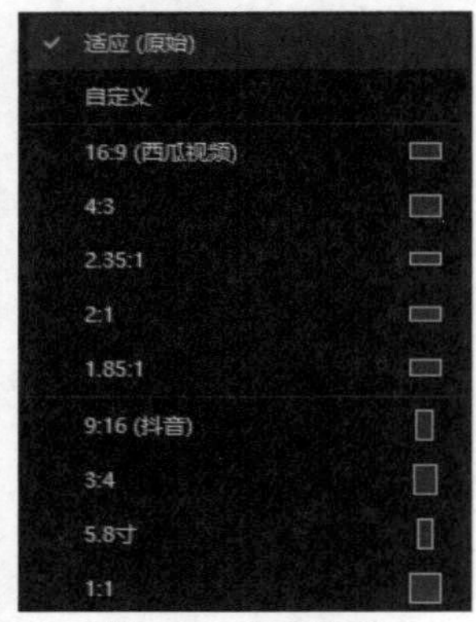

图2-51　设置比例

05 这里选择“9:16”（抖音）比例，播放器窗口如图2-52所示。

图2-52　播放器窗口

06 在时间线面板中选择视频，在右侧“画面”的“基础”属性中调整缩放参数，使画面适配界面，如图2-53所示。

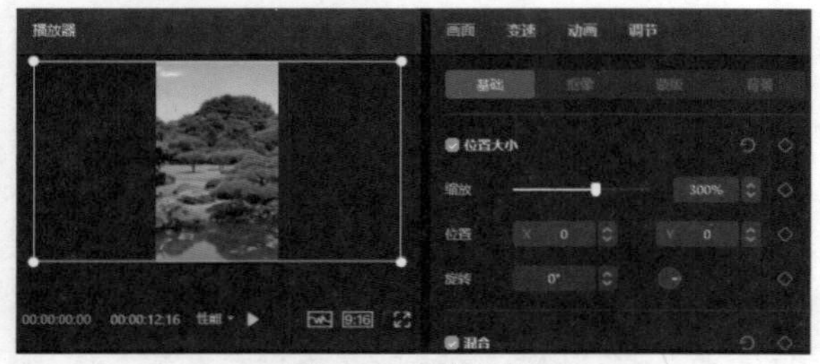

图2-53　缩放视频

通过调整比例和基础属性参数，使视频尺寸适配任何短视频平台。

2.6　设置视频背景

背景填充包括模糊、颜色和样式，本节介绍视频背景设置的方法。

01 在“媒体”面板中导入素材，如图2-54所示。

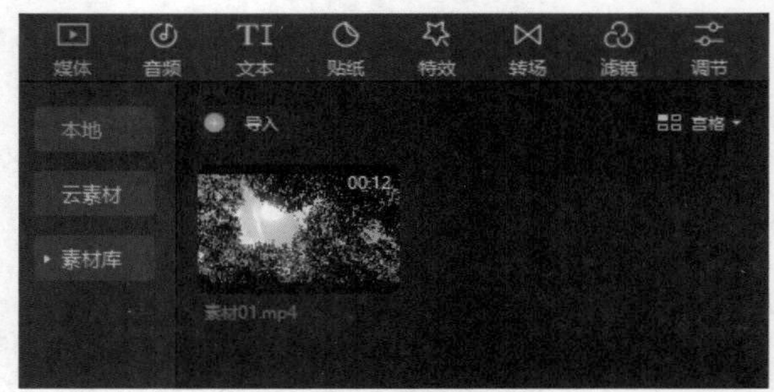

图2-54　“媒体”面板

02 在“媒体”面板中选择“素材01”并拖曳到时间线面板，如图2-55所示。

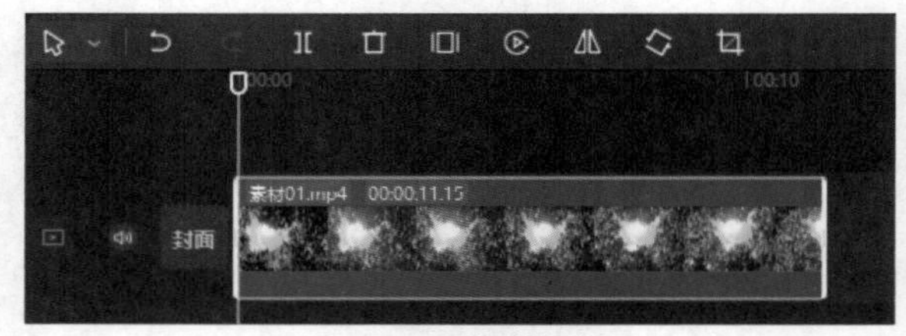

图2-55　时间线面板

03 在播放器窗口“适应”列表框中选择“9:16”比例，如图2-56所示。

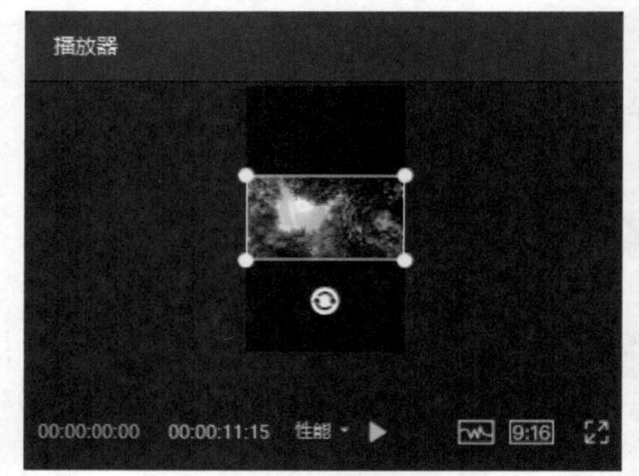

图2-56　选择比例

04 在面板属性“基础”选项卡下调整“缩放”参数，如图2-57所示。

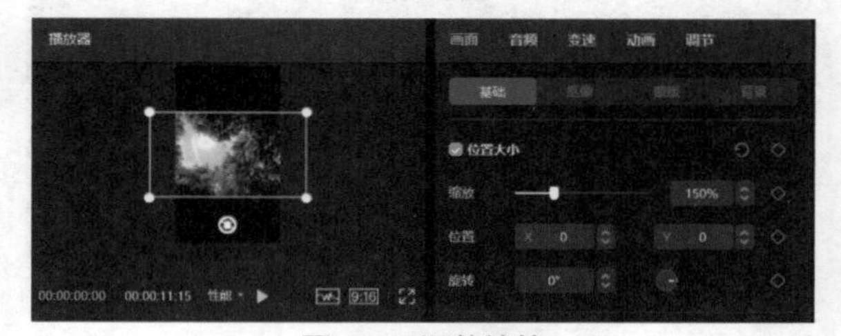

图2-57　调整缩放

05 在右侧功能区中单击“画面”面板下的“背景”按钮，如图2-58所示。

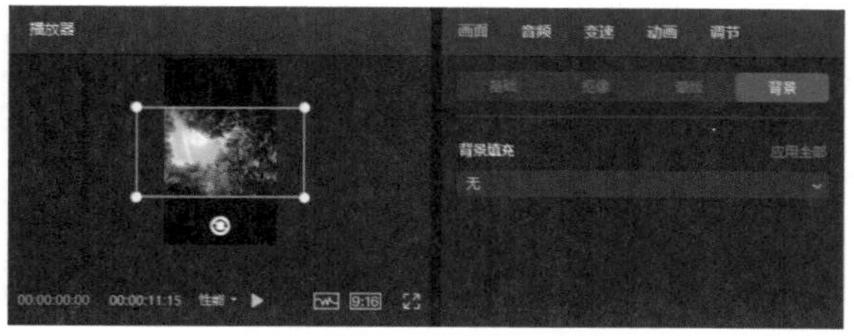

图2-58　背景

06 背景填充中包括“无”“模糊”“颜色”和“样式”四种类型，如图2-59所示。

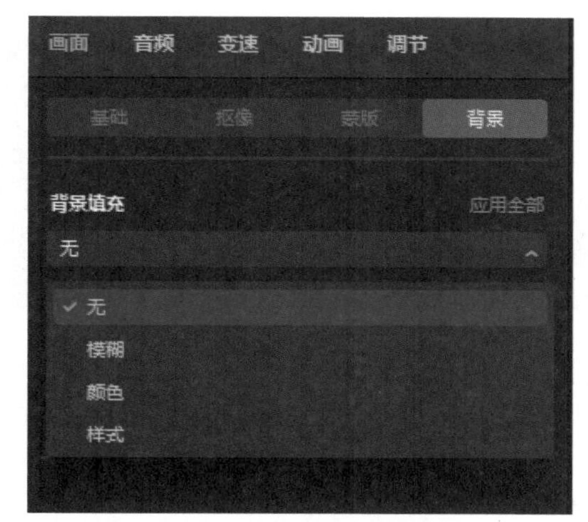

图2-59　背景填充类型

07 选择“模糊”选项后，可以选择模糊的程度，播放器窗口效果如图2-60所示。

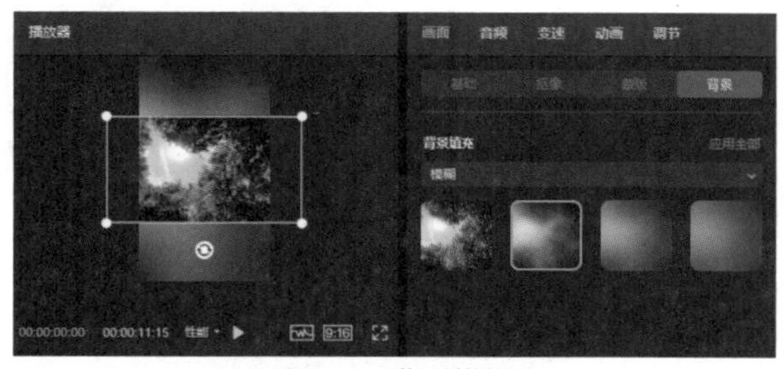

图2-60　背景模糊

08 背景填充中选择“颜色”选项，可以选择一个颜色作为视频的背景，播放器窗口如图2-61所示。

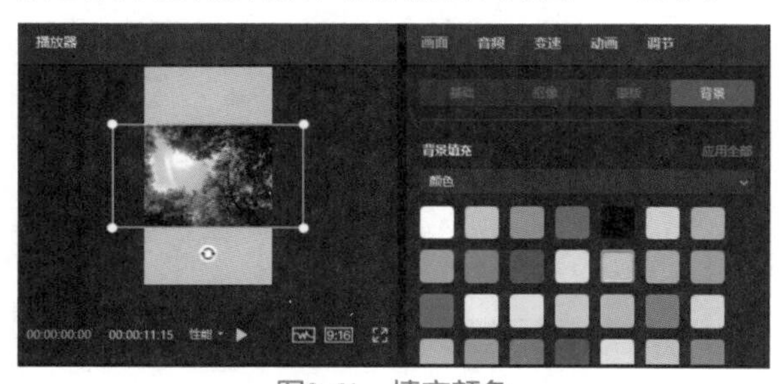

图2-61　填充颜色

09 背景填充中选择“样式”选项，可以在下方下载图形样式，播放器窗口如图2-62所示。

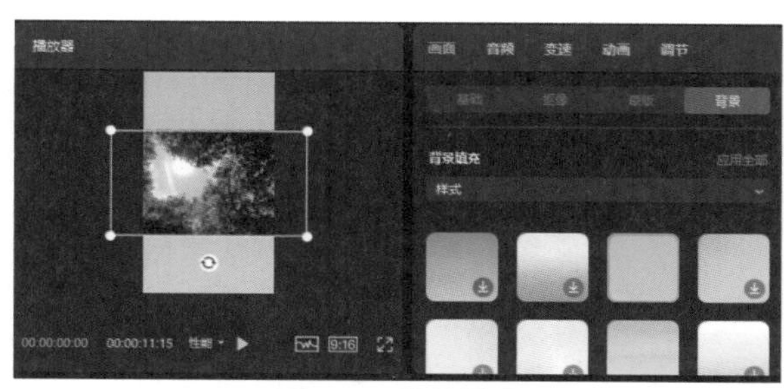

图2-62　背景样式

2.7　视频防抖技巧

本节介绍视频防抖功能的使用方法。

01 在“媒体”面板中导入素材，如图2-63所示。

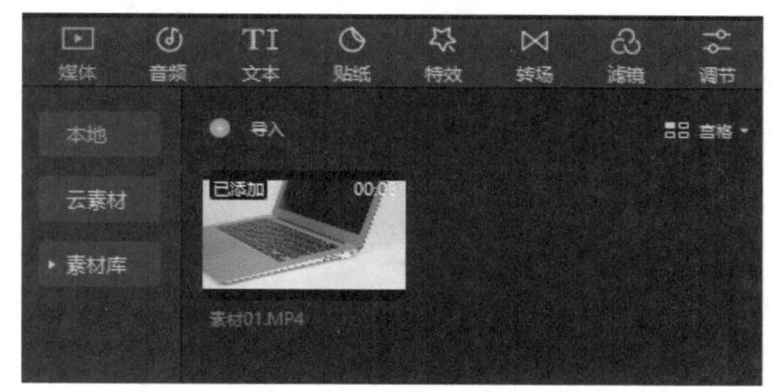

图2-63　“媒体”面板

02 将素材拖曳到时间线面板，如图2-64所示。

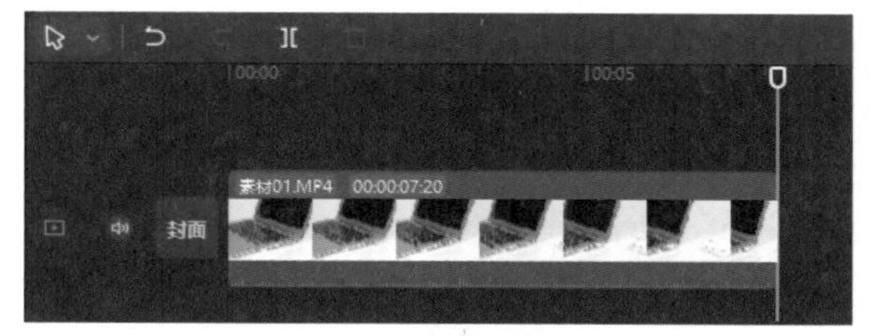

图2-64　时间线面板

03 在时间线面板中选中素材，在画面功能区中单击“基础”按钮显示基础属性，如图2-65所示。

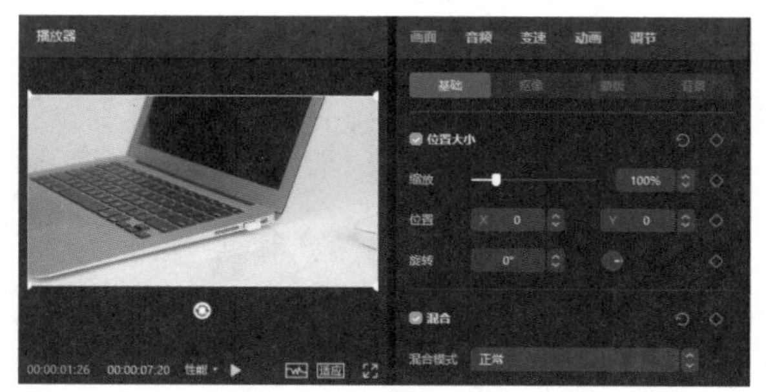

图2-65　“基础”属性面板

04 在“基础”属性面板中向下拖曳，勾选“视频防抖”复选框，如图2-66所示。

05 防抖等级包括“推荐”“裁切最少”和“最稳

定”三种类型，如图2-67所示。

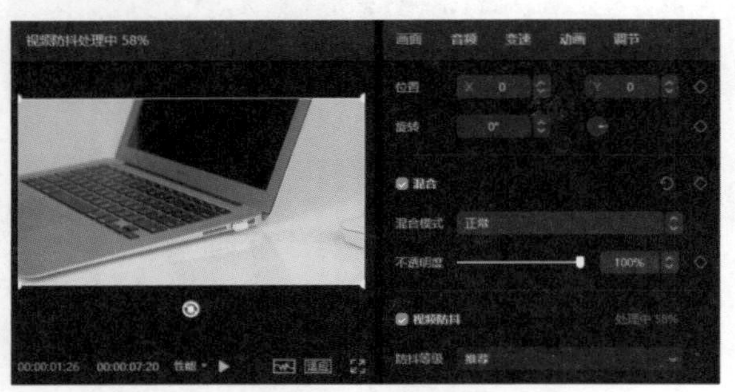

图2-66　视频防抖

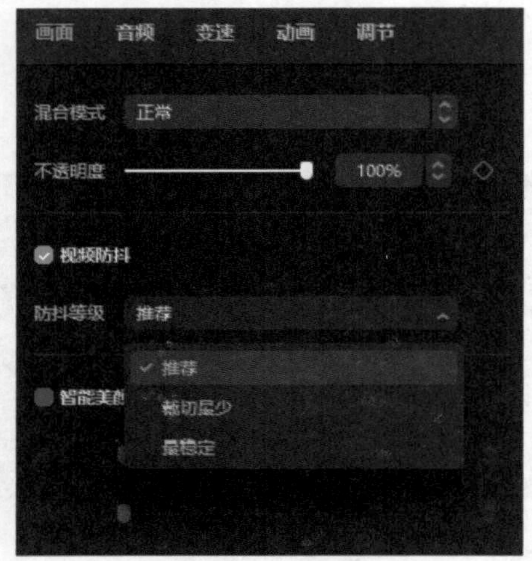

图2-67　防抖类型

06 这里选择“推荐”防抖等级，按空格键播放视频，即可看到去除视频抖动的效果。

2.8　智能美化

在剪映专业版软件中可以对人像视频进行美化，美化效果包括人像磨皮、瘦脸、大眼、瘦鼻、美白和美牙等。

01 在“媒体”面板中导入素材，如图2-68所示。

图2-68　“媒体”面板

02 在“媒体”面板中选择素材并拖曳到时间线面板，如图2-69所示。

图2-69　时间线面板

03 在时间线面板中选择视频轨道，在右侧“画面”中单击“基础”按钮显示基础属性，如图2-70所示。

图2-70　基础属性

04 在“基础”属性面板中勾选“智能美颜”复选框，可以调整脸部磨皮、瘦脸、大眼、瘦鼻、美白和美牙参数，如图2-71所示。

图2-71　智能美颜

05 调整后可以看到人物智能美颜后的效果，如图2-72所示。

图2-72　美颜效果

2.9　导出视频方法

在剪映专业版软件中编辑完视频后可以导出，单击“导出”按钮即可对视频进行渲染导出。

本节介绍导出视频的方法。

01 在“媒体”面板中导入素材，如图2-73所示。

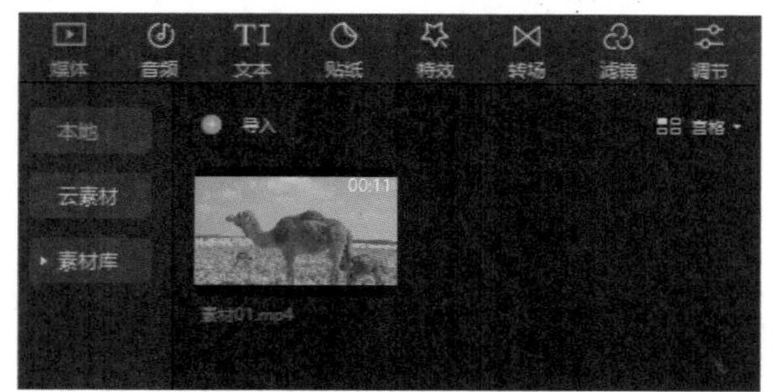

图2-73　“媒体”面板

02 在“媒体”面板中选择素材并拖曳到时间线面板，如图2-74所示。

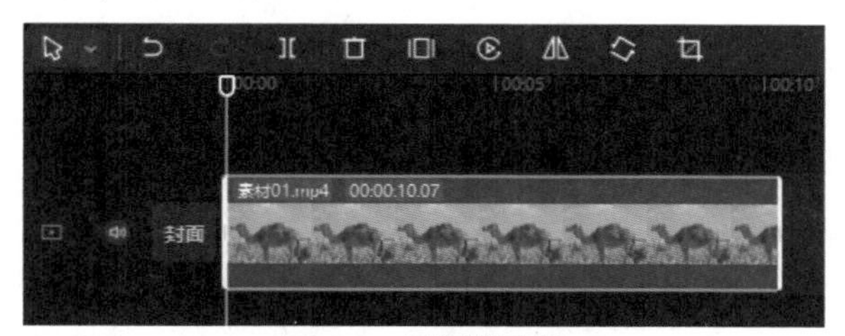

图2-74　时间线面板

03 在播放器窗口调整视频比例为“9:16”，如图2-75所示。

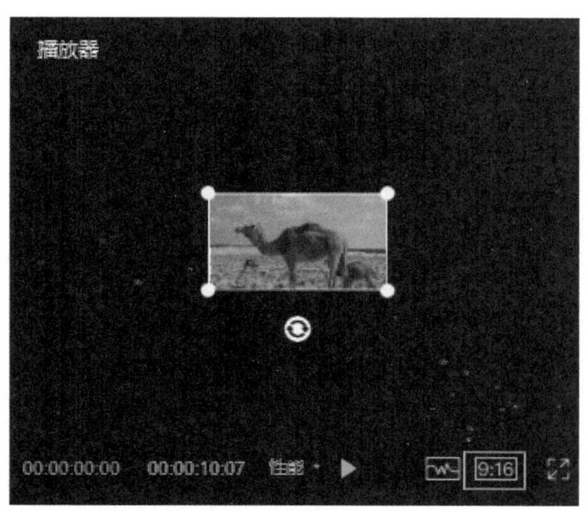

图2-75　调整比例

04 在“画面”面板下的“基础”属性中调整“缩放”和“位置”参数，如图2-76所示。

05 在画面功能区中单击“背景”按钮，背景填充选择“样式”选项，如图2-77所示。

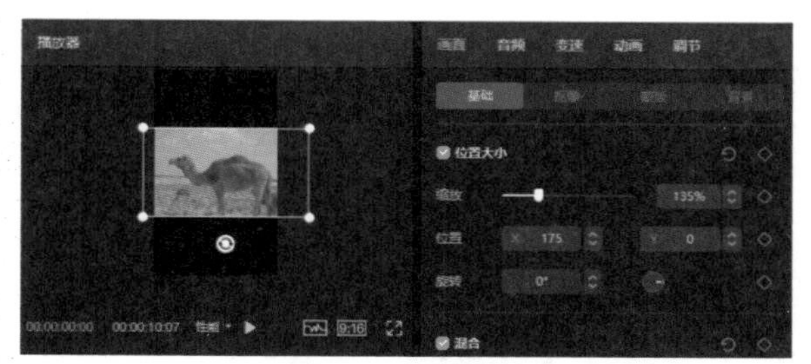

图2-76　调整参数

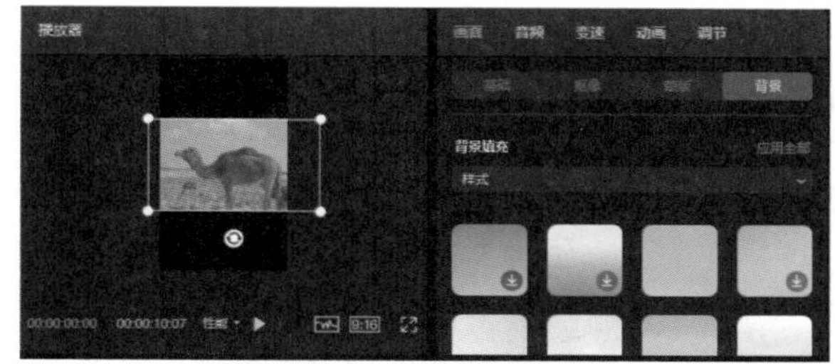

图2-77　背景样式

06 选中一个样式下载，下载后应用到视频背景，如图2-78所示。

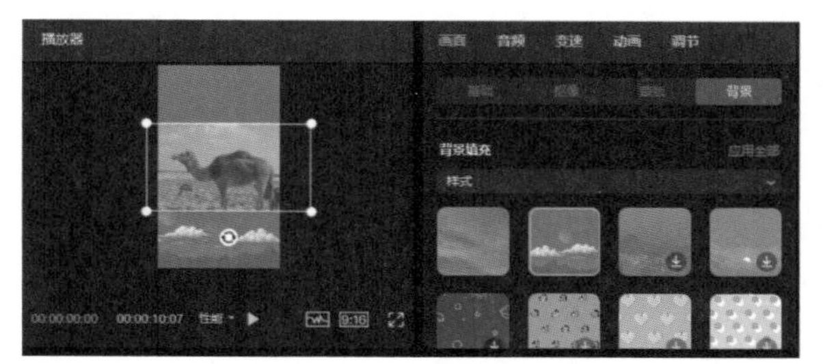

图2-78　应用样式

07 在左侧面板中单击“文本”按钮，打开文本面板，如图2-79所示。

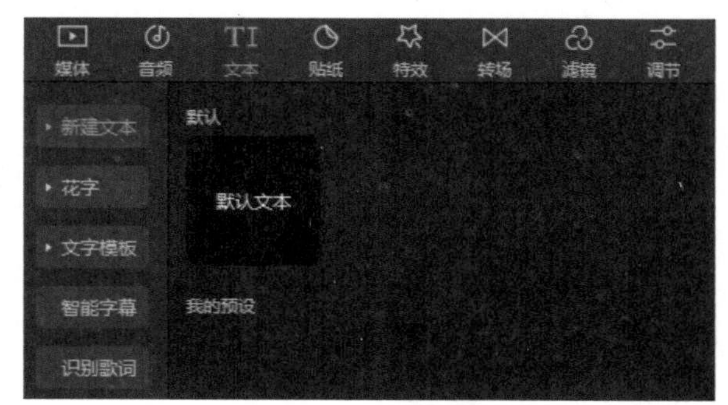

图2-79　文本面板

08 选中“默认文本”并添加到时间线面板，如图2-80所示。

09 在时间线面板中拖曳默认文本的时间长度，使其和视频长度一致，如图2-81所示。

10 在时间线面板中选择“默认文本”选项，在播放器窗口调整文本位置，如图2-82所示。

11 在功能区文本面板下输入文本，调整字号，如

图2-83所示。

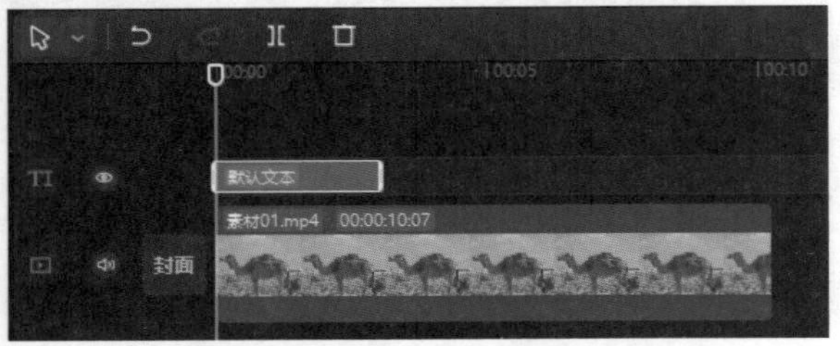

图2-80 默认文本

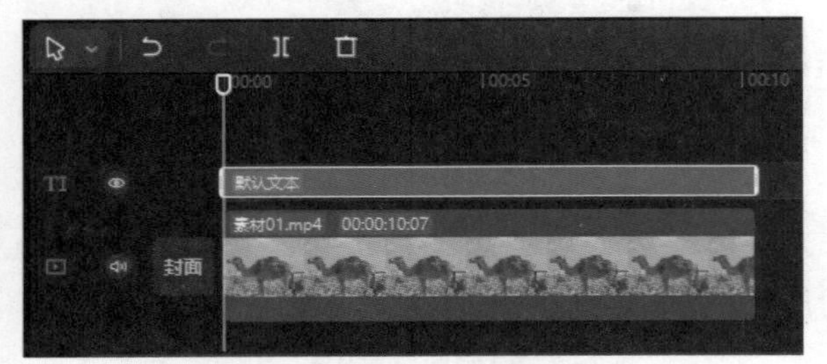

图2-81 调整文本轨道时间

图2-82 调整文本位置

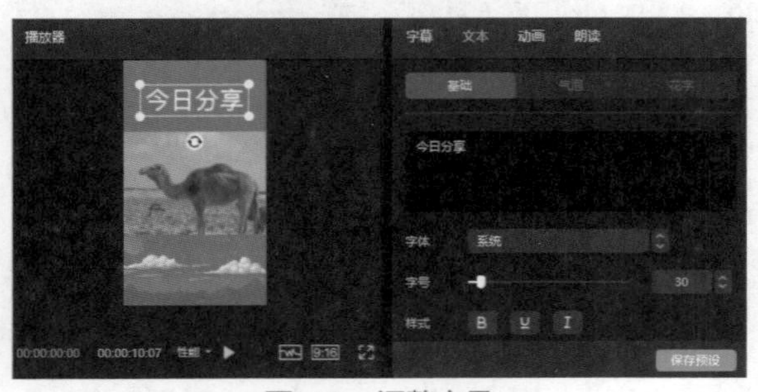

图2-83 调整字号

12 在剪映专业版软件右上角单击“导出”按钮，如图2-84所示。

13 打开“导出”面板，在“导出”面板设置作品名称及保存位置，如图2-85所示。

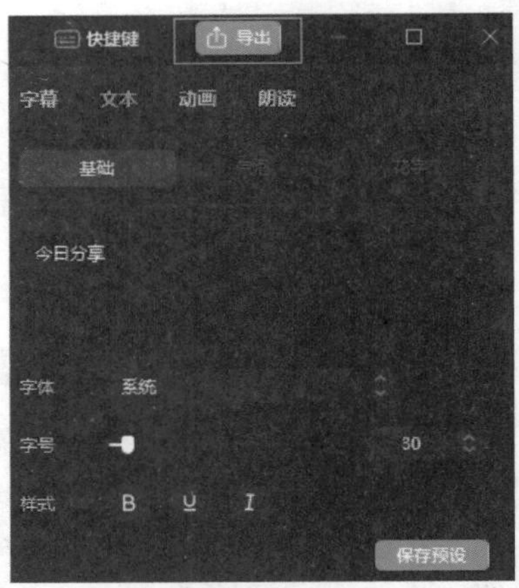

图2-84 单击“导出”按钮

图2-85 设置视频导出选项

14 设置完成之后，单击“导出”按钮，导出完成后如图2-86所示。

图2-86 导出完成

15 单击“打开文件夹”按钮即可查看导出的视频文件，单击“西瓜视频”按钮即可进入西瓜视频发布视频，单击“抖音”按钮即可进入抖音发布视频。

第 3 章

视频剪辑技巧

本章学习视频剪辑技巧、变速功能、混合模式和关键帧动画的制作方法，涉及视频剪辑、分离音频、片段组合、隐藏和显示片段、替换片段等。

3.1 视频剪辑技巧

本节介绍视频剪辑、分离音频、视频组合、隐藏和显示片段、替换片段的方法。

3.1.1 视频剪辑

本小节介绍移动视频片段、删除视频片段、视频音频分离等视频剪辑过程中的常用基础操作。

01 打开剪映专业版软件，单击“开始创作”按钮，进入剪映软件的工作界面，在“媒体”面板中导入素材，如图3-1所示。

图3-1 “媒体”面板

02 在“媒体”面板中选择3个素材，先选择“素材01”，按Shift键加选“素材02”和“素材03”，将选中的素材拖曳到时间线面板，如图3-2所示。

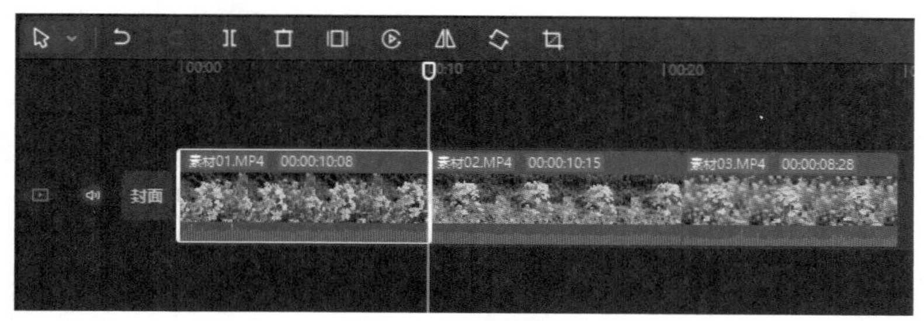

图3-2 时间线面板

03 在播放器窗口先播放视频，观察视频效果，准备对视频中不需要的镜头进行剪辑。在时间线面板中移动时间指针到需要剪辑视频的位置，如图3-3所示。

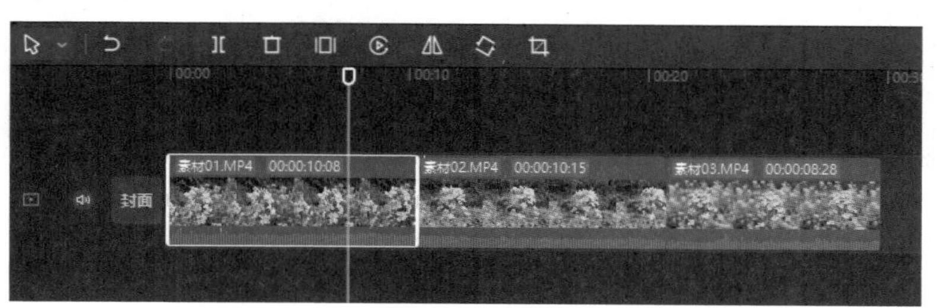

图3-3 移动时间指针

04 在工具栏中单击“分割”按钮，将视频分割为2段，如图3-4所示。

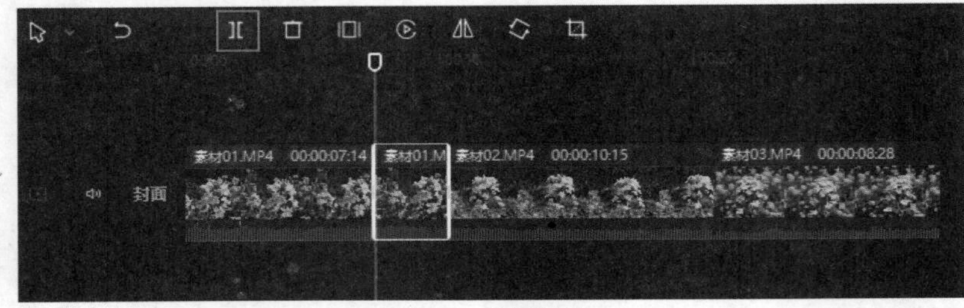

图3-4 分割片段

05 分割之后，在时间线面板中选择不需要的镜头片段，按Delete键即可删除片段，如图3-5所示。

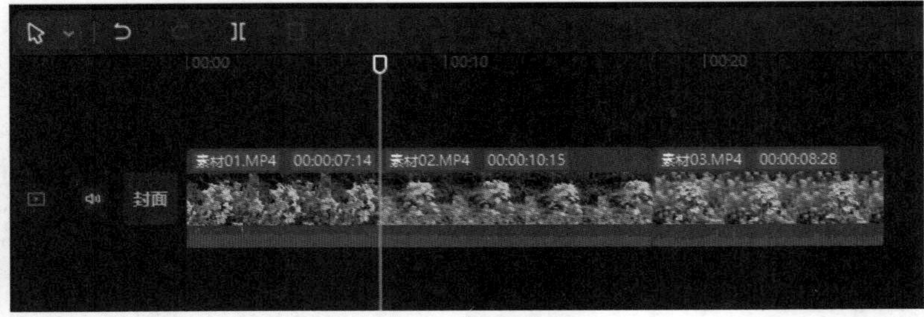

图3-5 删除片段

06 在剪辑过程中可以移动素材的位置，选择工具栏中的“选择”工具，按住鼠标左键拖动素材即可在时间线上移动素材的位置，如图3-6所示。

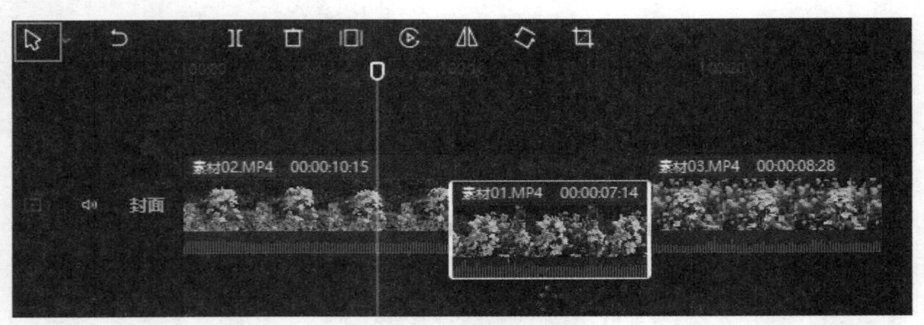

图3-6 移动素材片段

3.1.2 分离音频

视频音频分离，在某些情况下需要将视频和音频进行分开处理，将不需要的音频删除。

01 在时间线面板中选择需要处理的视频片段，如图3-7所示。

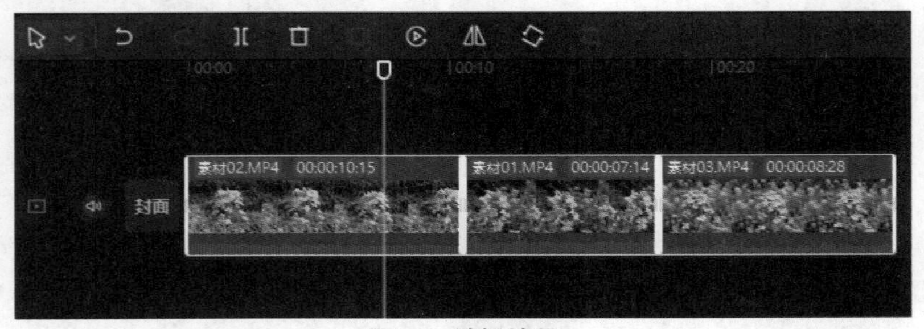

图3-7 选择片段

02 在时间线面板选中素材，右击，在弹出的快捷菜单中选择“分离音频”选项，如图3-8所示。

03 视频和音频分离之后，时间线面板如图3-9所示。

04 音频素材如果不需要，可以直接删除，选中音频素材按Delete键删除即可，如图3-10所示。

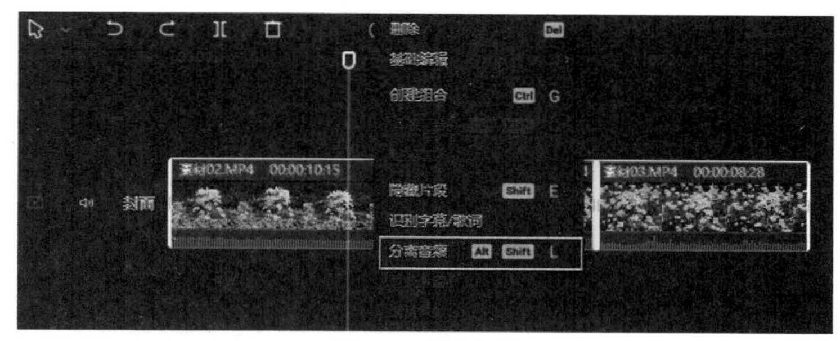

图3-8　分离音频

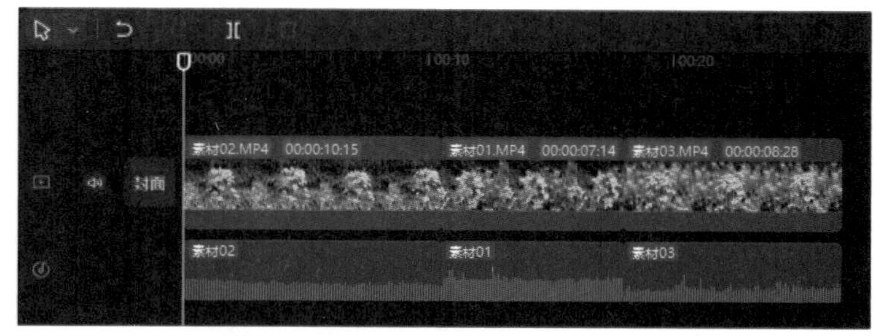

图3-9　分离视频和音频后的时间线面板

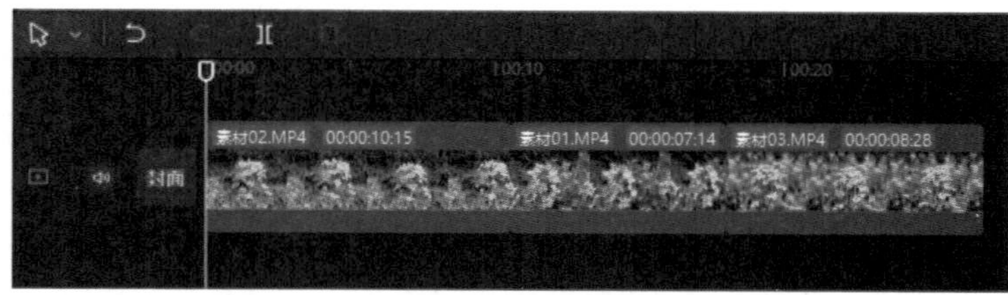

图3-10　删除音频

3.1.3　视频组合

在视频剪辑过程中，如果剪辑的片段比较多，可以通过组合命令将相关联的片段组合到一起，这样可以方便片段的选择和移动。

01 在时间线面板中选择视频片段，如图3-11所示。

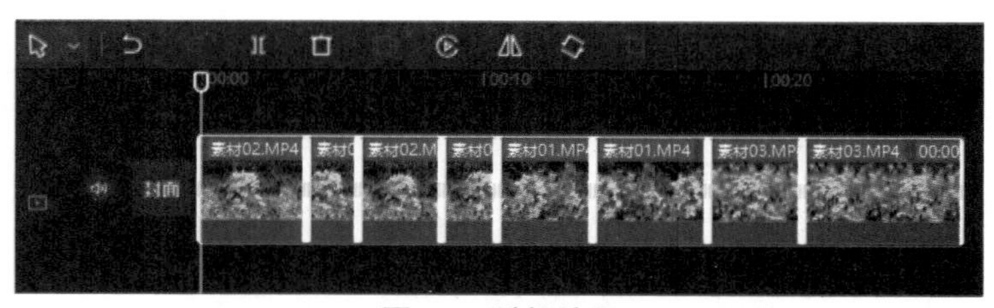

图3-11　选择片段

02 在时间线面板上右击，在弹出的快捷菜单中选择“创建组合”选项，如图3-12所示。

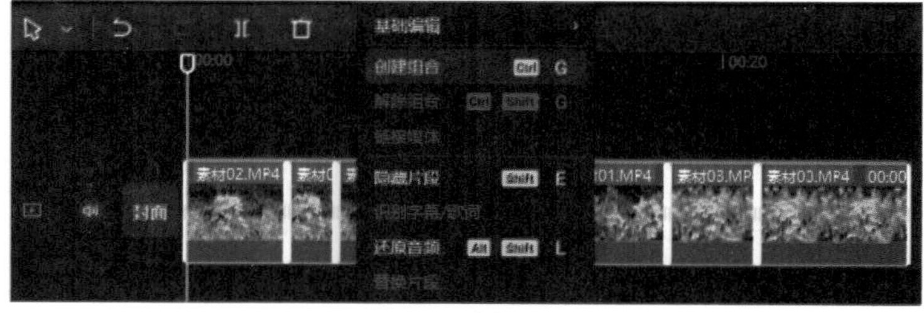

图3-12　创建组合

03 创建组合之后，时间线上的素材将组合成一个片段，选择时会自动选择组合的片段，如图3-13所示。

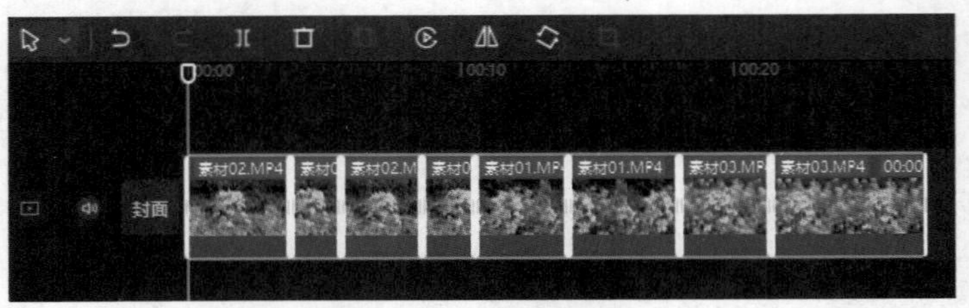

图3-13　选择组合的片段

04 如果需要将素材进行单独编辑，选中素材，右击，在弹出的快捷菜单中选择“解除组合”选项，通过此命令将组合片段进行解除，如图3-14所示。

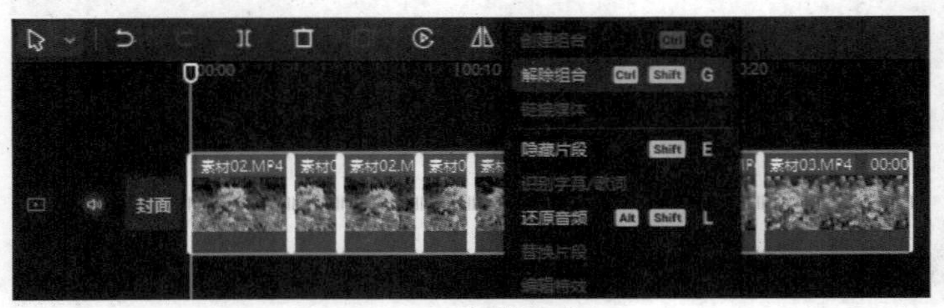

图3-14　解除组合

3.1.4　隐藏和显示片段

在时间线面板上可以对素材片段进行隐藏或者显示。

01 在时间线面板中选择视频片段，如图3-15所示。

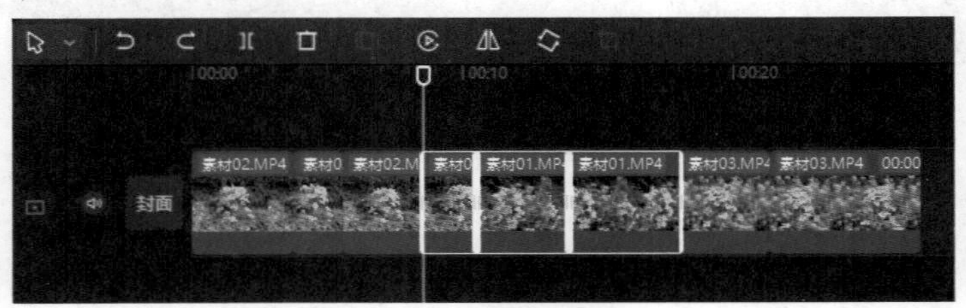

图3-15　选择片段

02 在时间线面板上右击，在弹出的快捷菜单中选择“隐藏片段”选项，如图3-16所示。

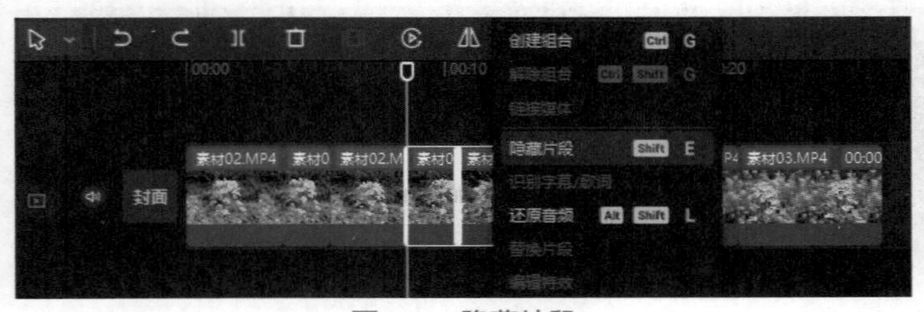

图3-16　隐藏片段

03 隐藏素材片段后，播放器窗口将不显示视频画面，时间线面板如图3-17所示。

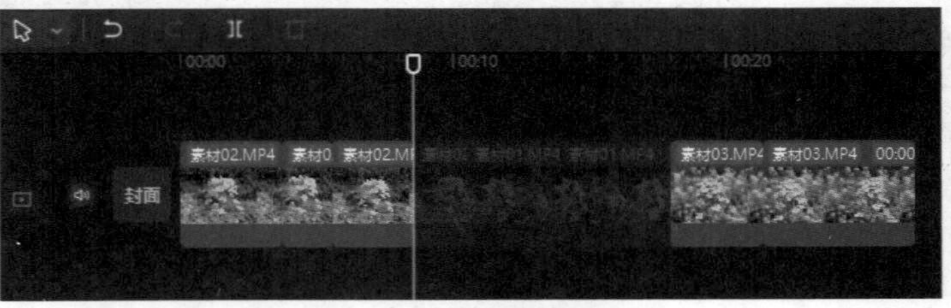

图3-17　隐藏片段时的播放器窗口

04 单击选择一个隐藏片段，在时间线面板上右击，在弹出的快捷菜单中选择“显示片段”选项，如图3-18所示。

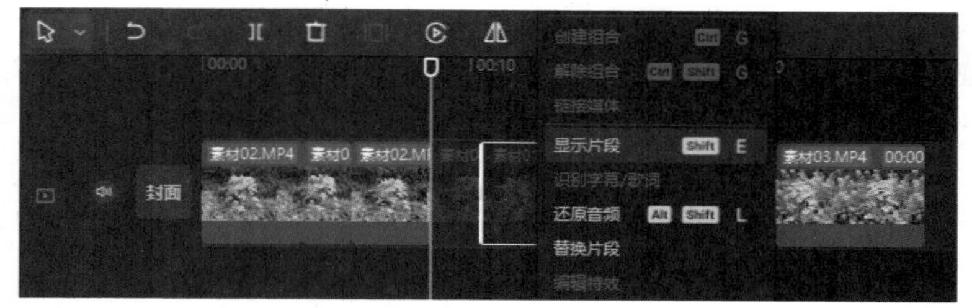

图3-18　显示片段

05 显示片段命令可以将隐藏的片段进行显示，如图3-19所示。

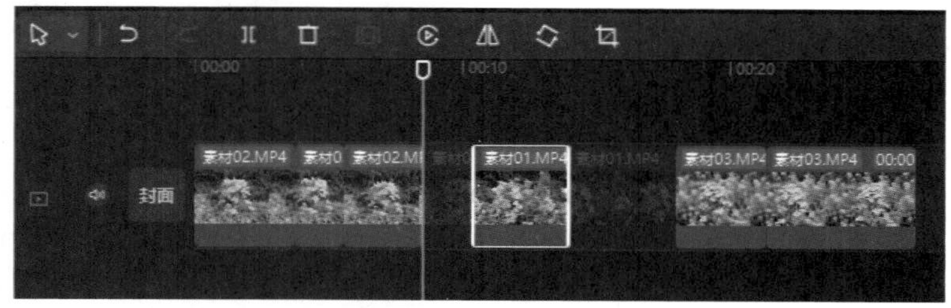

图3-19　显示片段后的播放器窗口

3.1.5　替换片段

在短视频制作过程中，可以对剪辑视频片段进行替换，下面介绍替换片段的使用方法。

01 在时间线面板中选择视频片段，如图3-20所示。

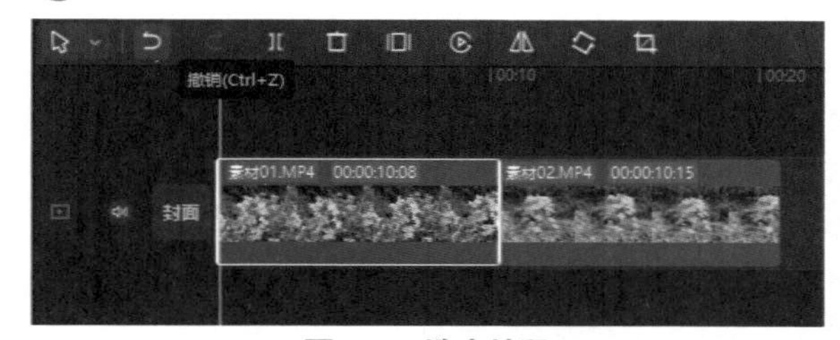

图3-20　选中片段

02 在时间线面板上右击，在弹出的快捷菜单中选择“替换片段”选项，如图3-21所示。

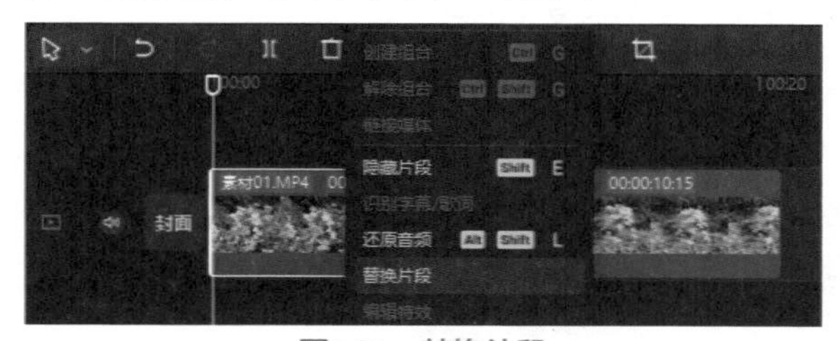

图3-21　替换片段

03 打开“请选择媒体资源”窗口，选择一个素材片段，如图3-22所示。

04 单击“打开”按钮，弹出“替换”面板，如图3-23所示。

05 单击“替换片段”按钮，即可替换素材，如图3-24所示。

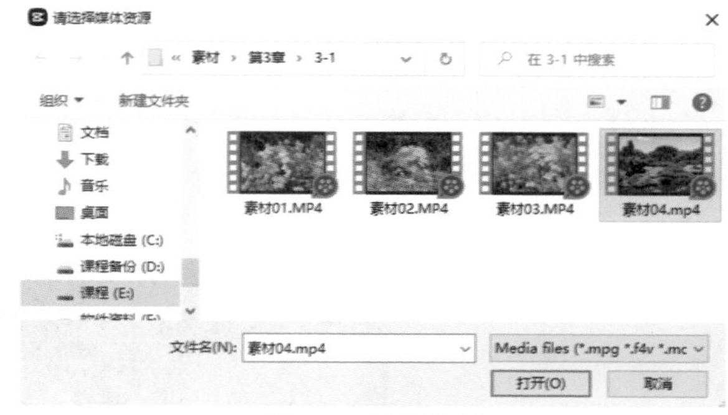

图3-22　选择素材

图3-23　“替换”面板

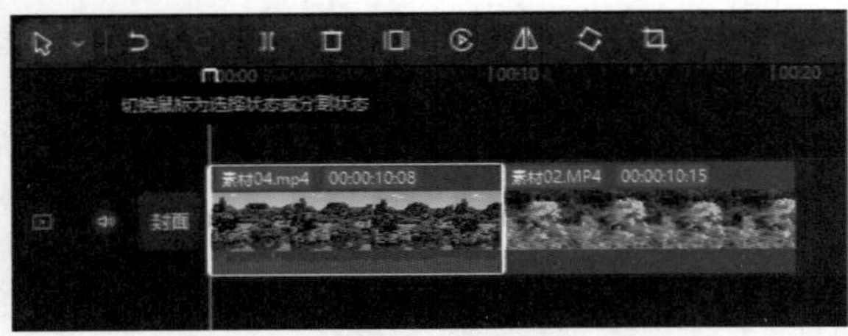

图3-24 替换片段

3.2 变速功能

在制作短视频时，经常需要对视频片段进行变速处理，在剪映专业版软件中可以对视频素材的播放速度自由调整，本节介绍剪映专业版软件中的变速功能。

3.2.1 常规变速

常规变速用于调整视频匀速变速，对视频素材进行变速时，素材时间的长度也相应调整，当倍数增大时，视频播放速度会变快，视频的持续时间变短；当倍数减小时，视频的播放速度会变慢，对应的素材的持续时间会变长。下面介绍具体的步骤。

01 打开剪映专业版软件，单击“开始创作”按钮，进入剪映软件的工作界面，在“媒体”面板中导入素材，如图3-25所示。

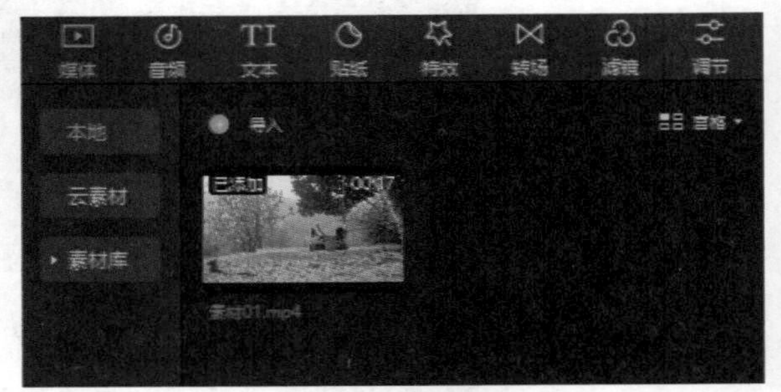

图3-25 导入素材

02 选中素材并拖曳到时间线面板，如图3-26所示。

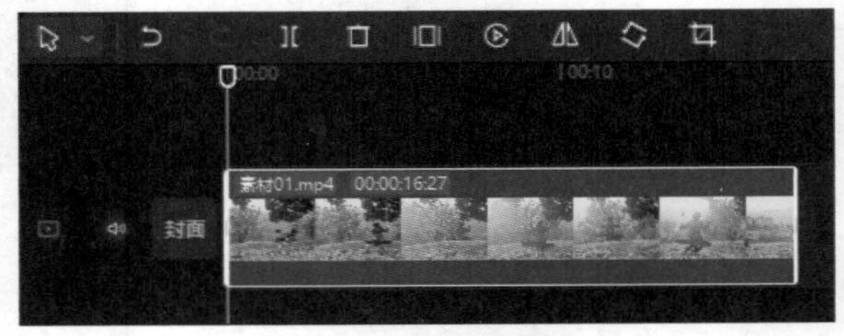

图3-26 时间线面板

03 在右侧功能区单击“变速”按钮，打开变速面板，变速分为“常规变速”和“曲线变速”两种方式，如图3-27所示。

图3-27 变速

04 在变速面板调整变速倍数，视频素材的默认倍数为1.0X，拖曳变速滑块可以调整视频的播放速度，当倍数大于1.0X时，视频播放速度变快，当倍数小于1.0X时，视频的播放速度将变慢，如图3-28所示。

图3-28 调整倍数

调整倍数时，对应的时长也跟着调整。

3.2.2 曲线变速

曲线变速可以自定义速度，也可以使用剪映专业版软件中提供的蒙太奇、英雄时刻、子弹时间、跳接、闪进和闪出选项进行变速。

01 打开剪映专业版软件，在“媒体”面板中导入素材，如图3-29所示。

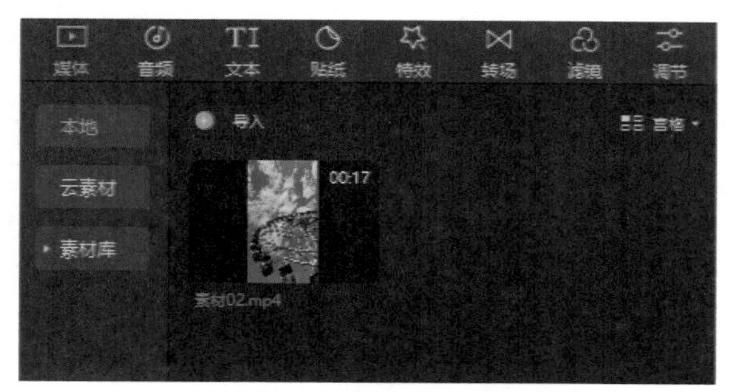

图3-29 “媒体”面板

02 在“媒体”面板中选择素材并拖曳到时间线面板，如图3-30所示。

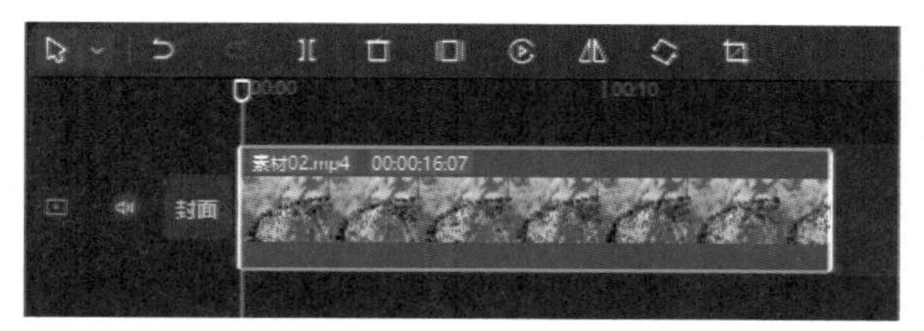

图3-30 时间线面板

03 在功能区单击“变速”按钮，单击“曲线变速”按钮，打开曲线变速面板，如图3-31所示。

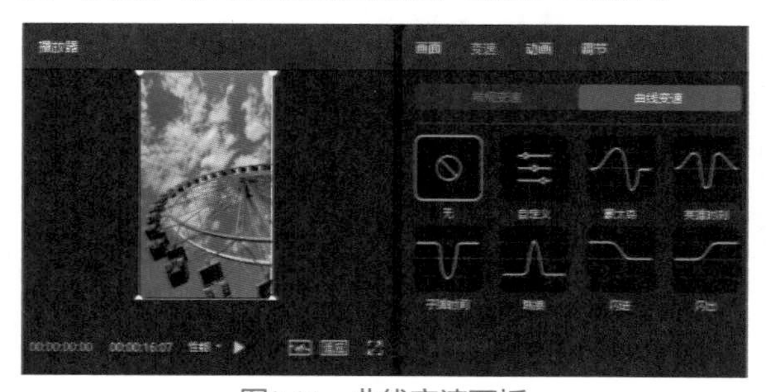

图3-31 曲线变速面板

04 选择“蒙太奇”曲线变速，可以在播放器窗口播放视频，看到视频速度快慢的变化，如图3-32所示。

05 在“曲线变速”面板下方，可以看到曲线控制点的位置，以及曲线的起伏状态，如图3-33所示。

06 在变速曲线中可以通过调整曲线上的控制点来调整视频速度的快慢效果，如图3-34所示。

通过对曲线变速的控制点调整，可以使视频变速效果达到短视频制作的要求。

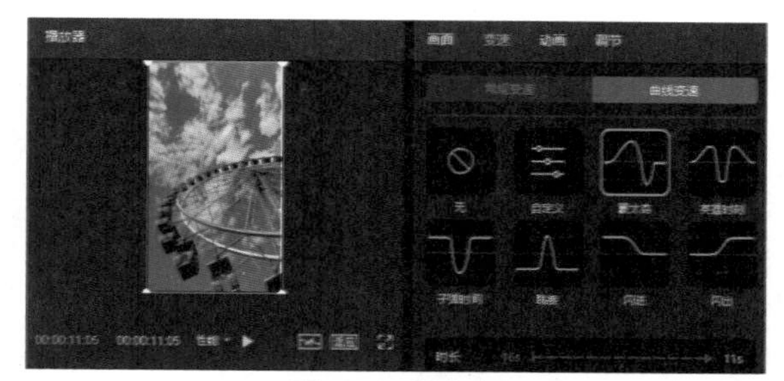

图3-32 蒙太奇

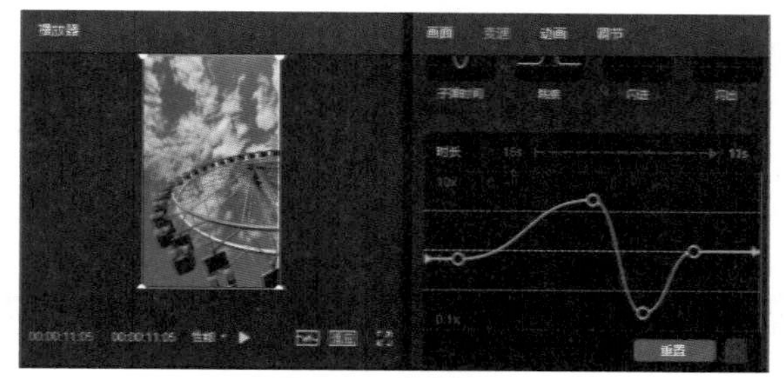

图3-33 曲线状态

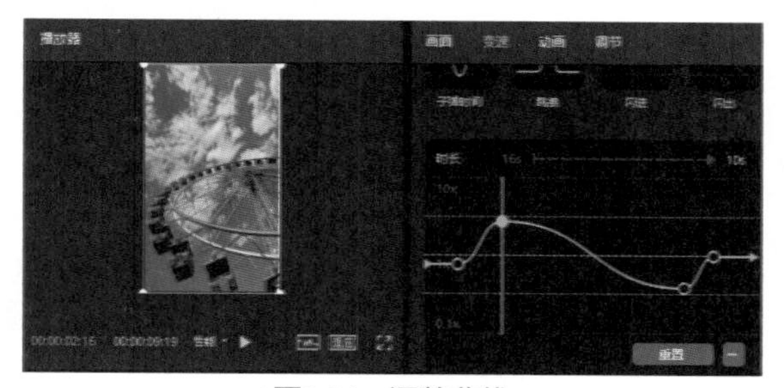

图3-34 调整曲线

3.3 混合模式

在视频制作过程中，多个轨道上添加了不同的素材，可以通过混合模式将素材混合来表现不同的效果，混合模式包括正常、变亮、滤色、变暗、叠加、强光、柔光、颜色加深、线性加深、颜色减淡和正片叠底，本节介绍混合模式的运用。

01 打开剪映专业版软件，单击“开始创作”按钮，进入剪映软件的工作界面，在“媒体”面板中导入素材，如图3-35所示。

图3-35 导入素材

02 在“媒体”面板中选择“素材01”并拖曳到时间线面板，如图3-36所示。

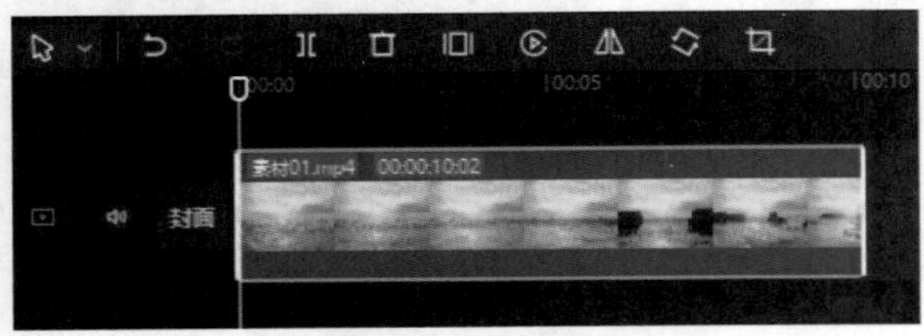

图3-36 时间线面板

03 在“媒体”面板中选择“素材02”并拖曳到时间线“素材01”上面轨道，如图3-37所示。

04 在时间线面板中选择“素材01”，使用“选择”工具对“素材01”的右侧进行拖曳，使“素材01”的时长和“素材02”的时长一致，如图3-38所示。

05 在时间线面板中选择“素材02”，在功能区显示画面的“基础”属性，如图3-39所示。

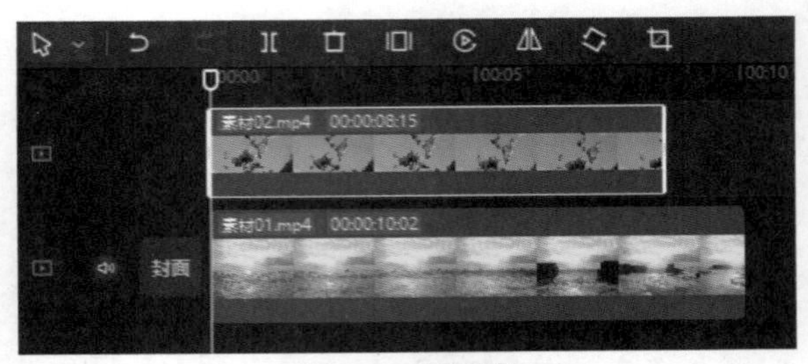

图3-37 时间线

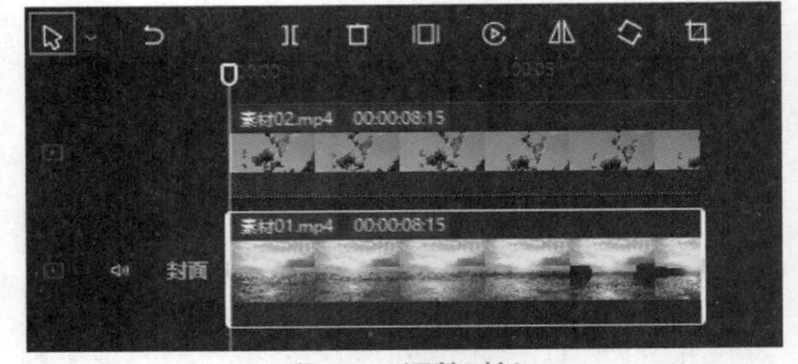

图3-38 调整时长

图3-39 基础属性

06 在基础属性中调整混合模式，混合模式选择“变亮”，“素材02”的素材将融合到“素材01”中，如图3-40所示。

图3-40 混合模式

07 混合模式选择“叠加”，效果如图3-41所示。

图3-41 叠加模式

08 混合模式选择“强光”，效果如图3-42所示。

图3-42　强光模式

09 选择不同的模式，混合后的视频效果不同，还可以调整不透明度，使画面融合得更好。

3.4　关键帧动画

关键帧动画是指通过视频片段的属性值添加关键帧，每个属性值添加两个不同的关键帧即可制作关键帧动画，剪映专业版软件可以为缩放、位置、旋转、不透明度等参数添加关键帧动画。本节介绍关键帧动画制作方法。

01 打开剪映专业版软件，单击“开始创作”按钮，进入剪映软件的工作界面，在“媒体”面板中导入素材，如图3-43所示。

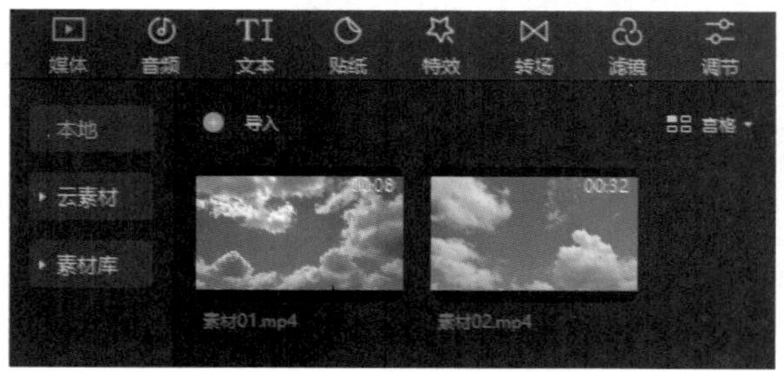

图3-43　“媒体”面板

02 在“媒体”面板中选择“素材01”并拖曳到时间线面板，如图3-44所示。

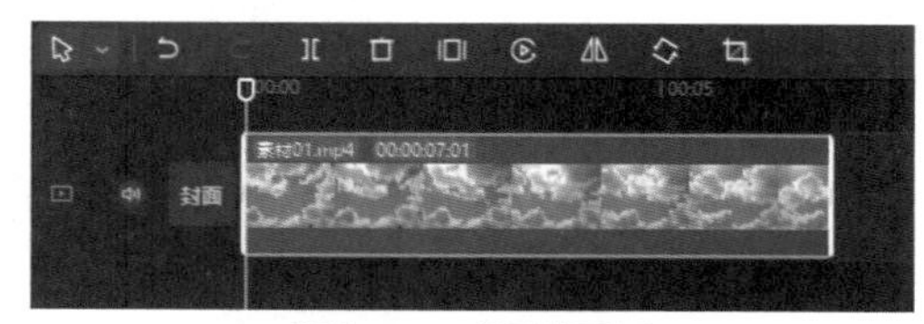

图3-44　时间线面板

03 在“媒体”面板中选择“素材02”并拖曳到时间线“素材01”上方轨道，拖曳“素材02”的时间和“素材01”时长一致，在时间线面板将时间指针移动到开始位置，如图3-45所示。

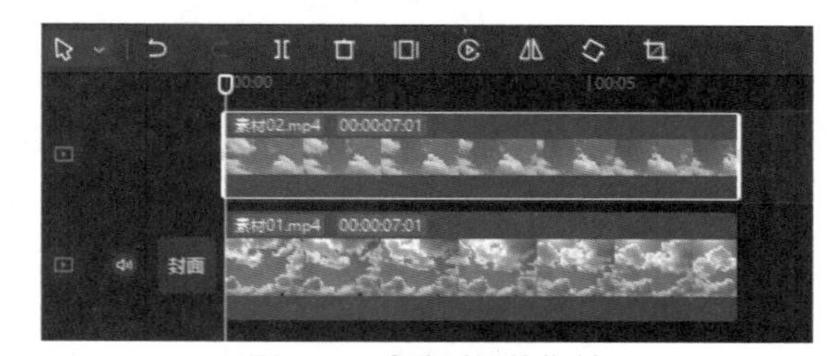

图3-45　移动时间线指针

04 在时间线面板中选择“素材02”，在功能区面板将“画面”面板下的“不透明度”调整为0%，如图3-46所示。

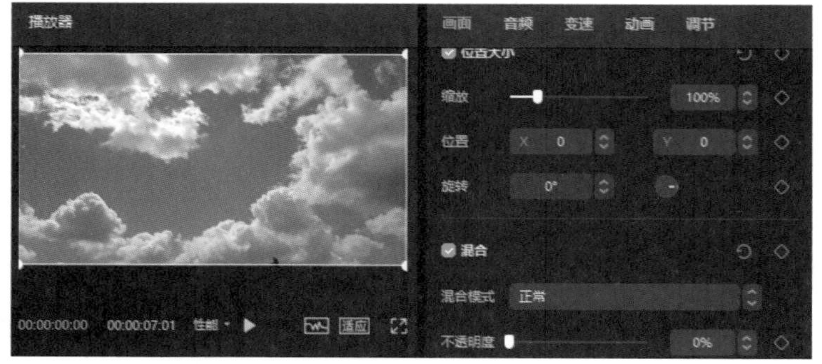

图3-46　调整不透明度

05 在不透明度后面单击“关键帧”按钮◆，添加关键帧，如图3-47所示。

图3-47　添加关键帧

06 在时间线面板中将时间指针拖曳至视频结束的位置，如图3-48所示。

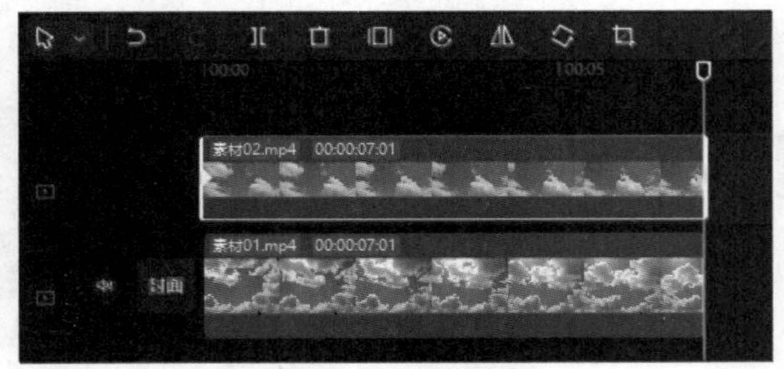

图3-48　移动时间指针

07 在时间线面板中选中“素材02”，将画面下的“不透明度”调整为100%，按Enter键确认，将自动添加关键帧，如图3-49所示。

图3-49　调整不透明度

08 按空格键播放视频，即可看到视频不透明度动画效果。使用同样的方法可以制作缩放、位置和旋转等动画。

第 4 章

视频转场

视频转场也称为视频过渡，使用转场效果可以使一个镜头平缓且自然地转换到下一个镜头，同时极大地增加影片的艺术感染力。剪映专业版软件中的转场包括叠化转场、特效转场、综艺转场、运镜转场、MG转场、幻灯片和遮罩转场。

4.1 叠化转场

叠化转场包括闪黑、闪白、叠化、叠加、云朵、渐变擦除、画笔擦除、撕纸、水墨、色彩溶解和岁月的痕迹等转场效果，这类转场主要是通过平缓的叠化、叠加来实现两个画面的切换，本节介绍叠化转场的使用。

01 打开剪映专业版软件，在主界面单击“开始创作”按钮，进入剪映软件的工作界面，在“媒体”面板中导入素材，如图4-1所示。

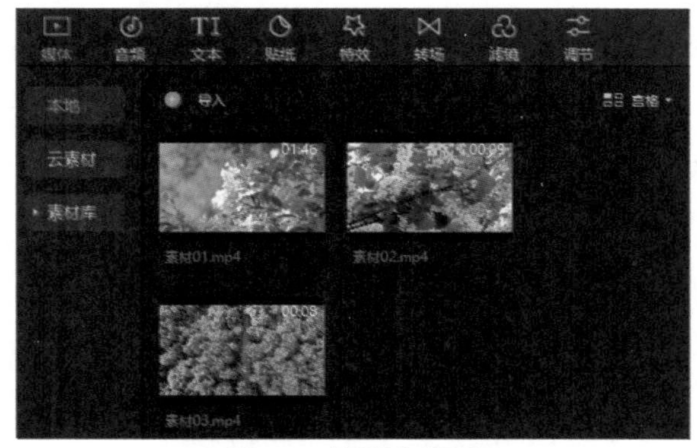

图4-1 “媒体”面板

02 在“媒体”面板中选择两个素材并拖曳到时间线面板，如图4-2所示。

03 在素材面板中单击“转场”按钮，打开转场面板，如图4-3所示。

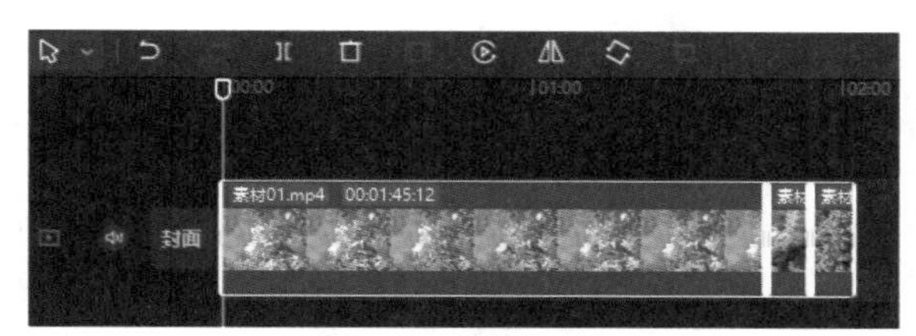

图4-2 时间线面板

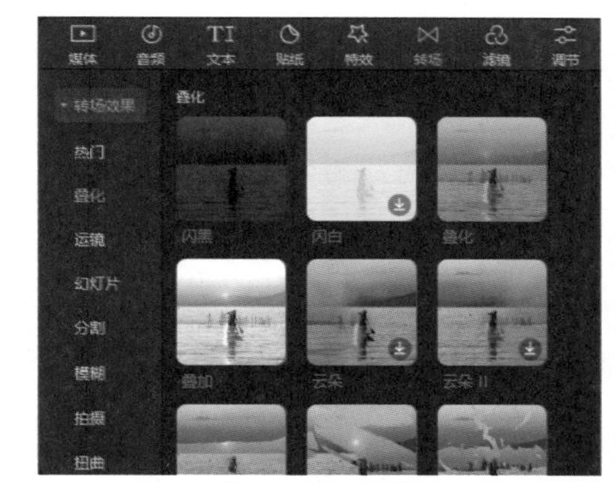

图4-3 转场面板

04 在“基础转场”中选择“叠化”转场并进行下载，下载之后单击“添加到轨道”按钮，如图4-4所示。

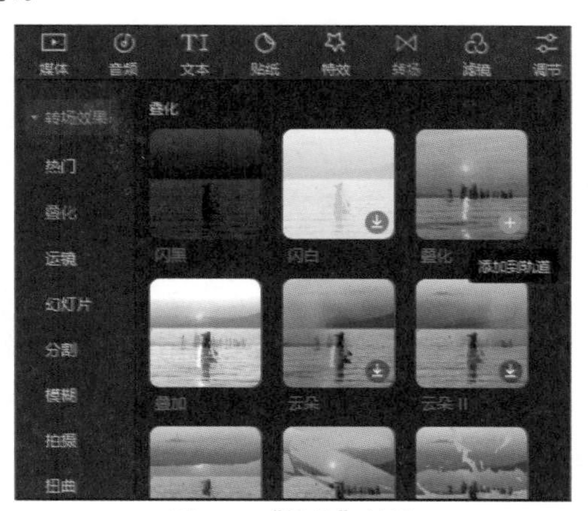

图4-4 “叠化”转场

05 将“叠化”转场添加到时间线面板两个视频片段的连接处，如图4-5所示。

图4-5 添加“叠加”转场

06 在时间线面板中选中转场，在右侧的功能区中调整“转场”的时长，如图4-6所示。

07 在“叠化”转场中下载“水墨”转场，如图4-7所示。

08 将“水墨”转场应用到时间线视频片段上，如图4-8所示。

09 在时间线面板中选中转场，在功能区面板调整转场的时长，如图4-9所示。

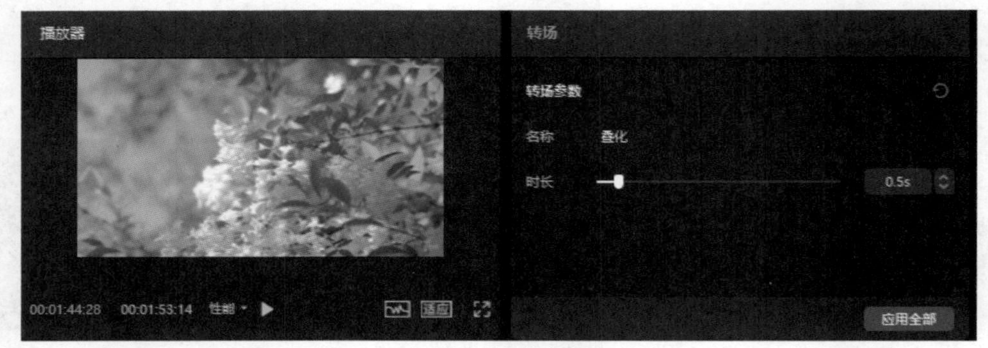

图4-6 调整“叠加”的转场参数

图4-7 “水墨”转场

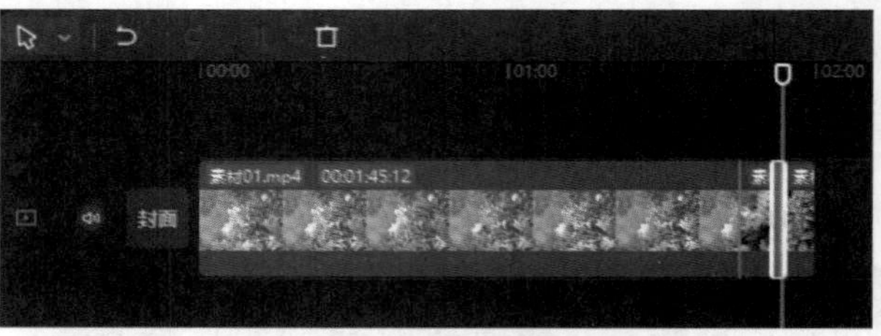

图4-8 添加“水墨”转场

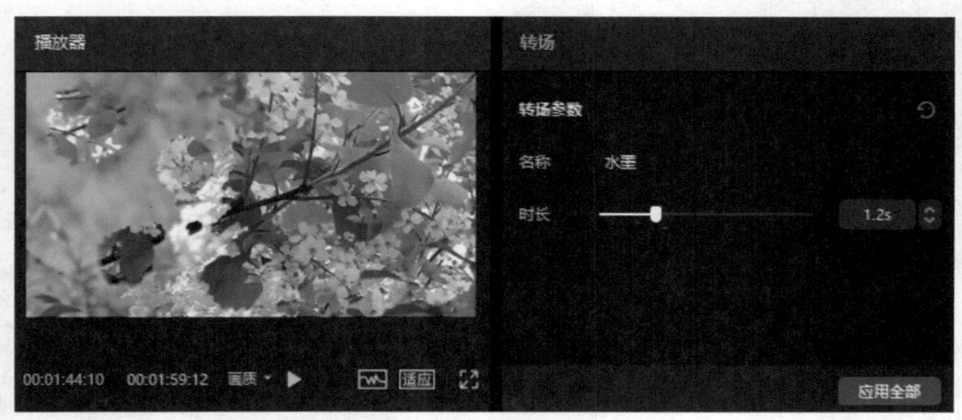

图4-9 调整水墨转场参数

10 在转场面板右下角单击“应用全部”按钮，可以将“水墨”转场应用到时间线的所有视频片段上，调整后按空格键播放视频，即可查看转场效果。

4.2 分割转场

转场包括分割、横向分割、竖向分割和斜向分割。本节介绍分割转场的运用。

01 打开剪映专业版软件，在主界面单击“开始创作”按钮，进入剪映软件的工作界面，在“媒体”面板中导入素材，如图4-10所示。

图4-10 “媒体”面板

02 在“媒体”面板中选择视频素材并拖曳到时间线面板，如图4-11所示。

图4-11 时间线面板

03 在素材面板中单击“转场”按钮，打开转场面板，单击“分割”转场类别，如图4-12所示。

04 在“分割”转场类别中，下载“斜向分割”转场，将“斜向分割”转场添加到轨道，如图4-13所示。

05 “斜向分割”转场添加到时间线面板轨道之间，如图4-14所示。

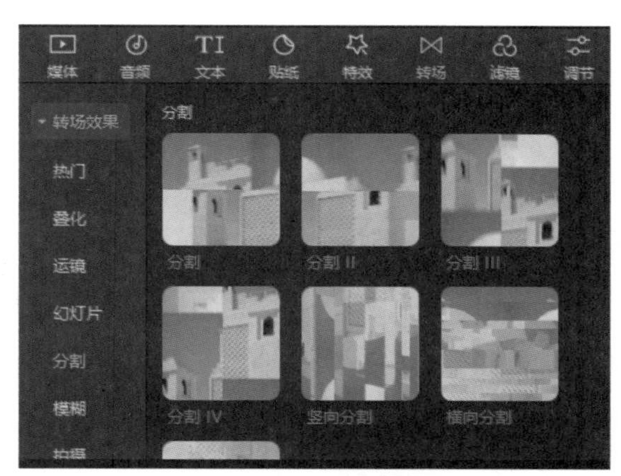

图4-12 “分割”转场

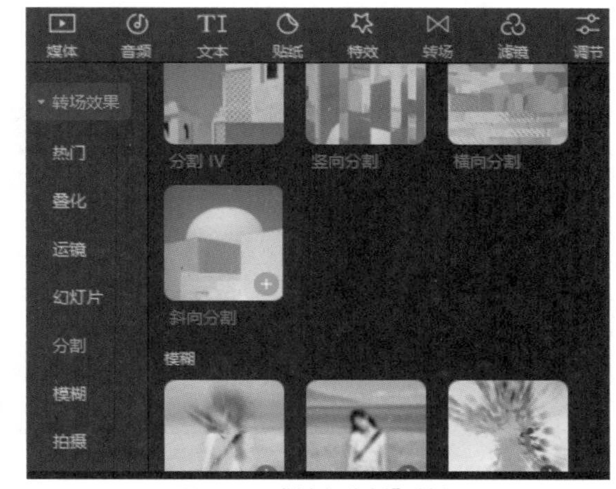

图4-13 “斜向分割”转场

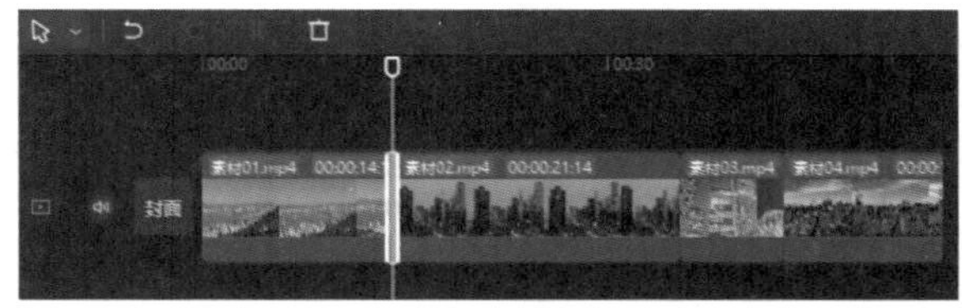

图4-14 添加“斜向分割”转场

06 在时间线面板中选择“斜向分割”转场，在转场参数中调整时长，如图4-15所示。

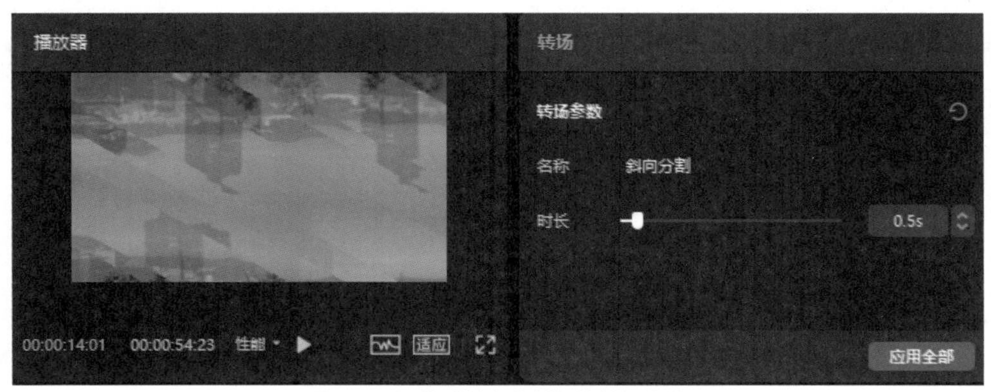

图4-15 调整“斜向分割”的转场参数

07 在“转场”面板特效转场类别中下载“竖向分割”转场，如图4-16所示。

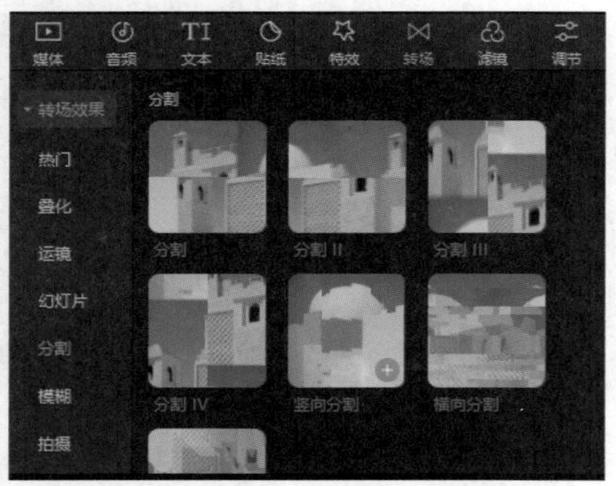

图4-16 “竖向分割”转场

08 将“竖向分割”转场添加到时间线面板素材上，如图4-17所示。

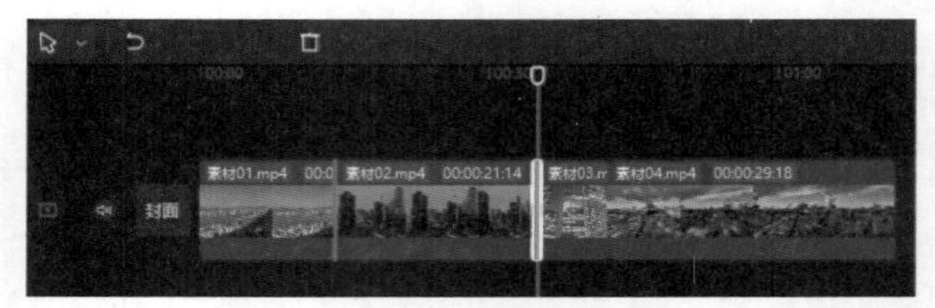

图4-17 添加“竖向分割”转场

09 在时间线面板中选择“竖向分割”转场，在转场属性面板中设置转场时长，如图4-18所示。

10 按空格键播放视频，即可查看竖向转场效果。

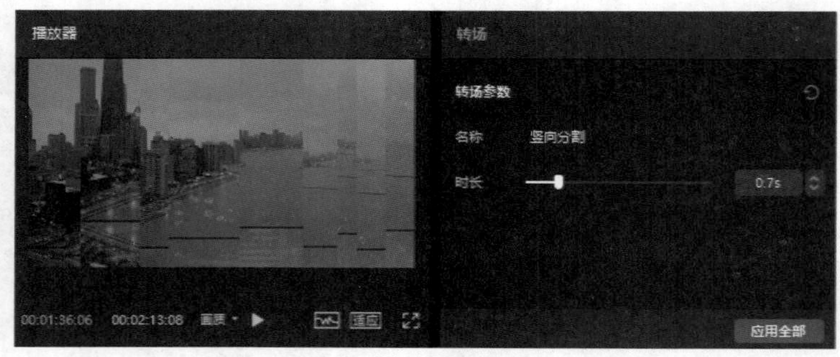

图4-18 调整“竖向分割”的转场参数

4.3 综艺转场

综艺转场包括打板转场、弹幕转场、气泡转场和冲鸭转场。

01 打开剪映专业版软件，在主界面单击“开始创作”按钮，进入剪映软件的工作界面，在“媒体”面板中导入素材，如图4-19所示。

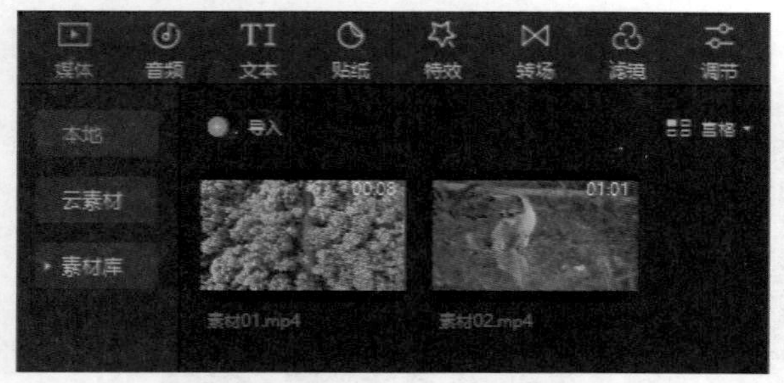

图4-19 “媒体”面板

02 在“媒体”面板中选中素材并拖曳到时间线面板，如图4-20所示。

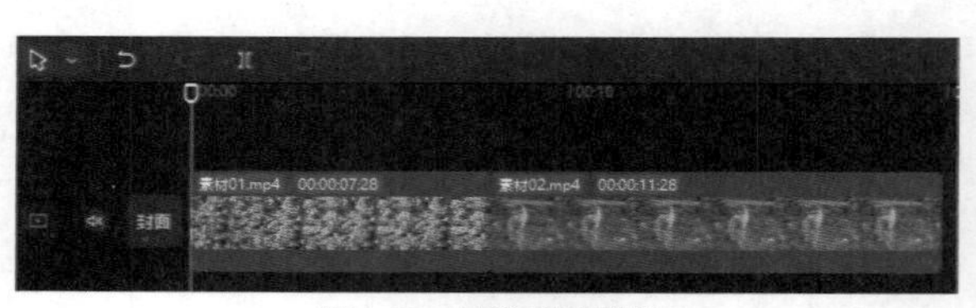

图4-20 时间线面板

03 在素材面板中单击“转场”按钮，打开转场面板，在转场面板中选择“综艺”转场类别，如图4-21所示。

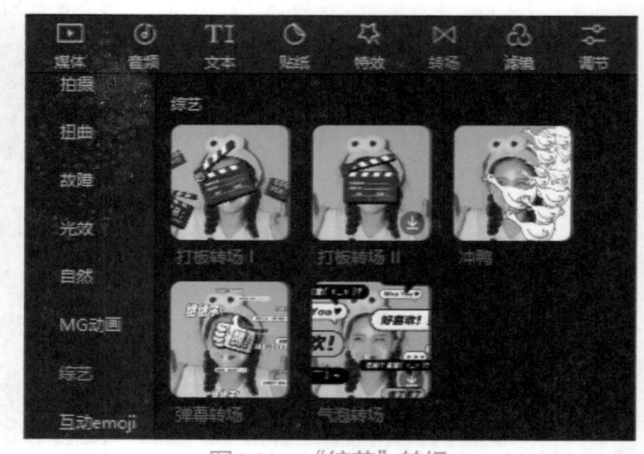

图4-21 “综艺”转场

04 在“综艺”转场类别中，下载“弹幕转场”，将其添加到时间线素材片段的连接处，如图4-22所示。

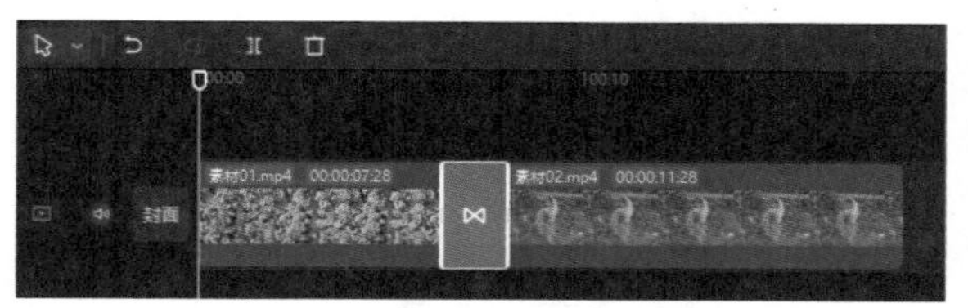

图4-22　添加“弹幕转场”转场

05 在时间线面板中选中“弹幕转场”，在转场属性面板中调整转场时长，如图4-23所示。

图4-23　调整“弹幕转场”参数

06 按空格键播放视频，即可查看电视故障1转场效果。

4.4　运镜转场

运镜转场包括3D空间、推近、拉远、色差顺时针、色差逆时针、无限穿越、向下、向上、向右、向左、向左上、向右上、向左下、向右上和向右下转场。

01 打开剪映专业版软件，在主界面单击“开始创作”按钮，进入剪映软件的工作界面，在“媒体”面板中导入素材，如图4-24所示。

图4-24　“媒体”面板

02 在“媒体”面板选中两个素材并拖曳到时间线面板，如图4-25所示。

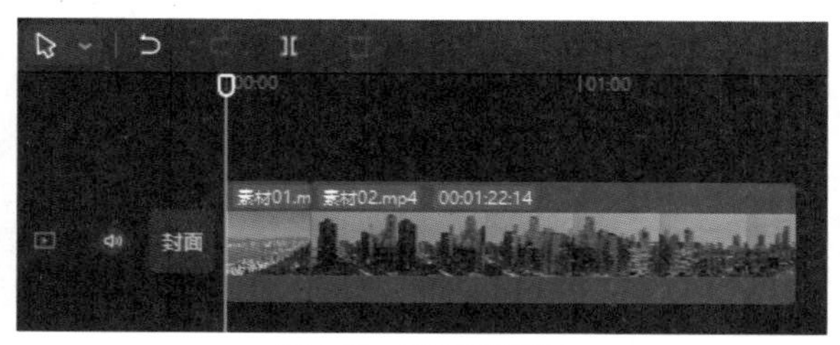

图4-25　时间线面板

03 在素材面板中单击“转场”按钮，打开转场面板，在转场面板中选择“运镜”转场类别，如图4-26所示。

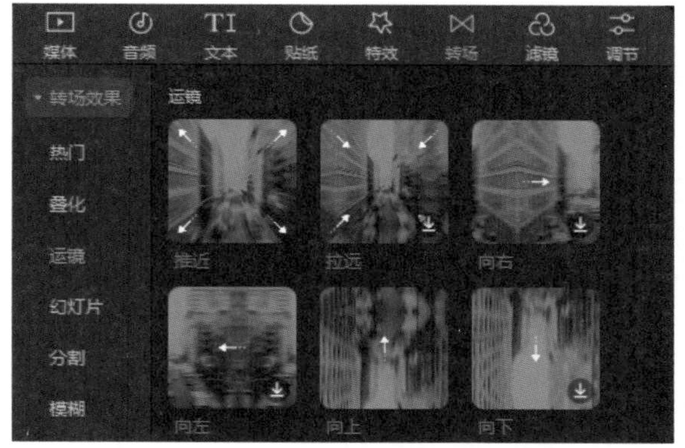

图4-26　“运镜”转场

04 在“运镜”转场类别中，下载“推近”转场，将推近转场添加到时间线素材片段的连接处，如图4-27所示。

图4-27　添加“推近”转场

05 在时间线面板中选中“推近”转场，在功能面板上调整转场属性，如图4-28所示。

06 按空格键播放视频，即可查看“推近”转场效果。

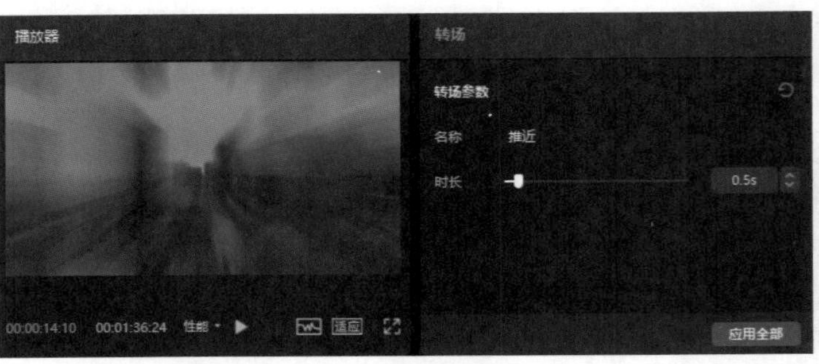

图4-28 调整“推近”的转场参数

4.5 MG动画转场

MG动画转场包括水波卷动、水波向右、水波向左、白色墨花、动漫旋涡、波点向右、箭头向右、矩形分割、蓝色线条、中心旋转、向下流动和向右流动等。

01 打开剪映专业版软件，在主界面单击“开始创作”按钮，进入剪映软件的工作界面，在“媒体”面板中导入素材，如图4-29所示。

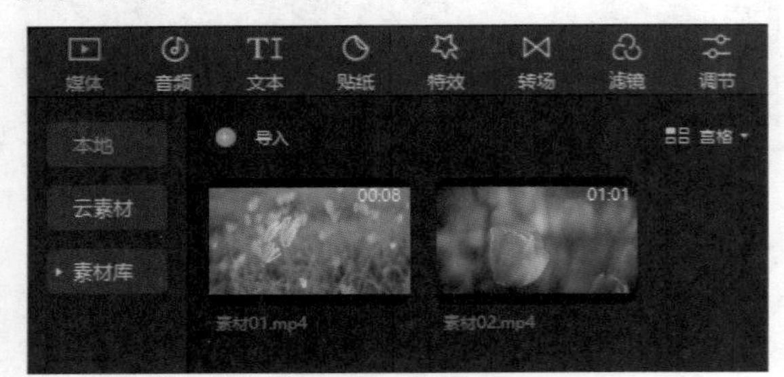

图4-29 “媒体”面板

02 在“媒体”面板选中两个素材并拖曳到时间线面板，如图4-30所示。

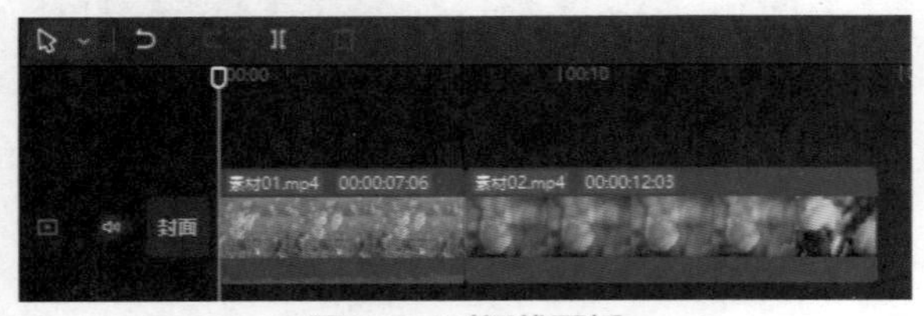

图4-30 时间线面板

03 在素材面板中单击“转场”按钮，打开转场面板，在转场面板中选择“MG动画”转场类别，如图4-31所示。

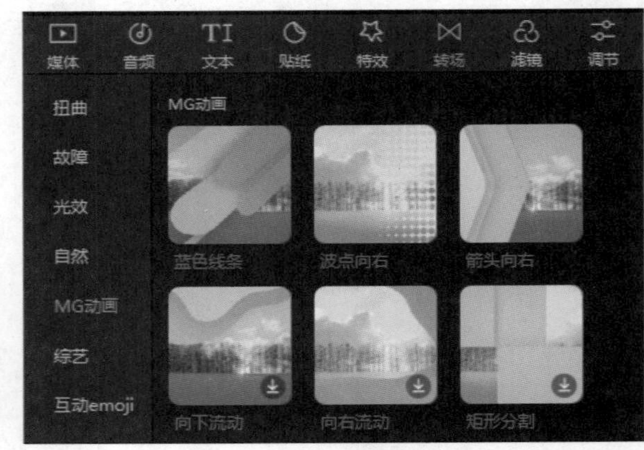

图4-31 “MG动画”转场

04 在“MG动画”转场类别中，下载“水波卷动”转场，将“水波卷动”添加到时间线素材片段的连接处，如图4-32所示。

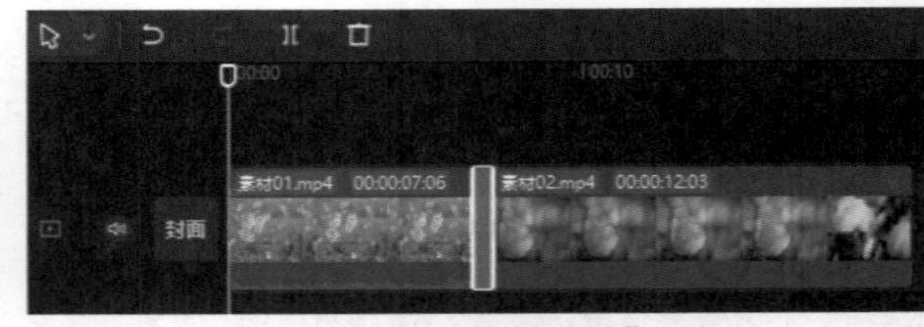

图4-32 添加“水波卷动”转场

05 在时间线面板中选中“水波卷动”转场，在功能面板上调整转场属性，如图4-33所示。

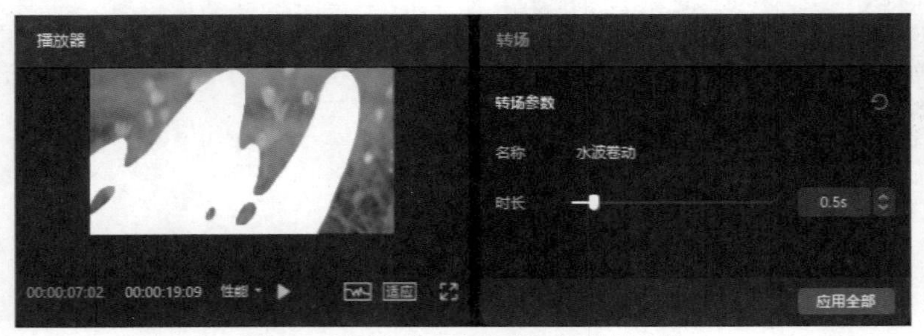

图4-33 调整“水波卷动”的转场参数

06 按空格键播放视频，即可查看水波卷动转场效果。

4.6 幻灯片转场

幻灯片转场类别包括翻页、立方体、圆形扫描、倒影、开幕、百叶窗、窗格、风车、万花筒、星星和弹跳等。

01 打开剪映专业版软件，在主界面单击“开始创作”按钮，进入剪映软件的工作界面，在“媒体”面板中导入素材，如图4-34所示。

图4-34 “媒体”面板

02 在“媒体”面板选中两个素材并拖曳到时间线面板，如图4-35所示。

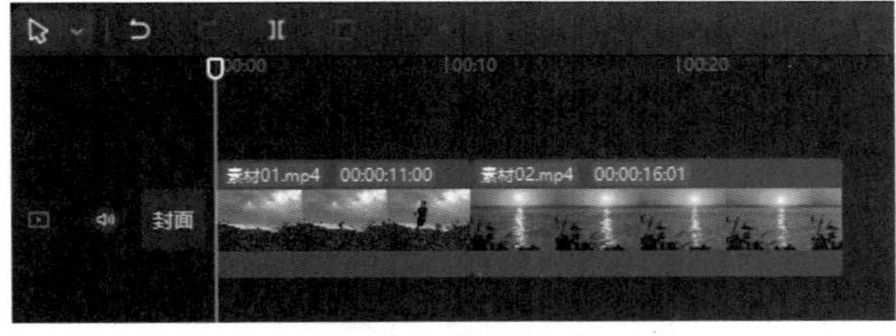

图4-35 时间线面板

03 在素材面板中单击“转场”按钮，打开转场面板，在转场面板中选择“幻灯片”类别，如图4-36所示。

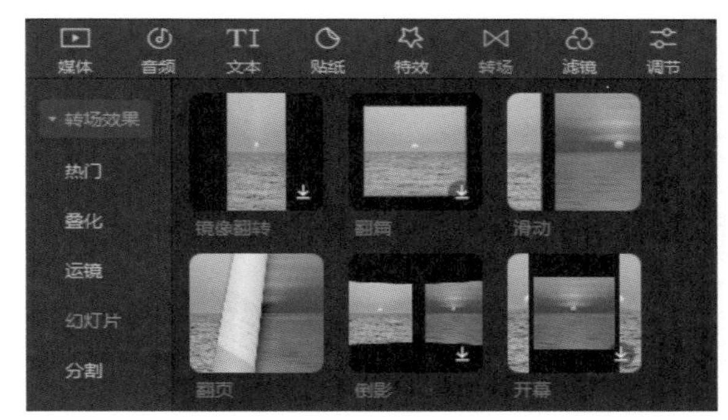

图4-36 幻灯片转场

04 在“幻灯片”类别中，下载“翻页”转场，将“翻页”转场添加到时间线素材片段的连接处，如图4-37所示。

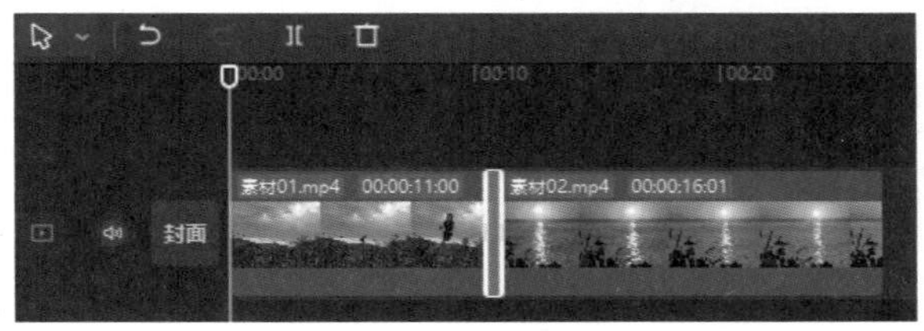

图4-37 添加“翻页”转场

05 在时间线面板中选中“翻页”转场，在功能面板上调整转场属性，如图4-38所示。

06 按空格键播放视频，即可查看翻页转场效果。

图4-38 调整“翻页”的转场参数

4.7 光效转场

光效转场类别包括炫光、泛白、泛光、闪动光斑、光束和闪光灯等。

01 打开剪映专业版软件，在主界面单击“开始创作”按钮，进入剪映软件的工作界面，在“媒体”面板中导入素材，如图4-39所示。

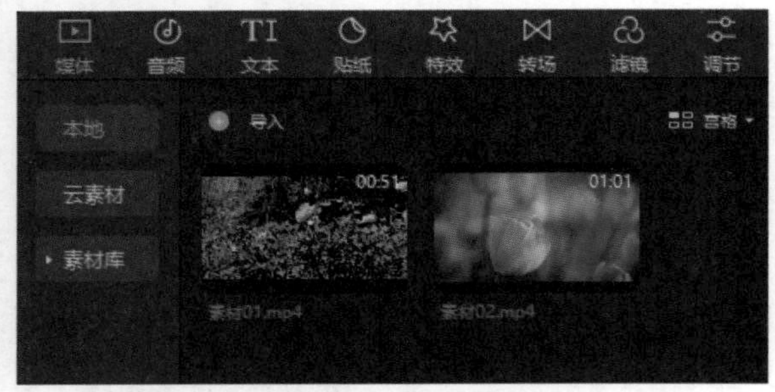

图4-39 “媒体”面板

02 在“媒体”面板选中两个素材并拖曳到时间线面板，如图4-40所示。

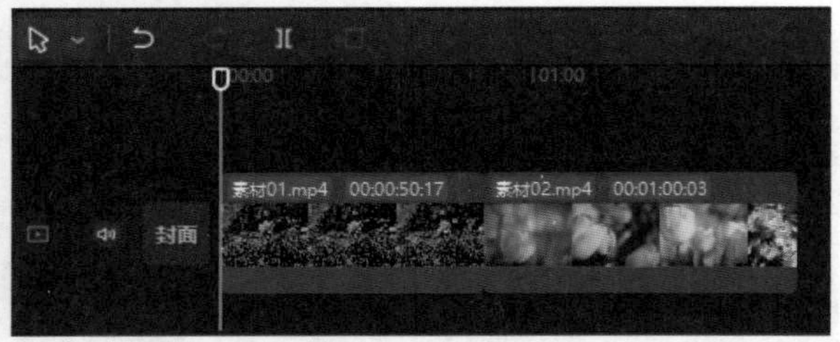

图4-40 时间线面板

03 在素材面板中单击“转场”按钮，打开转场面板，在转场面板中选择“光效”类别，如图4-41所示。

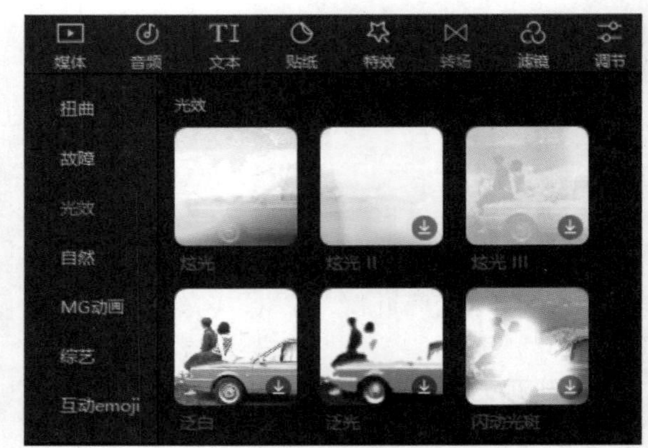

图4-41 光效转场

04 在“光效”类别中，下载“炫光”转场，将“炫光”转场添加到时间线素材片段的连接处，如图4-42所示。

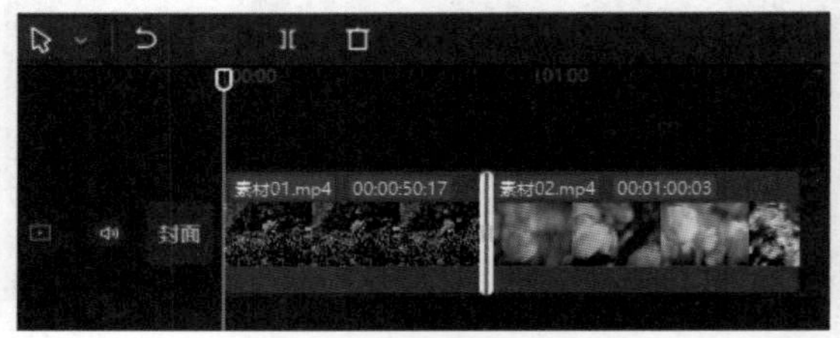

图4-42 添加炫光转场

05 在时间线面板上选中“炫光”转场，在功能面板上调整转场属性，如图4-43所示。

06 按空格键播放视频，即可查看炫光转场效果。

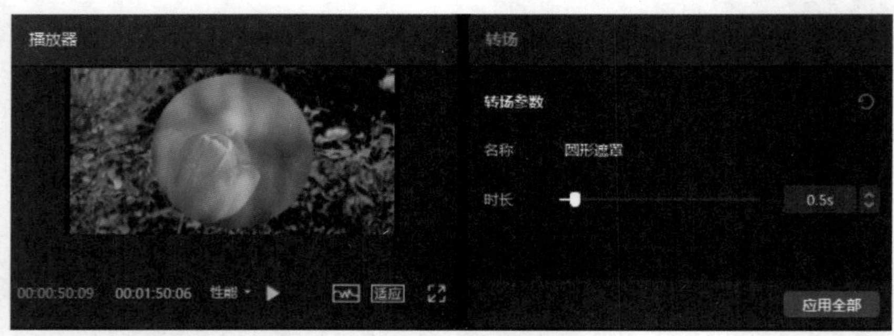

图4-43 调整“炫光”转场的参数

第 5 章

抠像和蒙版

在拍摄人物或者其他前景内容后可以通过抠像功能把单色的背景去掉，需要注意的是抠像物体中不能包括要去除的背景颜色；通过蒙版可以创建画面的遮挡部分。本章介绍色度抠像、智能抠像功能和蒙版合成的运用。

5.1 抠像

抠像效果主要是提取通道，一般背景颜色主要是蓝色背景或者绿色背景，使用这两种颜色主要是因为皮肤中不包括这两种色彩，在抠像时就不会把主体抠除，本节介绍剪映专业版软件的抠像使用方法。

5.1.1 色度抠像

色度抠像极具挑战性的一步是拍摄色度抠像的视频，特别是视频要使用质量高、光线好且便于移除颜色的纯色背景。拍摄视频时一般采用蓝色背景或者绿色背景，本小节介绍色度抠像的使用方法。

01 打开剪映专业版软件，在主界面单击“开始创作”按钮，进入剪映软件的工作界面，在“媒体”面板单击“素材库”按钮，展开素材库，如图5-1所示。

02 在素材库中选择“绿幕素材”类别，如图5-2所示。

03 在绿幕素材中选择“老虎”的视频素材并拖曳到时间线面板，如图5-3所示。

04 在时间线面板中选择素材片段，在右侧的功能区单击“画面”下的“抠像”按钮，打开“抠像”面板，如图5-4所示。

05 在“抠像”面板下勾选“色度抠图”复选框，展开色度抠图选项，如图5-5所示。

06 单击取色器右侧的“吸管”按钮，使用吸管在播放器窗口中吸取绿色，如图5-6所示。

图5-1　素材库

图5-2　绿幕素材

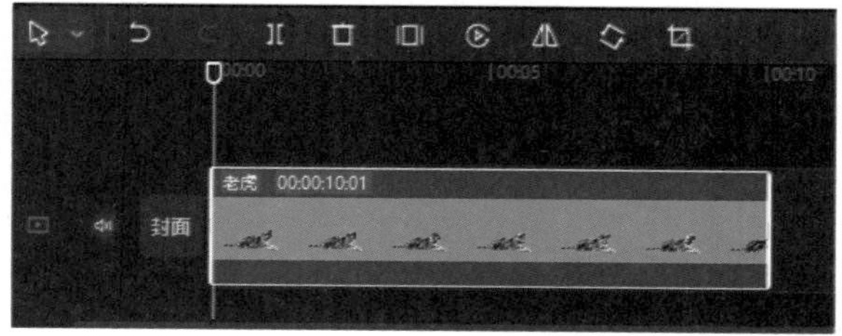

图5-3　时间线面板

07 在“色度抠图”选项下调整“强度”和“阴

影”参数，这样可以将背景的绿色进行抠像，如图5-7所示。

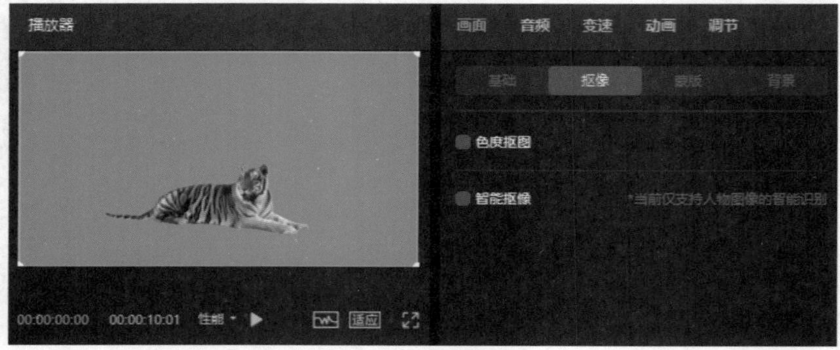

图5-4 “抠像”面板

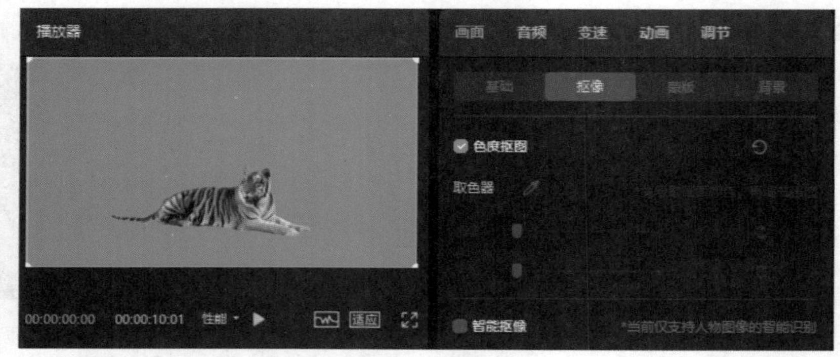

图5-5 色度抠像

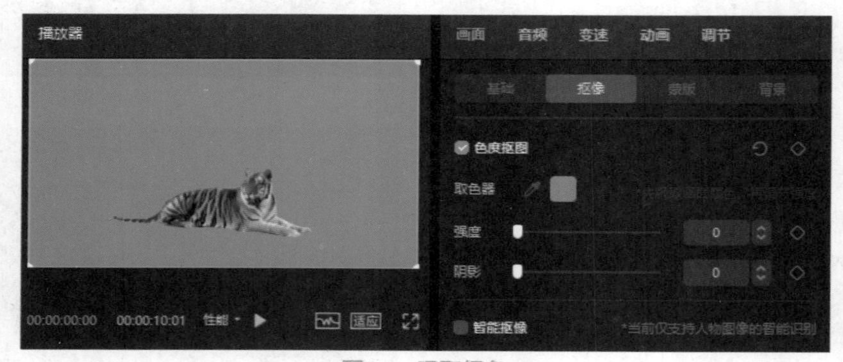

图5-6 吸取绿色

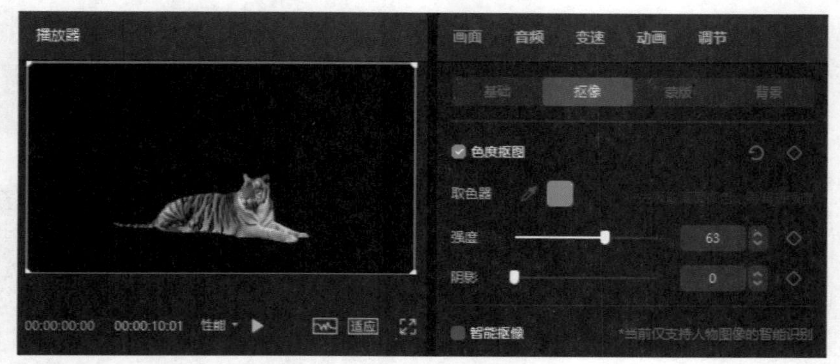

图5-7 调整参数

08 在素材面板中单击“媒体”按钮，单击“本地”按钮，导入素材，如图5-8所示。

09 在时间线面板中将“老虎”素材的轨道向上拖曳到上一个轨道，如图5-9所示。

图5-8　“媒体”面板

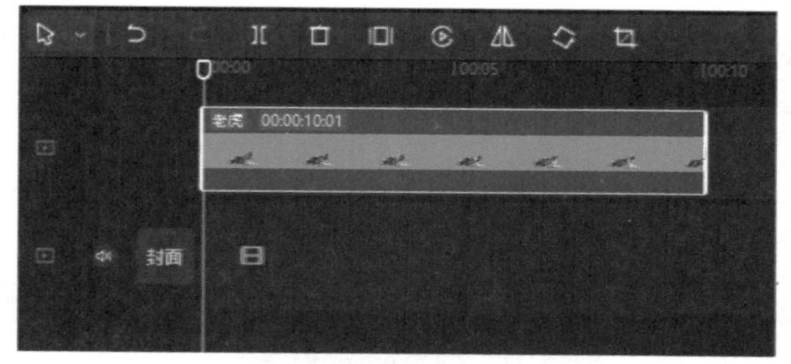

图5-9　拖曳素材

10 在“媒体”面板中选择“素材01”并拖曳到时间线主轨道上，调整“素材01”的时间长度与“老虎”素材的时间长度一致，如图5-10所示。

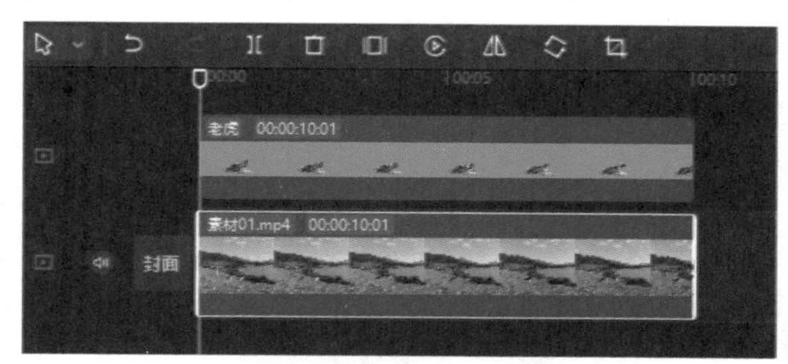

图5-10　调整时间长度

11 播放器窗口效果如图5-11所示。

图5-11　播放器窗口

5.1.2　智能抠像功能

剪映专业版软件中的智能抠图功能，可以自动识别视频中的主体并进行抠像，抠像后可以将抠像的图像和背景视频进行合成。

01 打开剪映专业版软件，在“媒体”面板中导入素材，如图5-12所示。

图5-12　“媒体”面板

02 选择“素材02”并拖曳到时间线面板，如图5-13所示。

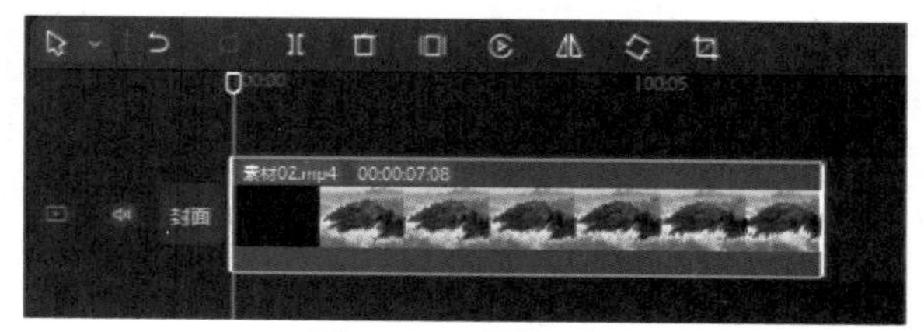

图5-13　时间线面板

03 将“素材01”拖曳到时间线面板中的“素材02”上面的轨道，如图5-14所示。

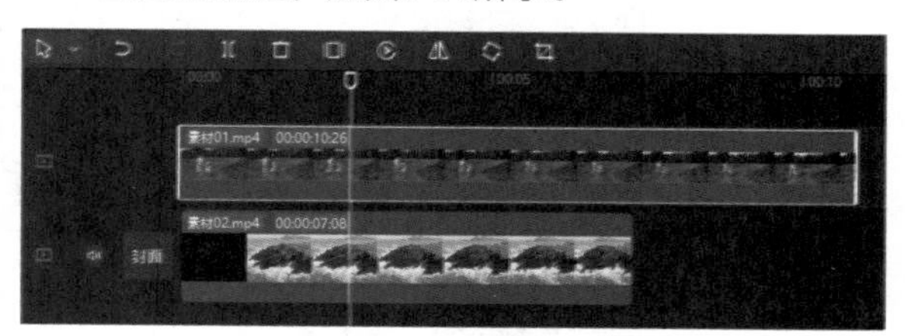

图5-14　拖曳素材

04 在时间线面板中使用“选择”工具拖曳“素材01”末端进行剪辑，使其时间长度与“素材02”时间长度相等，如图5-15所示。

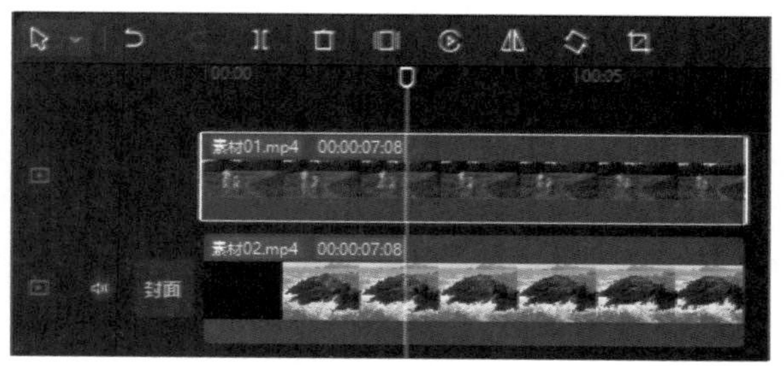

图5-15　剪辑时间

05 在时间线面板中选择“素材02”片段，右击，在弹出的快捷菜单中选择“隐藏片段”选项，将“素材02”片段隐藏，如图5-16所示。

06 在时间线面板中选择“素材01”片段，在右上角功能区单击“画面”下的“抠像”选项卡，打开“抠像”面板，如图5-17所示。

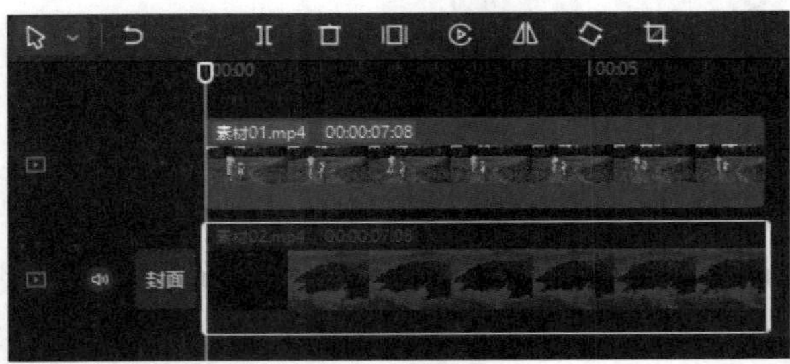

图5-16 隐藏片段

图5-17 “抠像”面板

07 在“抠像”面板中勾选“智能抠像”复选框，软件会自动处理抠像，抠像后的效果如图5-18所示。

图5-18 智能抠像

08 在时间线面板中选择“素材02”片段，右击，在弹出的快捷菜单中选择“显示片段”选项，显示片段后如图5-19所示。

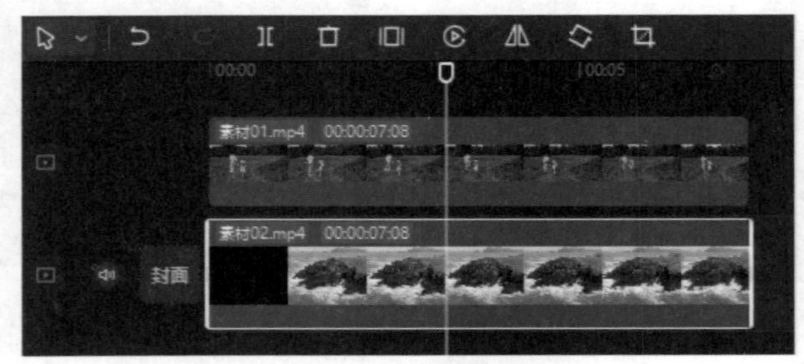

图5-19 显示片段

09 在时间线面板中选择“素材01”片段，在功能区单击“画面”下的“基础”选项卡，打开“基础”面板，如图5-20所示。

图5-20 “基础”面板

10 在“基础”面板中调整“缩放”和“位置”参数，如图5-21所示。

图5-21 调整缩放和位置

这样即可将前景人物和背景结合，还可以使用贴纸添加关键帧动画来制作人物的投影效果。

5.2 蒙版合成

蒙版也称作为遮罩，使用蒙版可以创建画面的遮挡部分或者显示部分，剪映专业版软件提供了多个不同形状的蒙版，如线性、镜面、圆形、爱心和星形，这些蒙版可以用于显示固定形状的视频画面。

5.2.1 添加蒙版

添加蒙版的步骤如下。

01 打开剪映专业版软件，在“媒体”面板中导入素材，如图5-22所示。

02 在“媒体”面板中选中素材并拖曳到时间线面板，如图5-23所示。

03 在时间线面板中选择素材片段，在功能区中单击“画面”下的“蒙版”按钮，展开“蒙版”面板，如图5-24所示。

04 在“蒙版”面板中选择“线性”选项，即可将线性蒙版添加到视频上，如图5-25所示。

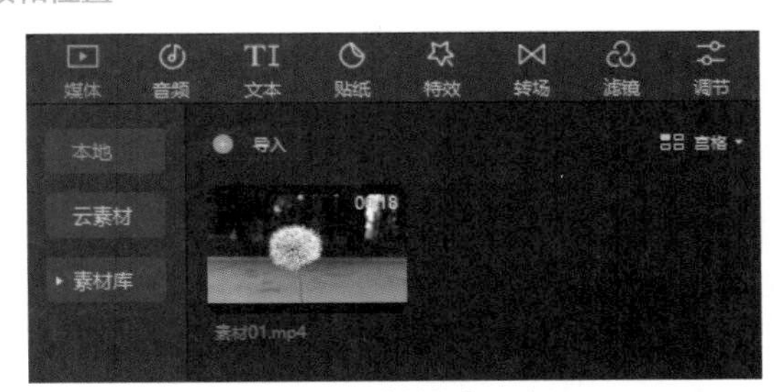

图5-22 “媒体”面板

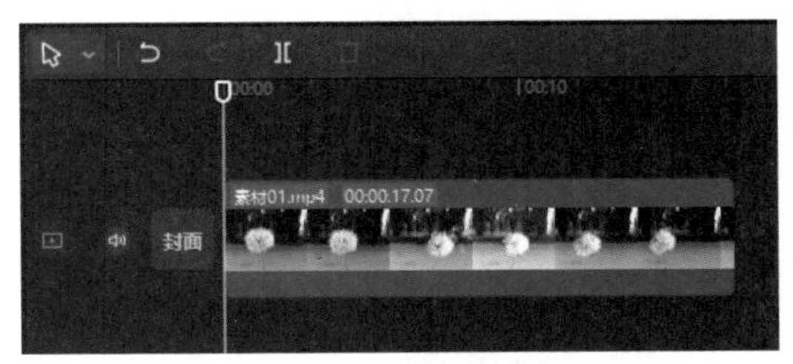

图5-23 时间线面板

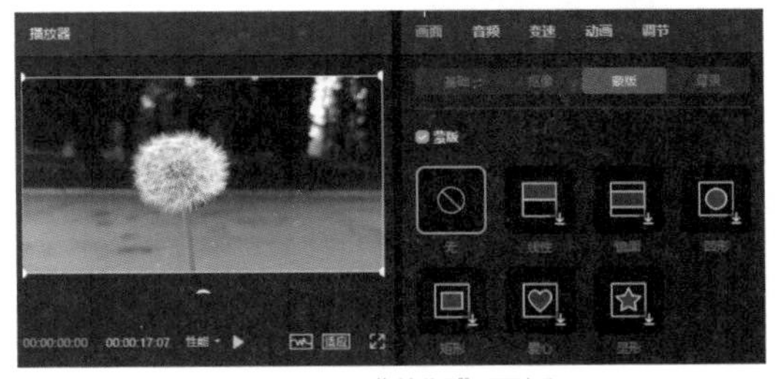

图5-24 “蒙版”面板

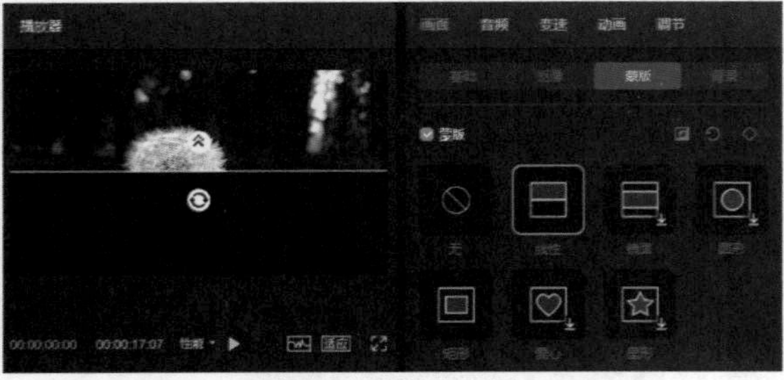

图5-25　线性蒙版

05 在播放器窗口拖曳线性蒙版的直线，即可改变线性蒙版的位置，如图5-26所示。

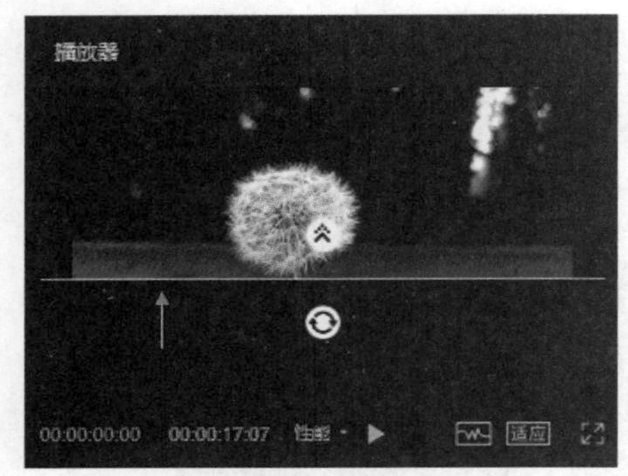

图5-26　改变线性蒙版位置

06 在播放器窗口拖曳“旋转”按钮，即可调整线性蒙版的角度，如图5-27所示。

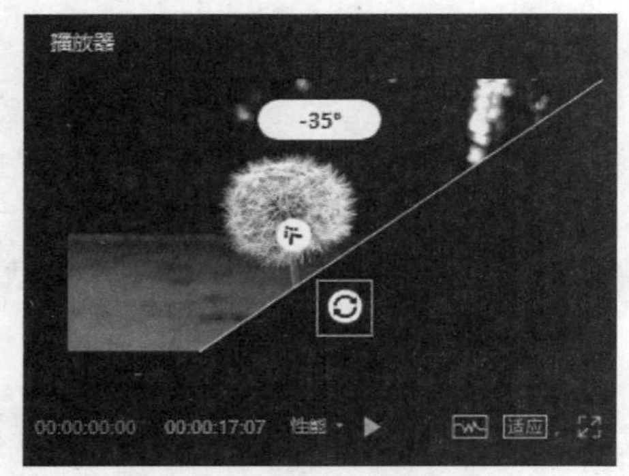

图5-27　调整线性蒙版角度

07 在播放器窗口拖曳“羽化”按钮，调整线性蒙版羽化效果，如图5-28所示。

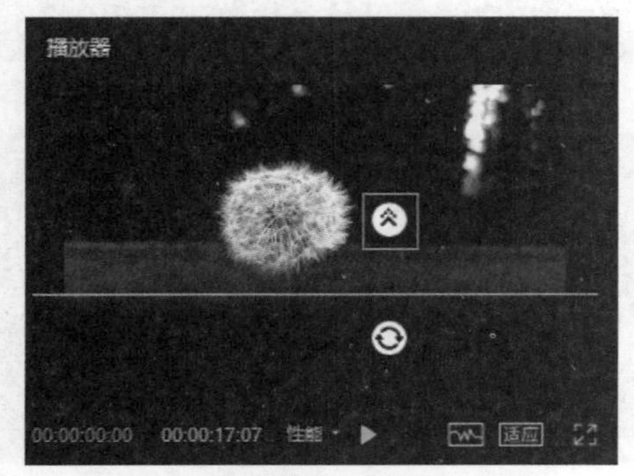

图5-28　调整线性蒙版羽化效果

5.2.2　蒙版调整

本节介绍移动蒙版、调整蒙版大小、旋转蒙版、蒙版羽化、反转蒙版的运用。

01 打开剪映专业版软件，在“媒体”面板中导入素材，如图5-29所示。

图5-29　“媒体”面板

02 在“媒体”面板中选择“素材01”并拖曳到时间线面板，如图5-30所示。

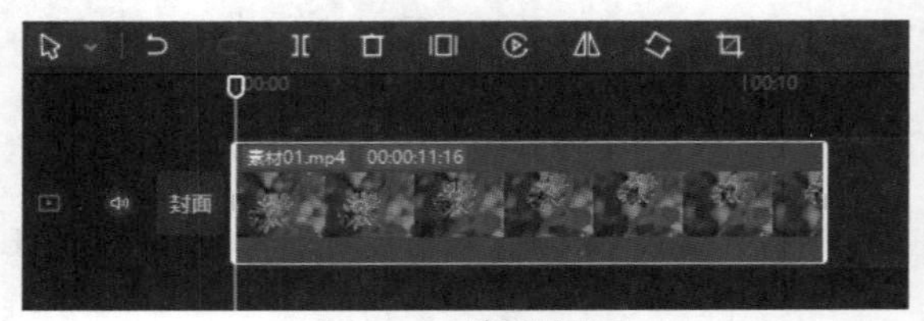

图5-30　时间线面板

03 在时间线面板中选中素材，在功能区单击“画面”下的“蒙版”按钮，打开“蒙版”面板，如图5-31所示。

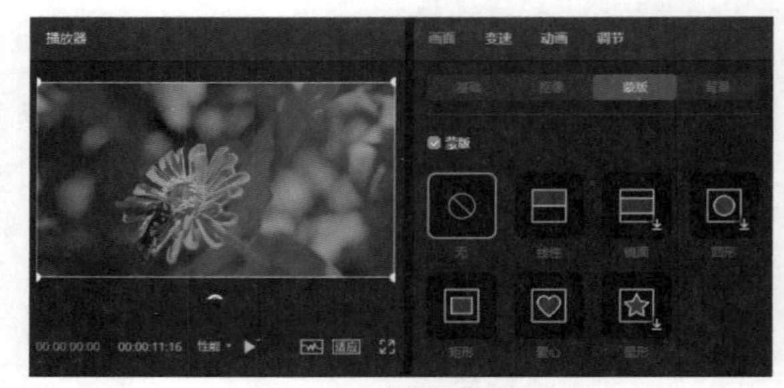

图5-31　“蒙版”面板

04 在“蒙版”面板中选择“爱心”蒙版，播放器窗口显示蒙版如图5-32所示。

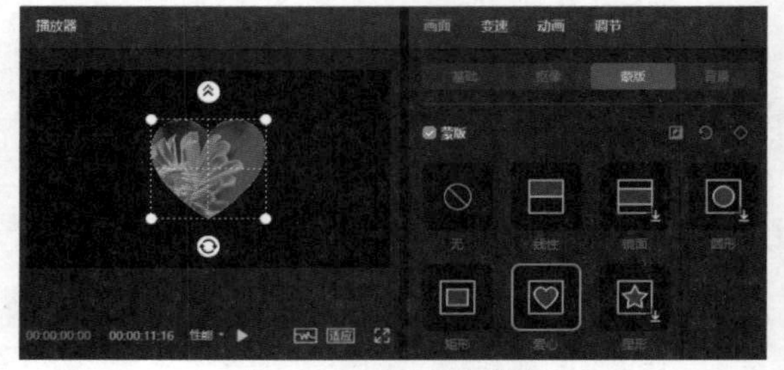

图5-32　显示爱心蒙版

05 在播放器窗口可以移动蒙版，改变蒙版的位置，如图5-33所示。

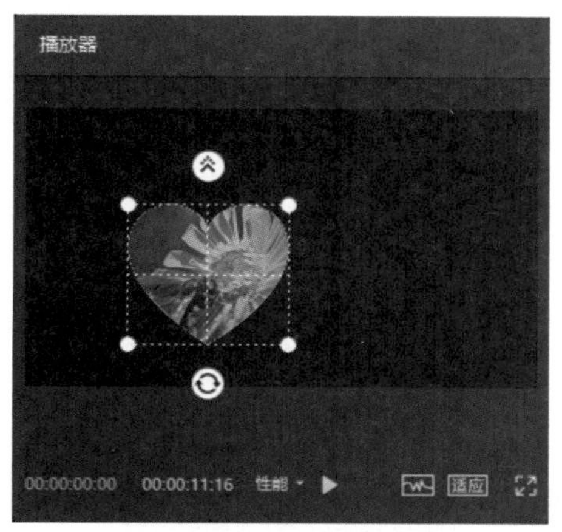

图5-33 移动和改变蒙版

06 在播放器窗口单击并拖动蒙版四周的控制点，可以调整蒙版大小，如图5-34所示。

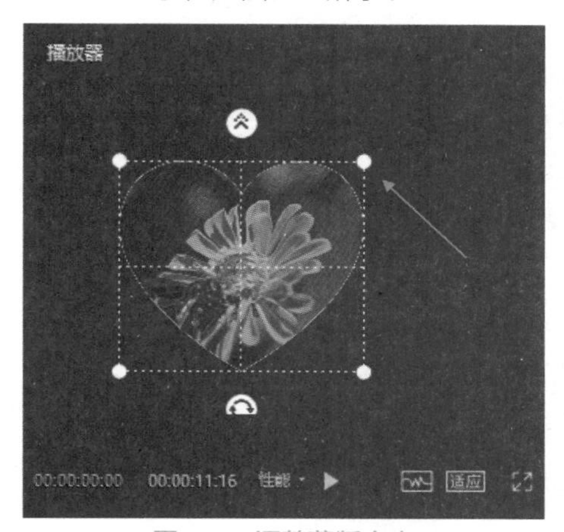

图5-34 调整蒙版大小

07 拖曳蒙版上的“羽化”按钮，可以调整蒙版的羽化效果，如图5-35所示。

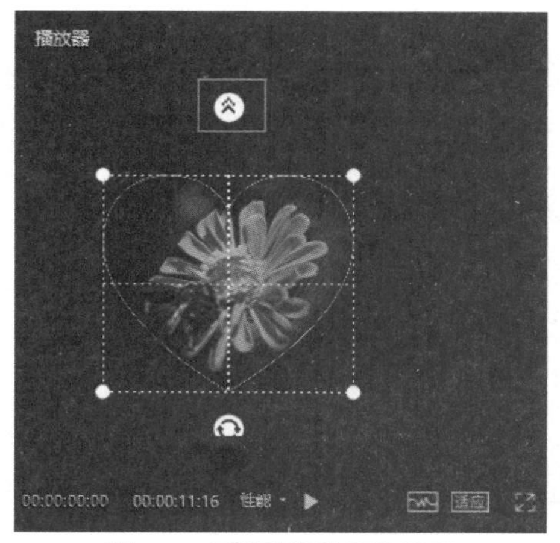

图5-35 调整蒙版的羽化效果

08 在“蒙版”面板中单击“反转”按钮，即可将蒙版进行反转，如图5-36所示。

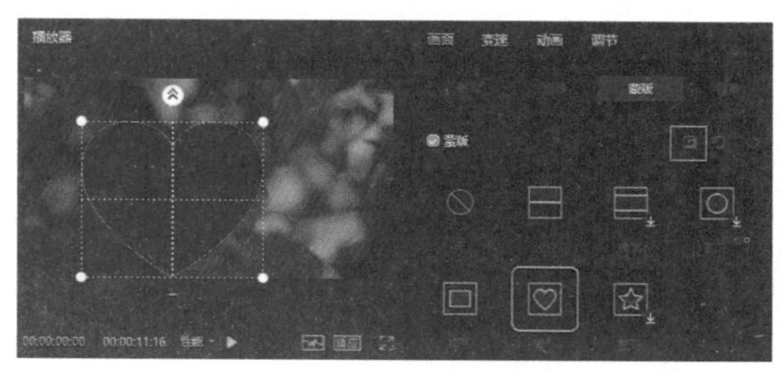

图5-36 反转蒙版

09 还可以在蒙版面板中调整位置、旋转、大小和羽化等参数，如图5-37所示。

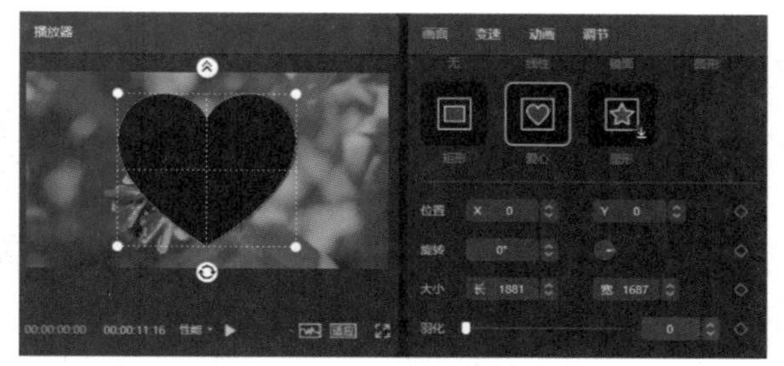

图5-37 调整参数

5.2.3 使用线性蒙版制作分身视频

本小节介绍使用线性蒙版来制作人物分身视频。

01 打开剪映专业版软件，在“媒体”面板中导入素材，如图5-38所示。

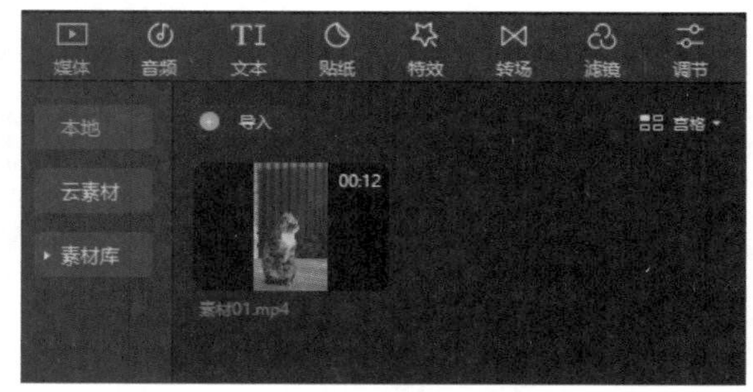

图5-38 “媒体”面板

02 在“媒体”面板中选择“素材01”并拖曳到时间线面板，如图5-39所示。

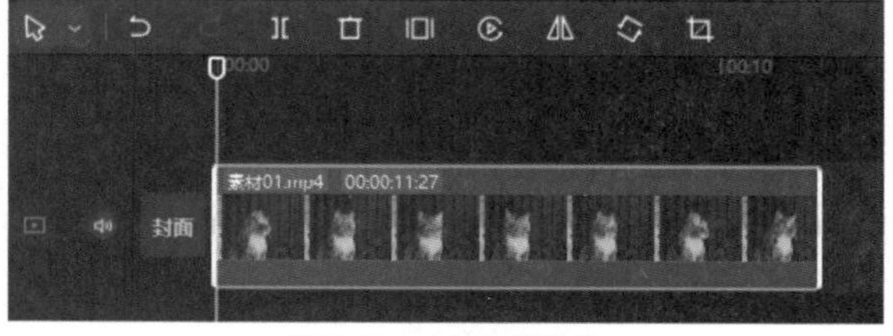

图5-39 时间线面板

03 在播放器面板中选择“16:9”选项，如图5-40所示。

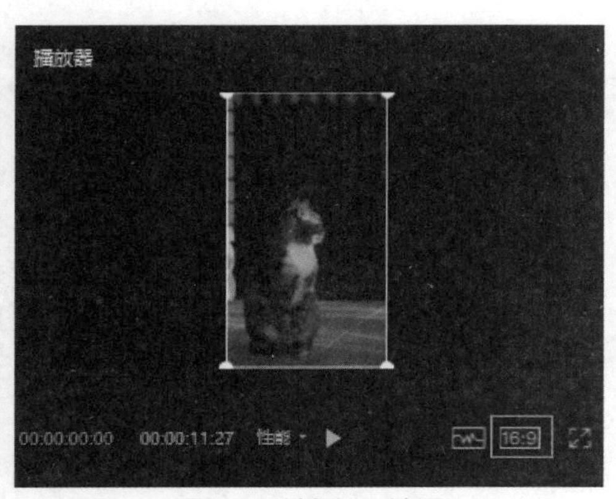

图5-40　选择16:9选项

04 在时间线面板中选择“素材01”，在功能区“画面”下的“基础”面板中调整缩放和位置参数，如图5-41所示。

05 在时间线面板中选择“素材01”片段，按快捷键Ctrl+C复制片段，按快捷键Ctrl+V将片段粘贴在主轨道上面的轨道上，如图5-42所示。

06 选择粘贴的视频片段，单击时间线面板中的“镜像”按钮，视频将镜像，在“基础”面板上调整缩放和位置参数，如图5-43所示。

07 单击“蒙版”按钮，打开“蒙版”面板，单击“线性”蒙版，给素材添加线性蒙版效果，如图5-44所示。

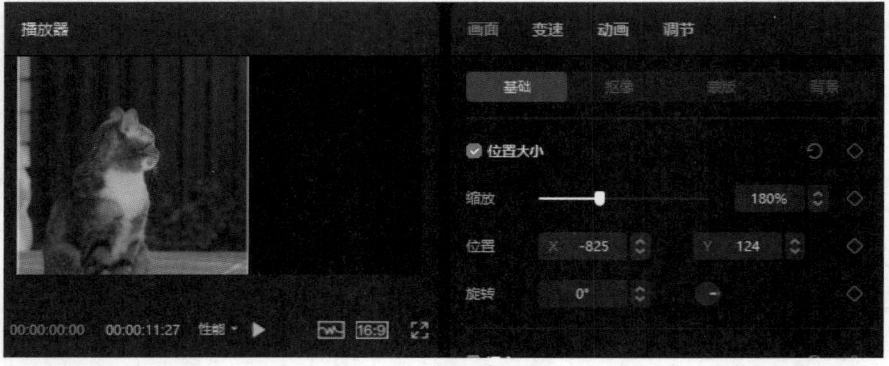

图5-41　“基础”面板

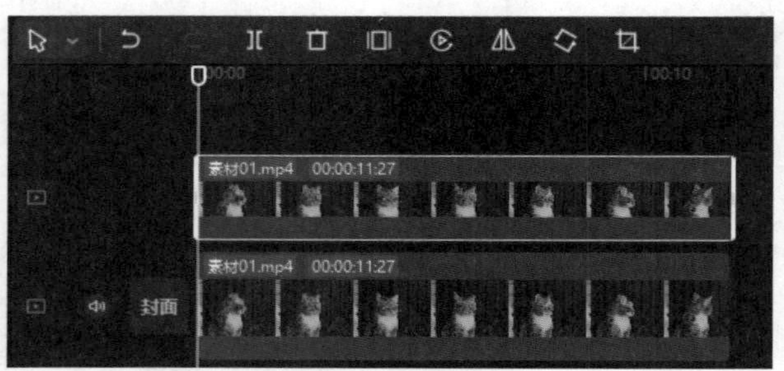

图5-42　粘贴轨道

图5-43　调整参数

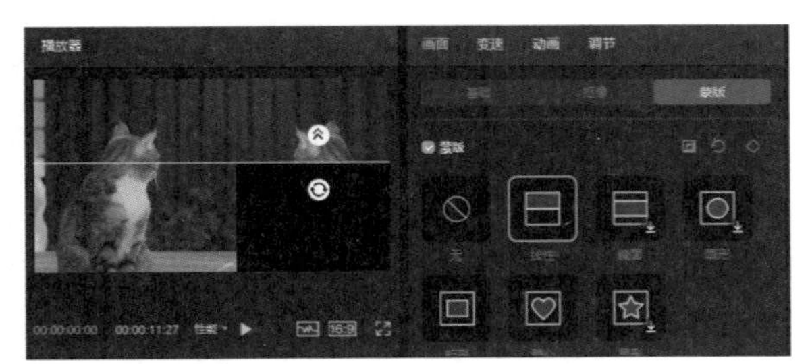

图5-44　添加线性蒙版

08 在播放器窗口旋转线性蒙版，旋转成垂直效果，再移动线性蒙版的位置，如图5-45所示。

09 调整线性蒙版羽化参数，如图5-46所示。

10 在播放器窗口可以看到的视频画面左右两侧对称，在时间线面板将两个素材轨道位置错开，如图5-47所示。

图5-45　移动蒙版位置

11 使用“分割”工具将时间线上两端的素材进行分割，如图5-48所示。

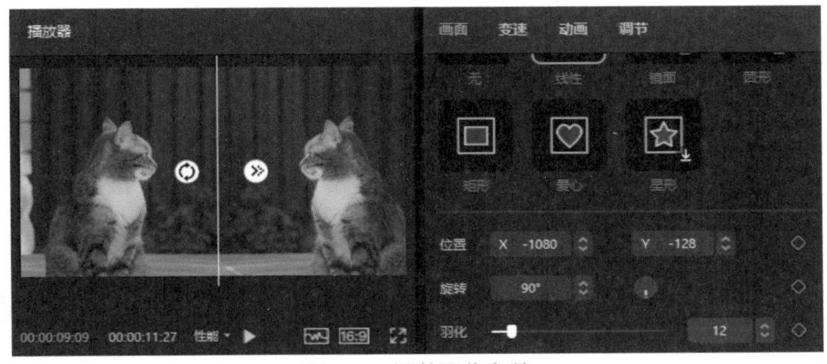

图5-46　调整羽化参数

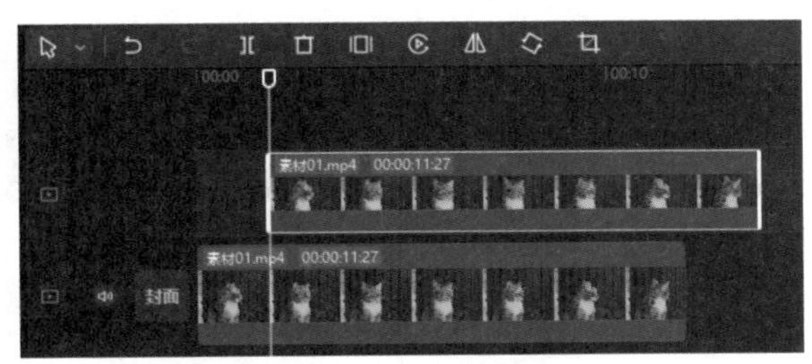

图5-47　素材轨道位置错开

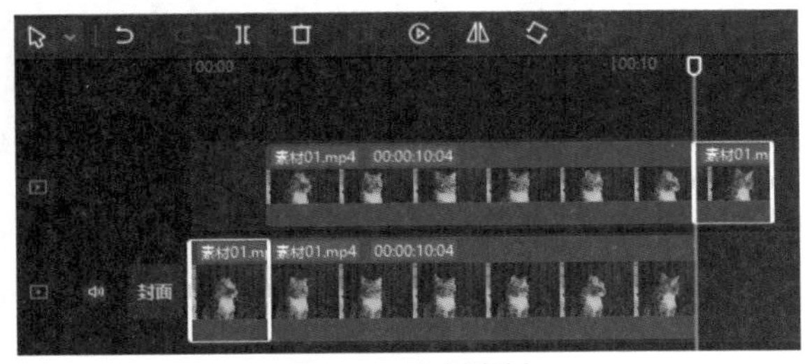

图5-48　分割素材

12 保留轨道上重叠素材的部分，两端不重叠的素材进行删除，然后将两个轨道的素材移动到时间线开始位置，如图5-49所示。

13 这样左右两侧的素材将不再对称，调整后播放器窗口如图5-50所示。

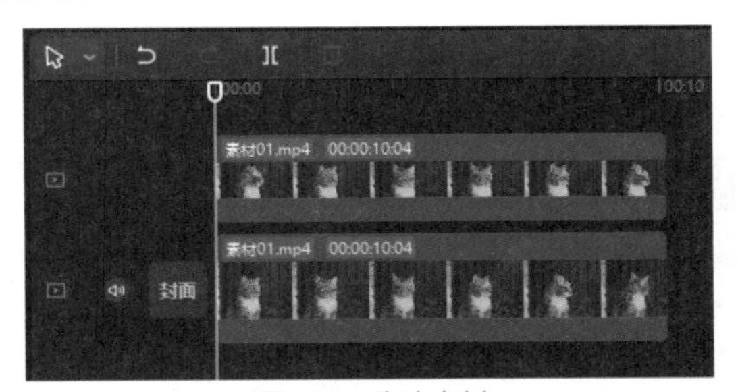

图5-49　移动素材

图5-50　调整后的效果

第6章

字幕和贴纸

在短视频制作过程中，字幕可以将语言以文本形式显示在画面中，帮助用户更好地理解视频内容。剪映软件的文本工具主要包括新建文本、花字样式、文本模板、智能字幕、识别歌词、本地字幕等。

6.1 创建字幕

创建字幕包括添加文本和设置文本样式。

6.1.1 添加文本

本小节介绍在短视频中添加文本的方法。

01 打开剪映专业版软件，在“媒体”面板中导入素材，如图6-1所示。

图6-1 “媒体”面板

02 在“媒体”面板中选择素材并拖曳到时间线面板，如图6-2所示。

03 在素材面板中单击“文本”按钮，打开文本面板，如图6-3所示。

04 在“新建文本”类别下单击“默认文本”按钮，时间线上多了文本轨道，如图6-4所示。

图6-2 时间线面板

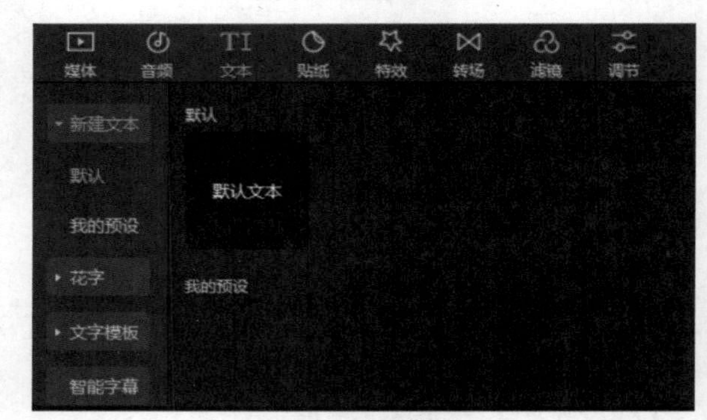

图6-3 文本面板

图6-4 文本轨道

05 播放器窗口显示的默认文本如图6-5所示。

06 在右侧功能区“文本”下的“基础”面板可以输入文本，如图6-6所示。

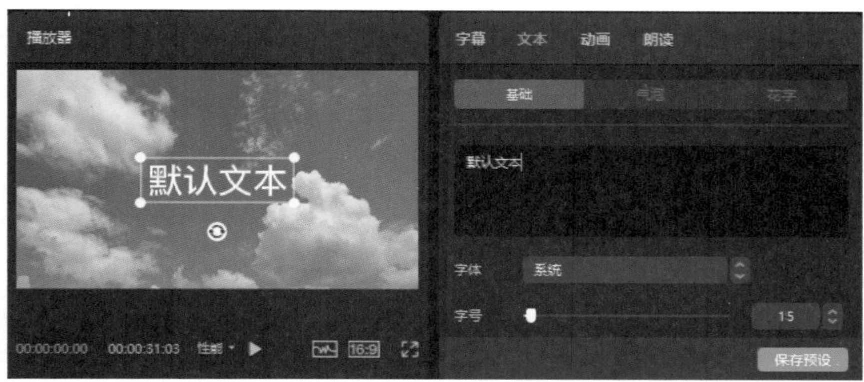

图6-5　默认文本显示效果

图6-6　输入文本

6.1.2　设置文本样式

创建字幕之后，可以对文字的字号、样式、颜色、预设样式、描边和阴影等进行设置。

01 在文本面板中，拖曳“字号”滑块可以调整字号的大小，如图6-7所示。

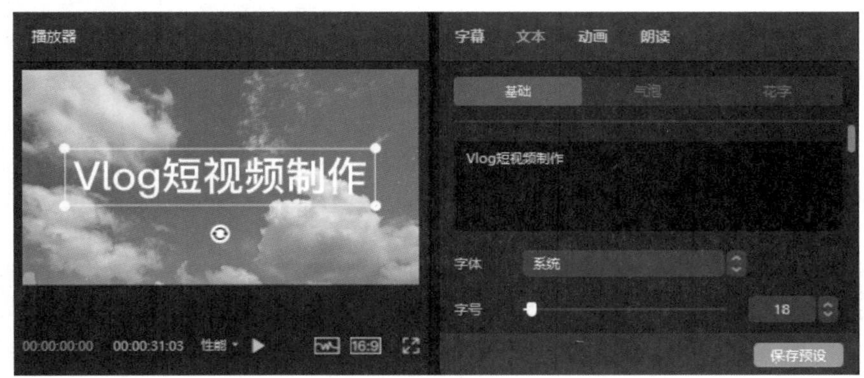

图6-7　调整字号大小

02 在字体面板中，样式选择加粗，颜色选择橙色，如图6-8所示。

03 在字体面板中可以调整字间距，如图6-9所示。

04 在位置大小中可以调整缩放、位置和旋转，如图6-10所示。

05 在混合选项中可以调整不透明度，勾选“描边”复选框，设置描边颜色为白色，调整描边粗细，如图6-11所示。

06 勾选“边框”复选框，设置背景边框颜色，如图6-12所示。

07 勾选“阴影”复选框，可以调整阴影的颜色、不透明度、模糊度、距离和角度，如图6-13所示。

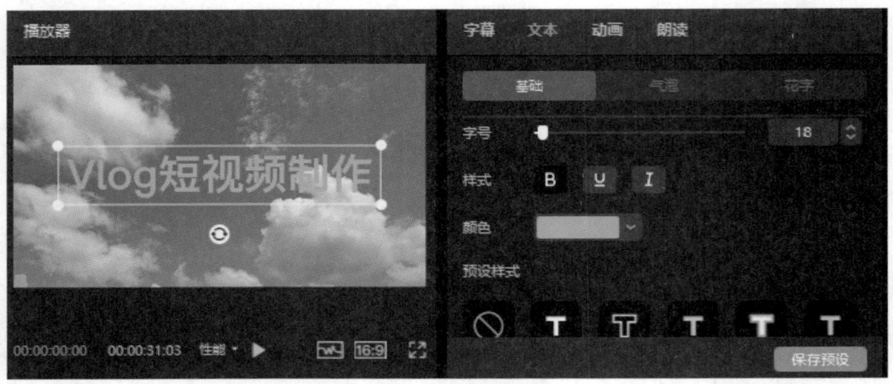

图6-8　调整颜色

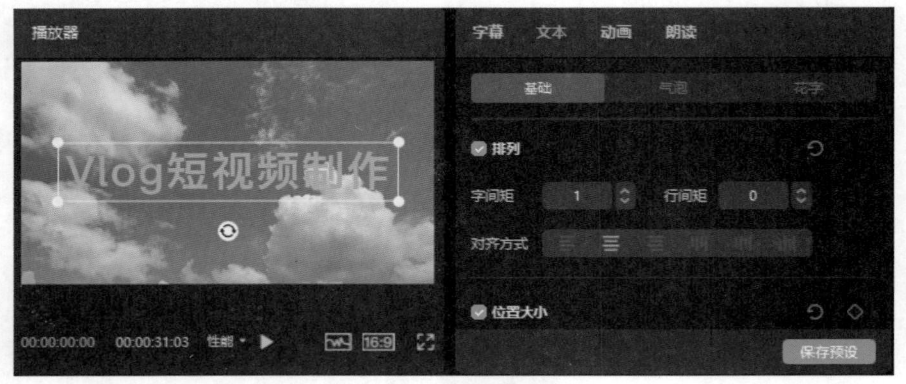

图6-9　调整字间距

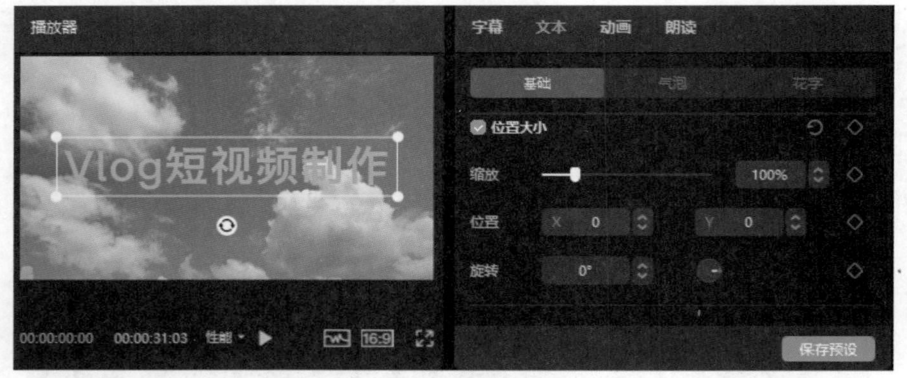

图6-10　调整位置大小

图6-11　调整描边

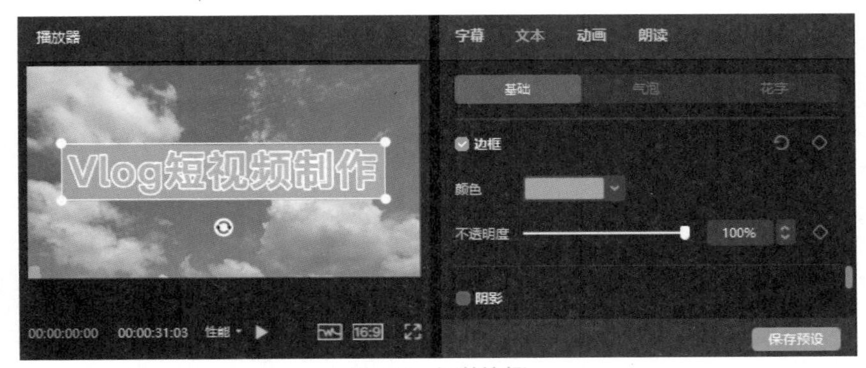

图6-12 调整边框

图6-13 调整阴影参数

08 可以在预设样式中选择一个样式，如图6-14所示。

图6-14 预设样式

通过文本面板，可以调整文字的属性。

6.2 添加花字

剪映专业版软件中提供了多个花字样式，花字是指文本调整属性后保存的预设效果，花字样式包括发光、渐变、彩色渐变、黄色、黑色、白色、蓝色、粉色、红色和绿色等。

01 打开剪映专业版软件，单击“开始创作”按钮，进入剪映软件的工作界面，在“媒体”面板中导入素材，如图6-15所示。

02 在“媒体”面板中选择素材并拖曳到时间线面板，如图6-16所示。

03 在素材面板中单击“文本”按钮，在文本面板中选择“花字”选项，打开花字类别，如图6-17所示。

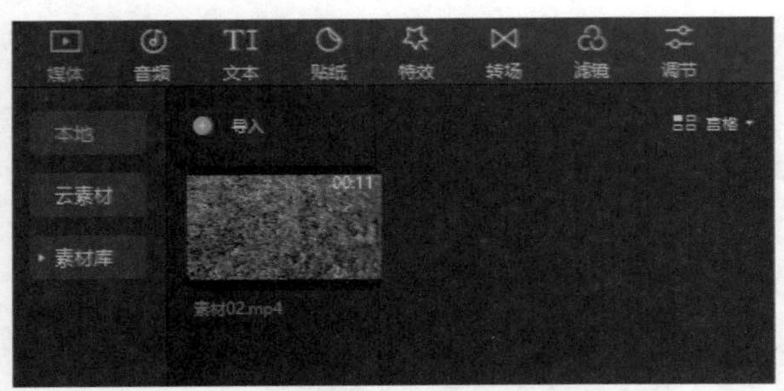

图6-15 “媒体”面板

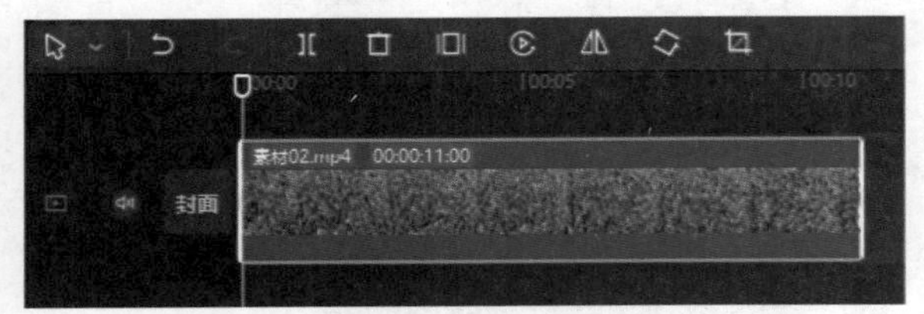

图6-16 时间线面板

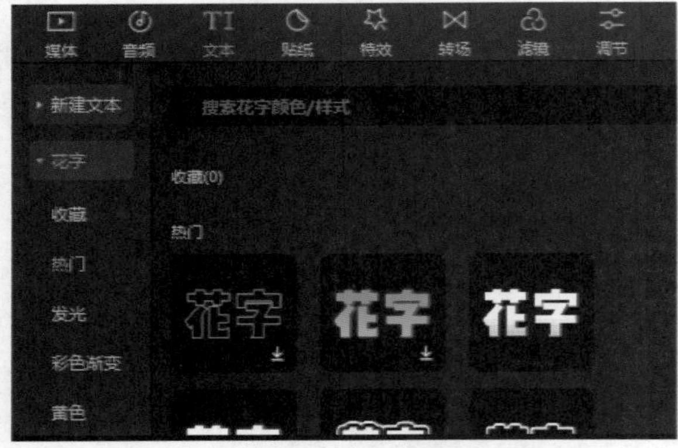

图6-17 “花字”选项

04 选择“彩色渐变”类别，选择一个花字，添加到轨道上，如图6-18所示。

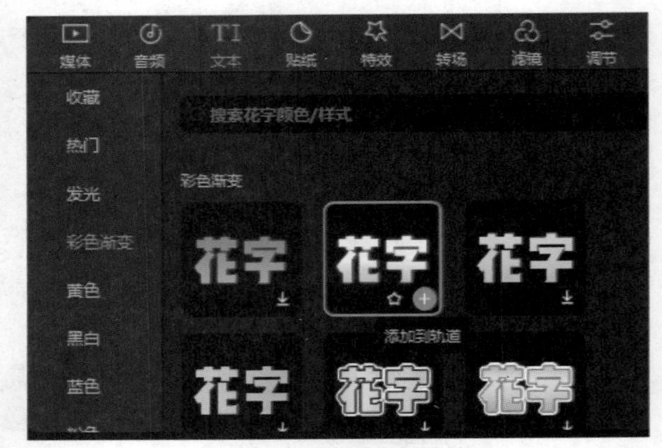

图6-18 添加花字到轨道

05 添加花字到时间线面板，时间线上多了一个文本轨道，如图6-19所示。

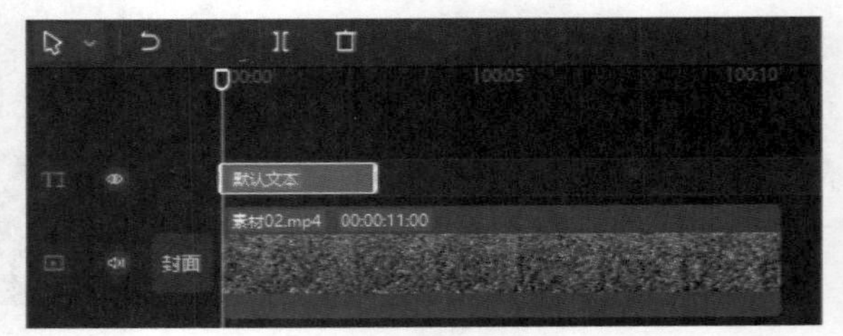

图6-19 文本轨道

06 添加花字后，播放器窗口如图6-20所示。

07 在右侧文本面板中，可以输入文本，调整字号，如图6-21所示。

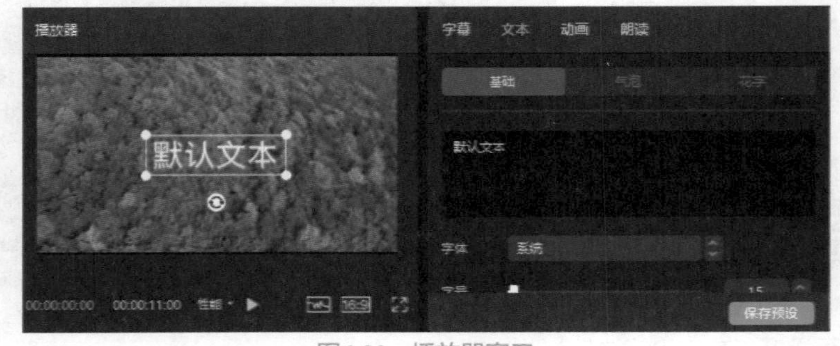

图6-20 播放器窗口

图6-21 输入文本并调整字号

6.3　文字模板

剪映专业版软件中文字模板包括情绪、综艺感、气泡、手写字、简约、互动引导、片头标题、片中序章、片尾谢幕、字幕、科技感、好物种草、美食、新闻、美妆、标签、时间地点、任务清单、卡拉OK、情侣和节日等。

01 打开剪映专业版软件，单击“开始创作”按钮，进入剪映软件的工作界面，在“媒体”面板中导入素材，如图6-22所示。

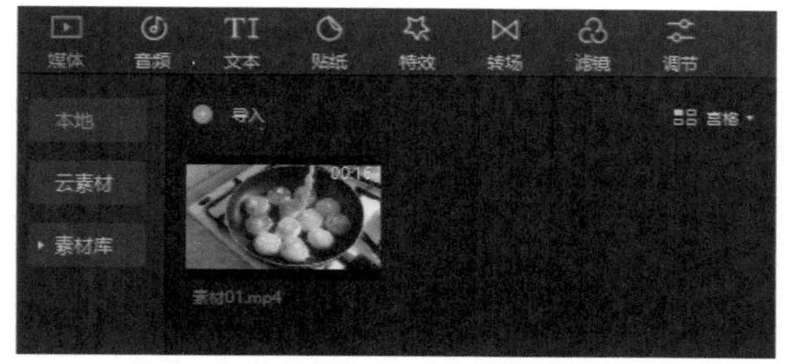

图6-22　“媒体”面板

02 在“媒体”面板中选择素材并拖曳到时间线面板，如图6-23所示。

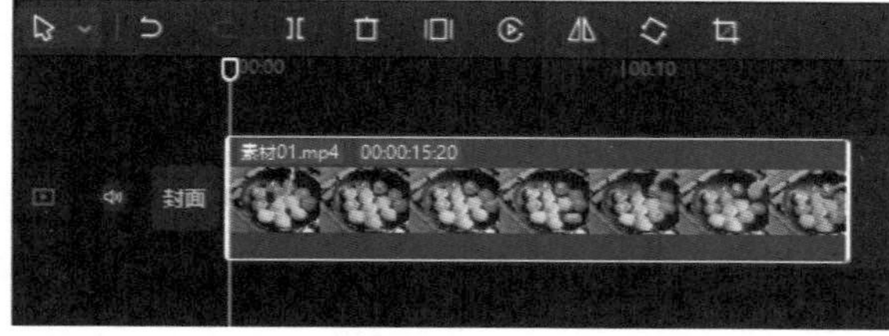

图6-23　时间线面板

03 在素材面板中单击“文本”按钮，在文本面板中选择“文字模板”选项，打开文字模板类别，如图6-24所示。

04 在花字类别下选择“美食”选项，然后选择一个文字模板添加到轨道，如图6-25所示。

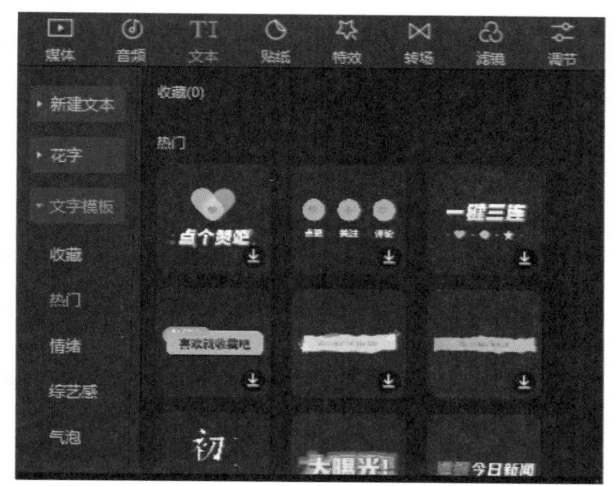

图6-24　文字模板

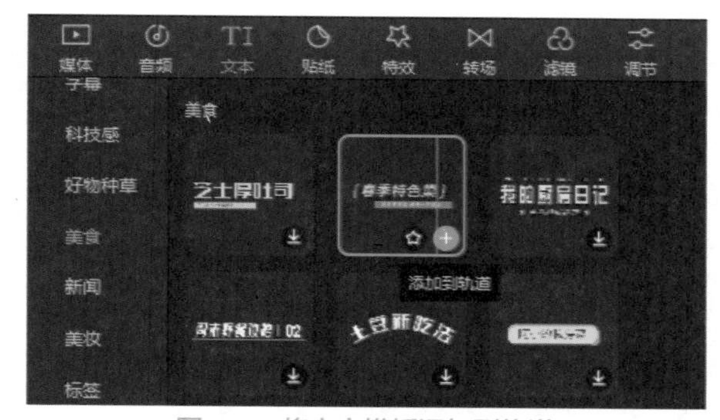

图6-25　将文字模板添加到轨道

05 时间线轨道上多了一个文字轨道，如图6-26所示。

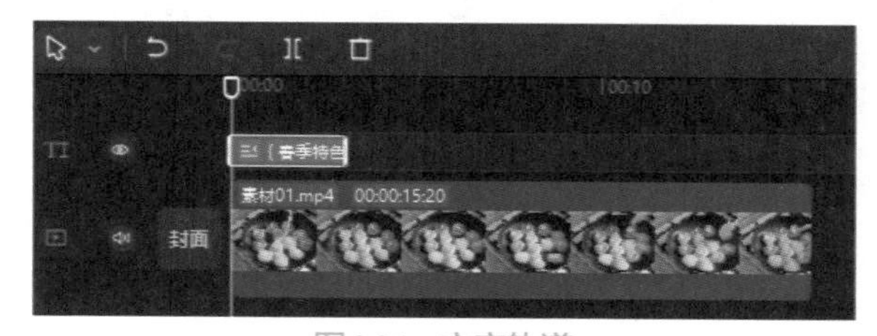

图6-26　文字轨道

06 在时间线面板中选择“文本”选项，播放器窗口如图6-27所示。

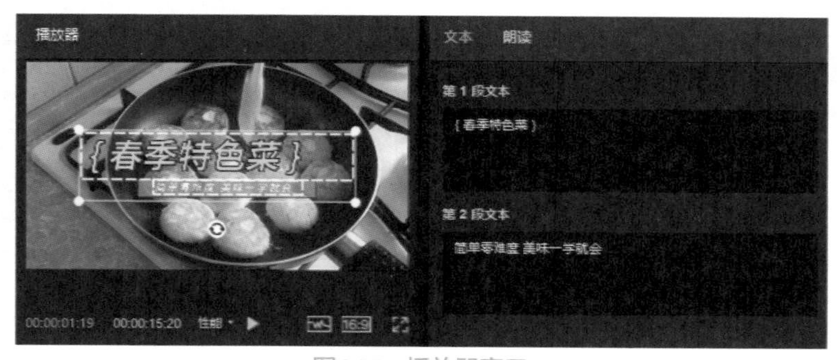

图6-27　播放器窗口

07 在文本属性框中可以输入“第1段文本”和“第2段文本”，修改文本后的效果如图6-28所示。

图6-28　修改文本

文字模板带有动画效果，播放视频即可看到动画效果。

6.4　识别字幕

在制作短视频解说时，可以通过识别字幕将音频转换为字幕。

01 打开剪映专业版软件，单击“开始创作”按钮，进入剪映软件的工作界面，在“媒体”面板中导入素材，如图6-29所示。

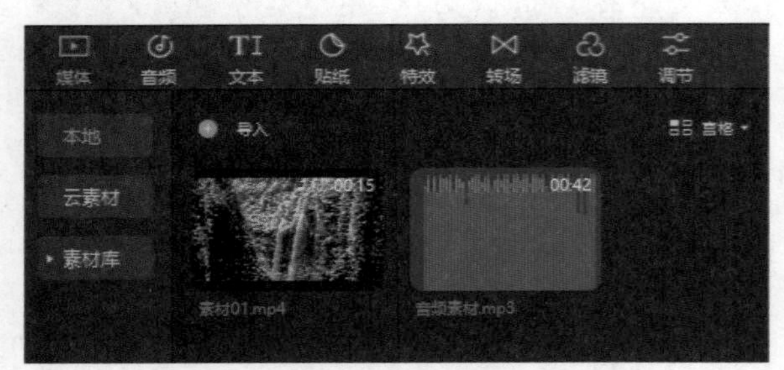

图6-29　“媒体”面板

02 在“媒体”面板中选择“素材01”素材并拖曳到时间线面板，如图6-30所示。

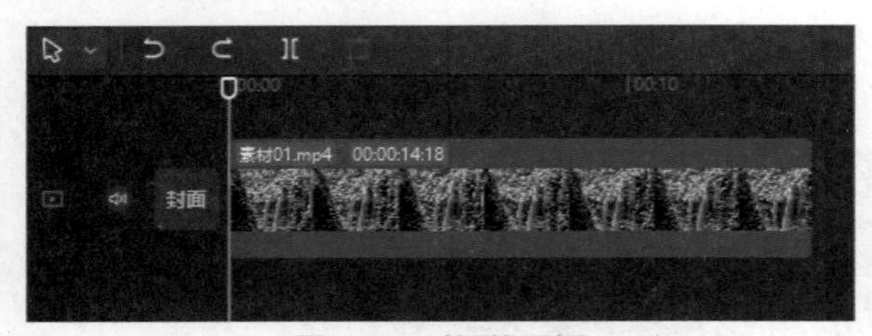

图6-30　时间线面板

03 在“媒体”面板中选择“音频素材”并拖曳到时间线面板，音频素材显示在时间线音频轨道上，通过“选择”工具拖曳音频的时长，使音频素材和视频素材时间一致，如图6-31所示。

04 在时间线面板中选择音频素材，单击素材面板中的“文本”按钮，打开文本面板，选择左侧的“智能字幕”选项，如图6-32所示。

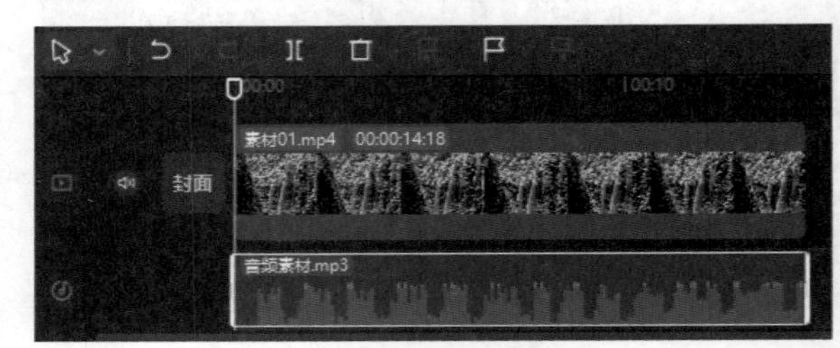

图6-31　调整时长

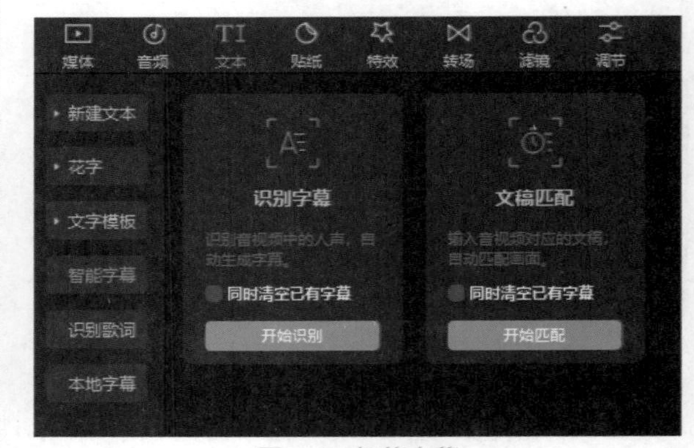

图6-32　智能字幕

05 单击“识别字幕”下的“开始识别”按钮，即可对音频进行识别，识别后时间线上多了一个文本轨道，如图6-33所示。

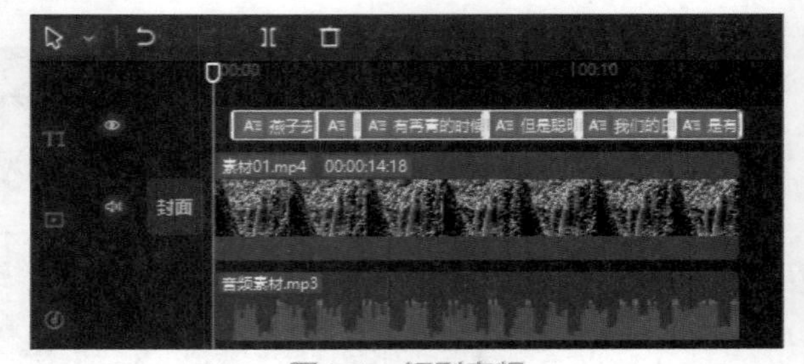

图6-33　识别音频

06 播放器窗口显示识别的字幕，如图6-34所示。

07 在时间线面板中选择字幕，在功能区调整文本属性，如图6-35所示。

图6-34　识别的字幕

图6-35　调整文本属性

通过音频识别字幕可以提高工作效率。

6.5　识别歌词

使用剪映专业版软件制作短视频时，可以在视频中添加背景音乐，通过识别歌词功能，可以将音乐中的歌词自动识别为文本，识别歌词功能使用简单，效果比较好。

01 打开剪映专业版软件，单击“开始创作”按钮，进入剪映软件的工作界面，在“媒体”面板中导入素材，如图6-36所示。

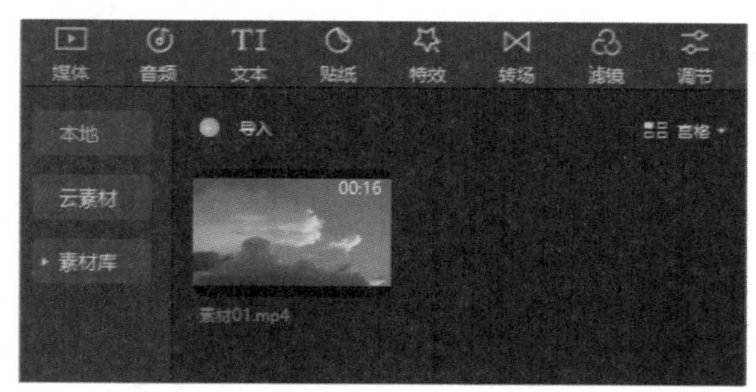

图6-36　“媒体”面板

02 在“媒体”面板中选择“素材01”并拖曳到时间线面板，如图6-37所示。

图6-37　时间线面板

03 在素材面板中单击“音频”按钮，展开“音频素材”面板，如图6-38所示。

04 选择一首抖音音乐并添加到时间线轨道，如图6-39所示。

05 单击“文本”按钮，打开文本面板，在左侧选择“识别歌词”选项，如图6-40所示。

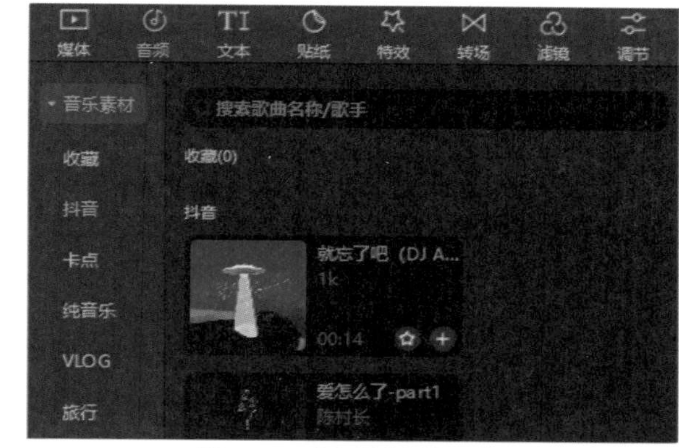

图6-38　“音频素材”面板

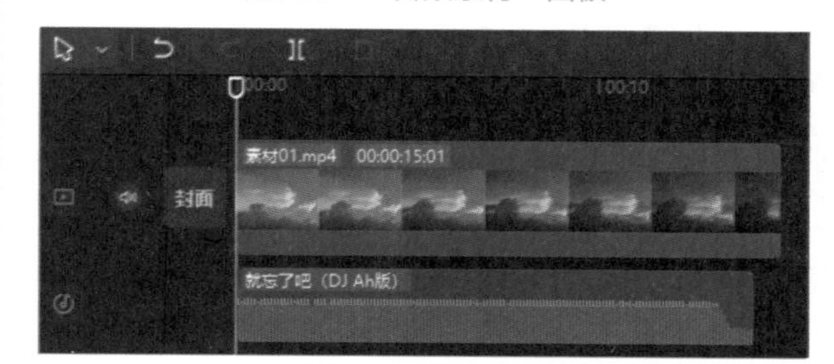

图6-39　添加音乐

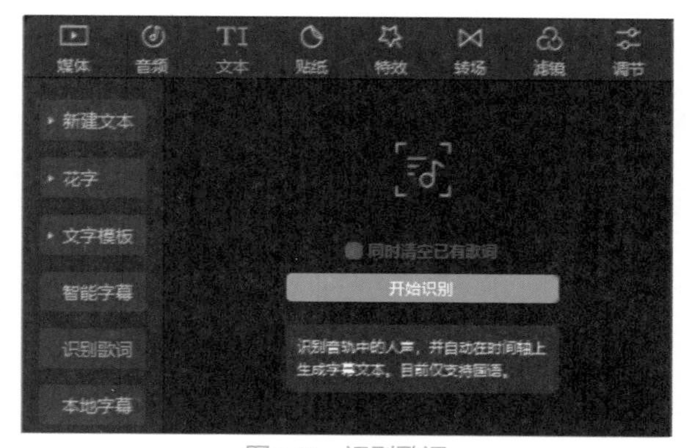

图6-40　识别歌词

06 单击“开始识别”按钮，时间线上生成了歌词文本，如图6-41所示。

07 在时间线面板中选择歌词文本，在属性栏可以调整文本属性，如图6-42所示。

图6-41　歌词文本

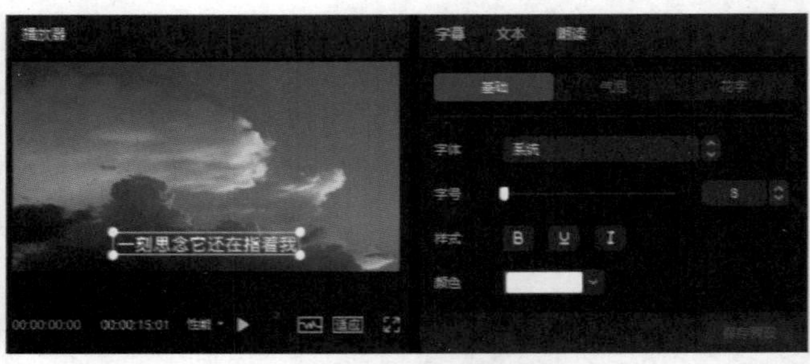

图6-42　调整文本属性

通过歌词识别功能，可以将音乐生成文本字幕效果。

6.6 字幕动画效果

在完成字幕创建之后，可以对字幕添加动画效果，动画包括入场动画、出场动画和循环动画，剪映专业版软件中提供了丰富的文字动画效果。

入场动画包括向下飞入、右下擦开、晕开、扭曲模糊、冲屏位移、向上重叠、向右集合、向右缓入、缩小、水平翻转、随机弹跳、逐字显影、闪动、模糊、滚入、飞入、向下溶解、羽化向右擦开、羽化向左擦开、弹入、弹簧、随机飞入、随机打字机、故障打字机、溶解、弹性伸缩、波浪弹入、卡拉OK、生长、空翻、弹弓、爱心弹跳、音符弹跳、圆形扫描、开幕、螺旋上升、渐显、轻微放大、收拢、缩小、放大、旋入、向左滑动、向右滑动、向上滑动、向下滑动、日出、向左擦除、向右擦除、向上擦除、向下擦除、旋转飞入等。

出场动画包括扭曲模糊、向上飞出、右下擦除、晕开、向左解散、向右缓出、放大、水平翻转、随机弹跳、渐隐、逐字虚形、闪动、模糊、闭幕、滚出、飞出、向上溶解、羽化向右擦除、羽化向左擦除、弹出、弹簧、随机飞出、随机打字机、故障打字机、弹性伸缩、溶解、波浪弹出、生长、空翻、弹弓、圆形扫描、螺旋下降、向左擦除、向右滑动、向左滑动、打字机、旋转飞出、向下擦除、向上擦除、日落、向下活动、向上滑动、旋出、放大、缩小、轻微放大和展开动画等。

循环动画包括上弧、甜甜圈、环绕、随机弹跳、吹泡泡、色差故障、逐字放大、故障闪动、晃动、颤抖、波浪、弹跳滚动、字幕滚动、轻微跳动、心跳、摇荡、跳动、摇摆、闪烁、旋转、钟摆、雨刷和翻转等。本节介绍动画效果的运用。

01 打开剪映专业版软件，单击主界面的“开始创作”按钮，进入剪映软件的工作界面，在素材面板中单击“文本”按钮进入文本面板，如图6-43所示。

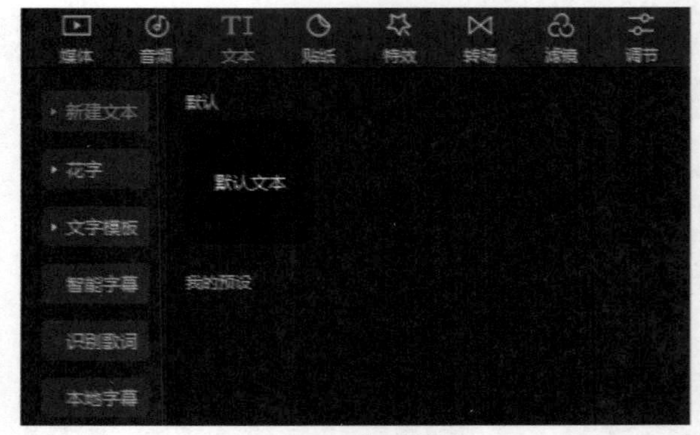

图6-43　文本面板

02 单击“新建文本”下的“默认文本”按钮，添加默认文本到时间线面板，如图6-44所示。

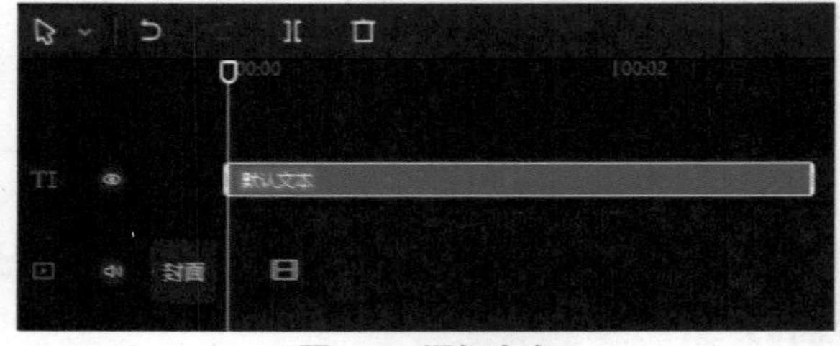

图6-44　添加文本

03 在时间线面板中选择默认文本，在文本属性中修改文本内容，如图6-45所示。

04 单击右侧功能区的动画按钮，打开“动画”面板，如图6-46所示。

05 动画面板包括入场、出场和循环动画，在“入场”动画中选择“空翻”效果，调整动画时长，如图6-47所示。

06 设置完成之后，按空格键播放视频即可看到文字动画效果。

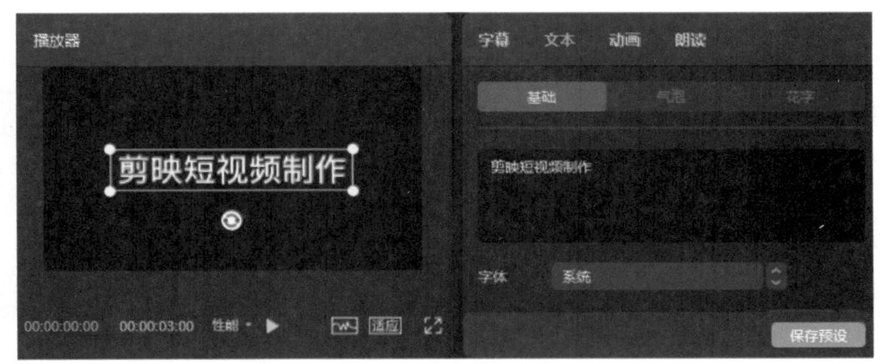

图6-45　修改文本内容

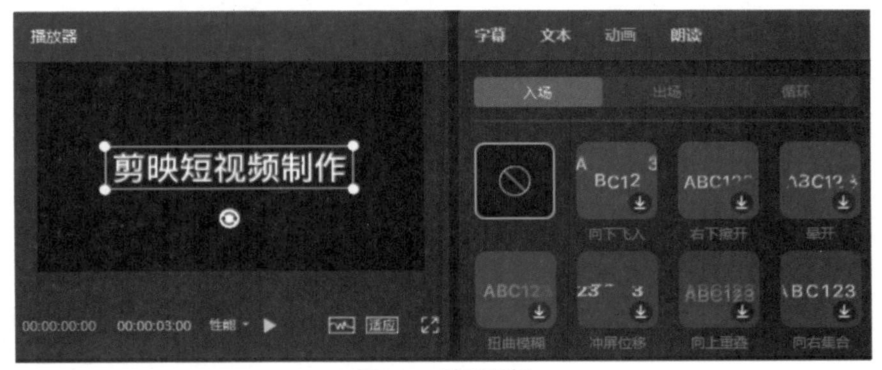

图6-46　动画面板

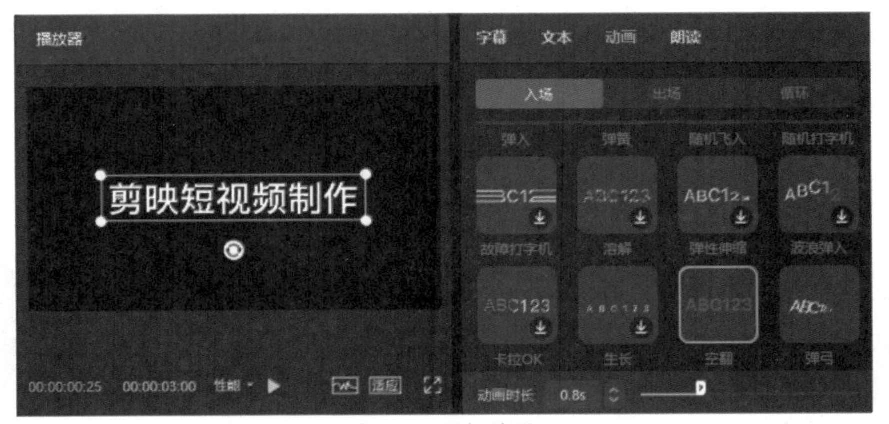

图6-47　添加动画

6.7　视频封面制作

本节介绍短视频封面制作方法。

01 打开剪映专业版软件，单击“开始创作”按钮，进入剪映软件的工作界面，在“媒体”面板中导入素材，如图6-48所示。

02 在“媒体”面板中选择“素材01”并拖曳到时间线面板，如图6-49所示。

03 在时间线面板中单击“封面”按钮，打开“封面选择”界面，如图6-50所示。

04 封面可以选择视频帧，也可以选择本地图片，单击“去编辑”按钮，打开“封面设计”对话框，如图6-51所示。

05 在左侧模板中进行选择，如图6-52所示。

06 可以选择模板中的文本，对文本进行修改，如图6-53所示。

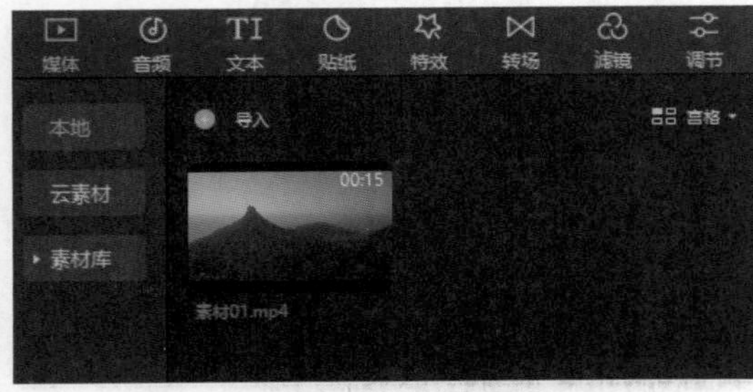

图6-48 “媒体”面板

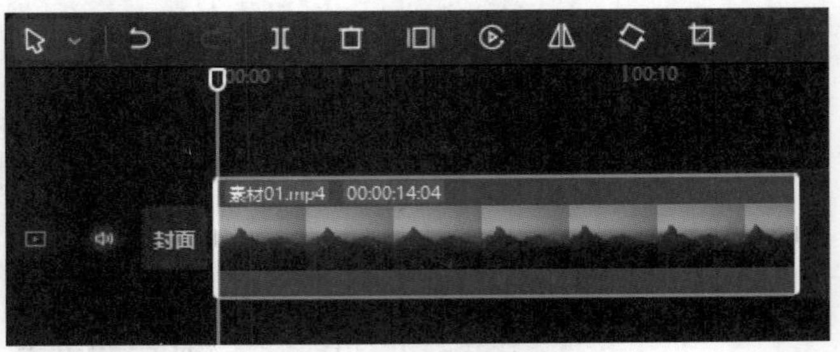

图6-49 时间线面板

图6-50 封面选择界面

图6-51 “封面设计”对话框

图6-52　选择模板

图6-53　文本修改

07 单击“完成设置”按钮，即可完成封面制作。封面将显示在时间线面板上，如图6-54所示。

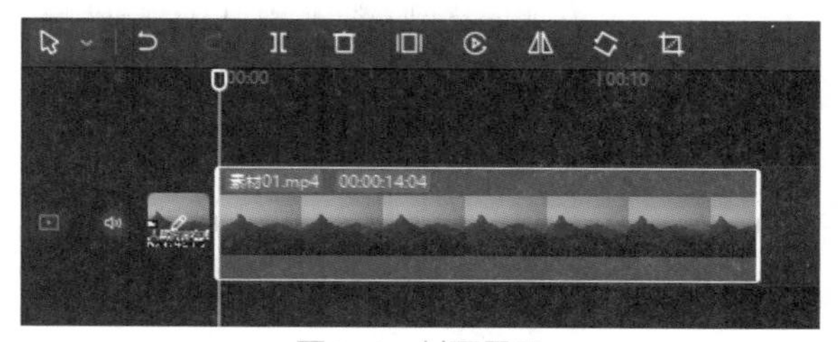

图6-54　封面显示

6.8　动画贴纸

动画贴纸是短视频软件中必备的一项功能，通过动画贴纸可以让视频画面看起来更加酷炫。

贴纸带有动画效果，贴纸选项栏中包括遮挡、指示、六一、情绪、爱心、闪闪、互动、自然元素、电影感、线条风、炸开、日韩综、界面元素、边框、游戏元素、脸部装饰、端午、节气和春日等类别，这些贴纸元素在制作丰富的视频画面时是非常不错的选择。

01 打开剪映专业版软件，单击“开始创作”按钮，进入剪映软件的工作界面，在“媒体”面板中导入素材，如图6-55所示。

图6-55　“媒体”面板

02 在“媒体”面板中选择“素材01”并拖曳到时间线面板，如图6-56所示。

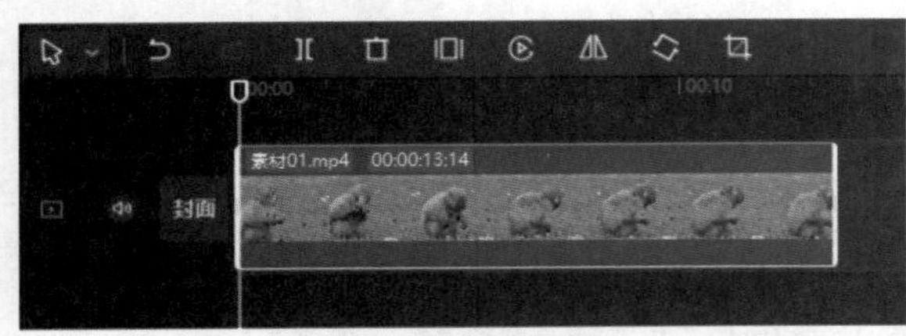

图6-56　时间线面板

03 在素材面板中单击“贴纸”按钮，打开贴纸面板，如图6-57所示。

04 在“自然元素”类别中选择音轨蝴蝶的贴纸，如图6-58所示。

05 将贴纸添加到时间线面板，可以在时间线上调整贴纸的时间长度，如图6-59所示。

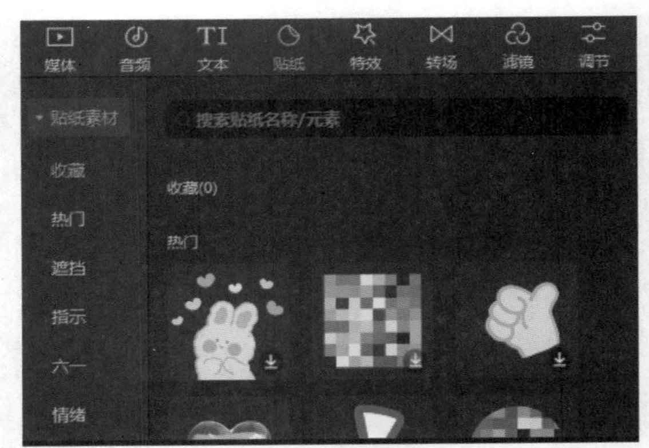

图6-57　贴纸面板

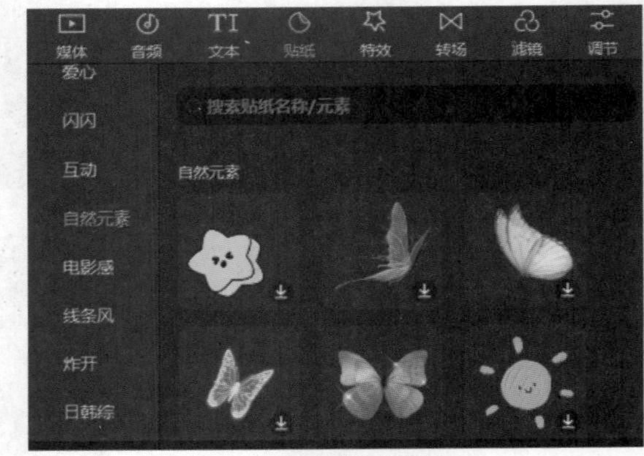

图6-58　音频蝴蝶贴纸

图6-59　调整贴纸的时间长度

06 在时间线面板中选中贴纸，播放器窗口如图6-60所示。

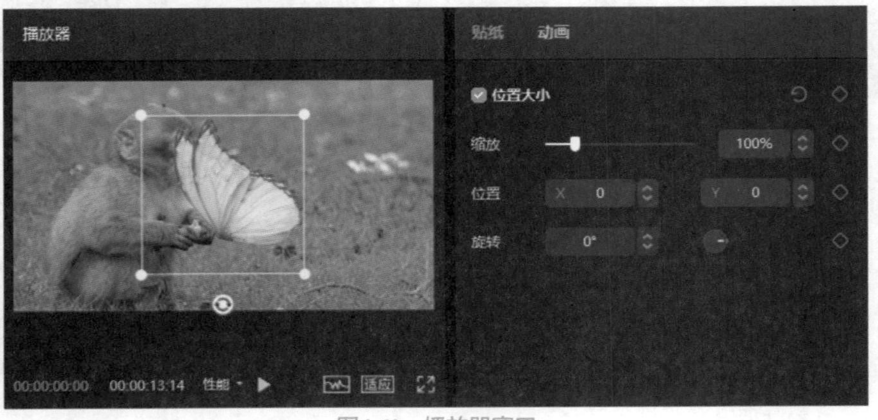

图6-60　播放器窗口

07 在功能区调整贴纸的缩放、位置和旋转参数，如图6-61所示。

图6-61　调整贴纸的参数

08 按空格键播放视频即可预览贴纸的动画效果。

第 7 章

特效运用

剪映专业版软件提供了丰富酷炫的视频特效，能够帮助用户轻松实现开幕、闭幕、模糊、纹理、炫光、分屏、下雨、浓雾等视觉效果，灵活使用这些特效，就能够制作出吸引人的短视频。本节介绍基础特效、氛围特效、动感特效、复古特效、爱心特效、自然特效、电影特效、金粉特效、投影特效、分屏特效、纹理特效、漫画特效、暗黑特效和扭曲特效的运用。

7.1 基础特效

在剪映专业版软件中，视频添加特效的方法比较简单，基础特效类别包括广角、拟截图放大镜、爱心边框、ins风放大镜、箭头放大镜、圆形虚线放大镜、放大镜、鱼眼、动感模糊、零点解锁、镜像、模糊、镜头变焦、斜向模糊、纵向模糊、轻微放大、变清晰、马赛克、虚化、噪点、色差、变黑白、变彩色、暗角、倒计时、牛皮纸关闭、牛皮纸打开、纵向开幕、横向开幕、色差开幕、擦拭开幕、模糊闭幕、开幕、全剧终、模糊开幕、曝光降低、雪花开幕、方形开幕、渐显开幕、渐隐闭幕、白色渐显、闭幕、聚焦、粒子模糊和变秋天等特效。

01 打开剪映专业版软件，在主界面单击“开始创作”按钮，进入剪映软件的工作界面，在“媒体”面板中导入素材，如图7-1所示。

02 在“媒体”面板中选择“素材01”并拖曳到时间线面板，如图7-2所示。

03 在素材面板中单击“特效”按钮，打开特效面板，选择“基础”特效类别，如图7-3所示。

04 在“基础”特效类别中选择“开幕”特效，如图7-4所示。

05 添加到轨道上，时间线面板上多了一个特效轨道，时间线面板如图7-5所示。

06 在时间线面板中选择“开幕”特效，可以拖曳开幕特效的时长，如图7-6所示。

图7-1 “媒体”面板

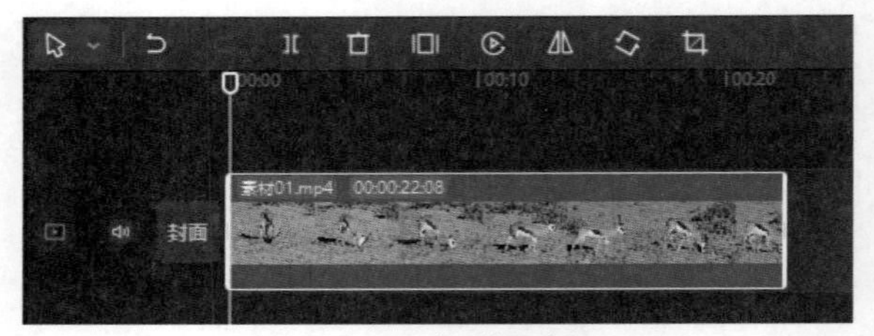

图7-2 时间线面板

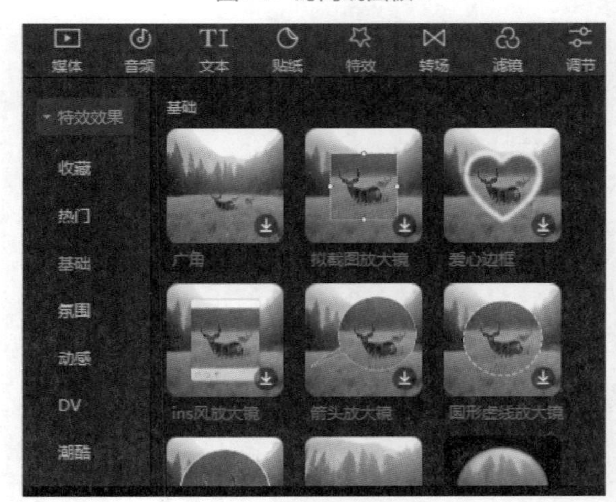

图7-3 特效面板

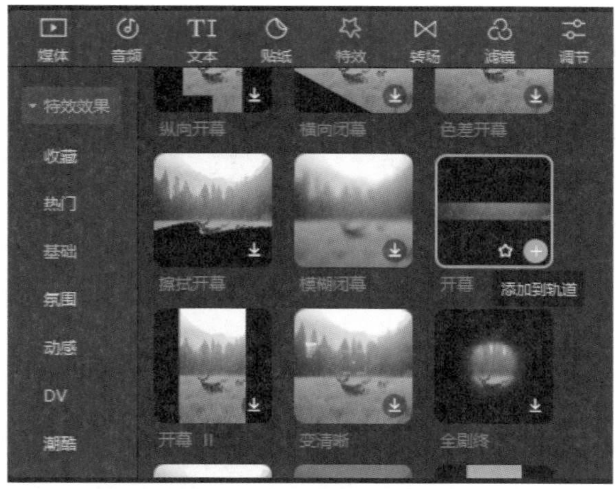

图7-4　“开幕”特效

图7-5　时间线面板

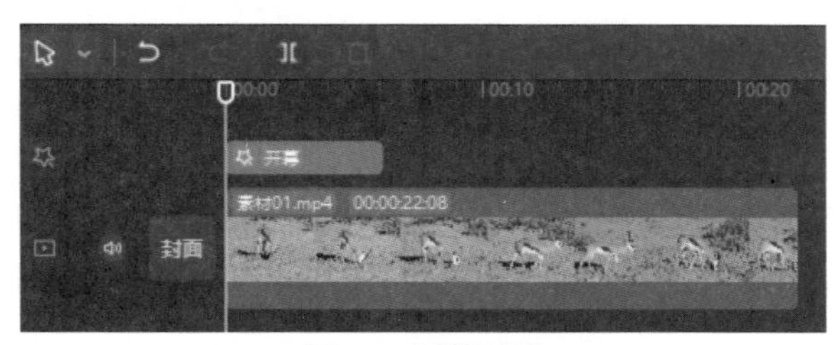

图7-6　调整时间

07 按空格键播放视频，即可在播放器窗口预览开幕特效，如图7-7所示。

图7-7　播放器窗口

7.2　氛围特效

在特效选项栏中，氛围特效包括彩色碎片、樱花朵朵、春日樱花、泡泡、梦蝶、流星雨、彩带、庆祝彩带、节日彩带、New Year、荧光飞舞、萤火、关月亮、光斑飘落、星火炸开、星火、花火、烟花、星月童话、小花花、月亮闪闪、繁星点点、星光绽放、星河、心河、星星灯、星星坠落、浪漫氛围、星雨、KTV灯光、梦幻雪花、雪花细闪、生日快乐、玻璃破碎、彩虹射线、彩虹气泡、星星冲屏、蝶舞、蝴蝶、夜蝶、荧光、水墨晕染、水彩晕染等。

01 打开剪映专业版软件，在主界面单击“开始创作”按钮，进入剪映软件的工作界面，在“媒体”面板中导入素材，如图7-8所示。

图7-8　“媒体”面板

02 在“媒体”面板中选择“素材01”并拖曳到时间线面板，如图7-9所示。

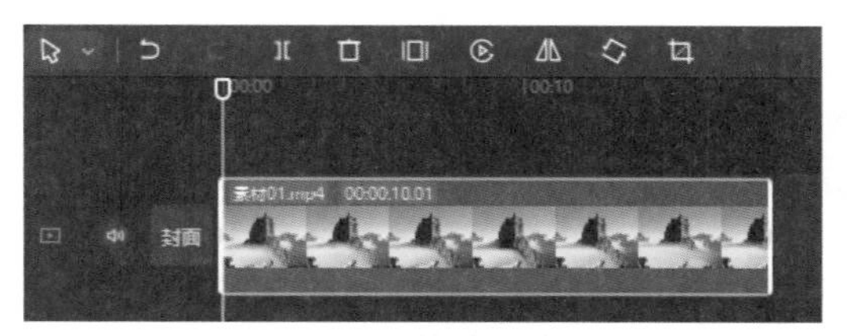

图7-9　时间线面板

03 在素材面板中单击“特效”按钮，打开特效面板，选择“氛围”类别，如图7-10所示。

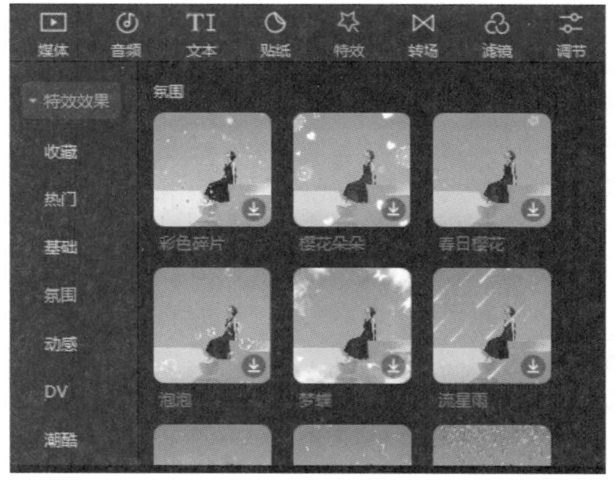

图7-10　“氛围”特效面板

04 在氛围特效类别中选择“流星雨”特效，将“流星雨”特效添加到时间线面板，如图7-11所示。

图7-11 “流星雨”特效

05 按空格键播放视频，即可在播放器窗口预览流星雨特效，如图7-12所示。

图7-12 播放器窗口

7.3 动感特效

在特效选项栏中，动感特效包括负片游移、脉搏跳动、卡机、幻影、定格闪烁、彩色描边、水波纹、灵魂出窍、冲击波、彩色火焰、白色描边、幻术摇摆、霓虹摇摆、RGB描边、蓝线模糊、橘色负片、蓝色负片、彩色负片、紫色负片、幻彩故障、人鱼滤镜、彩虹幻影、瞬间模糊、抖动、色差放大、心跳、波纹色差、故障读条、闪光灯、闪黑、闪白、边缘荧光、蹦迪光、负片闪烁、摇摆、几何图形、横纹故障、扫描光条、文字闪动、闪屏、幻觉、幻影、迷离、视频分割、蹦迪彩光、霓虹灯、迪斯科、魅力光束、边缘加色、幻彩文字、卷动、闪动、毛刺等。

01 打开剪映专业版软件，在主界面单击“开始创作”按钮，进入剪映软件的工作界面，在“媒体”面板中导入素材，如图7-13所示。

图7-13 “媒体”面板

02 在“媒体”面板中选择“素材01”并拖曳到时间线面板，如图7-14所示。

图7-14 时间线面板

03 在素材面板中单击“特效”按钮，打开特效面板，选择“动感”类别，如图7-15所示。

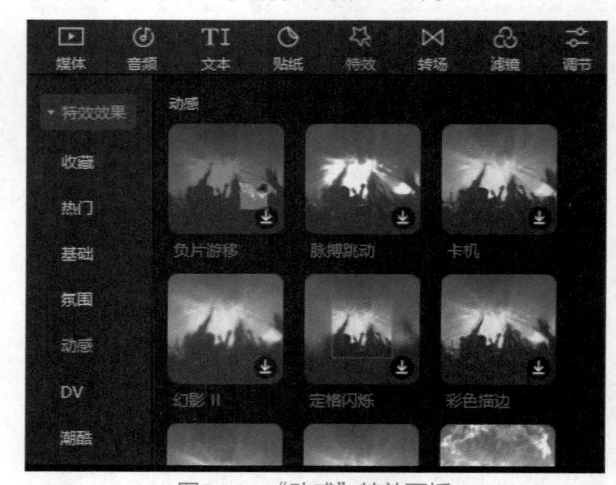

图7-15 “动感”特效面板

04 在动感特效类别中单击“幻术摇摆”特效，即可在播放器中预览特效，如图7-16所示。

05 在动感特效类别中选择“幻术摇摆”特效，将“幻术摇摆”特效添加到时间线面板，如图7-17所示。

06 在时间线面板中选择“幻术摇摆”特效轨道，左右拖曳即可改变特效的显示时间，如图7-18所示。

07 按空格键播放视频，即可在播放器窗口预览幻术摇摆特效，如图7-19所示。

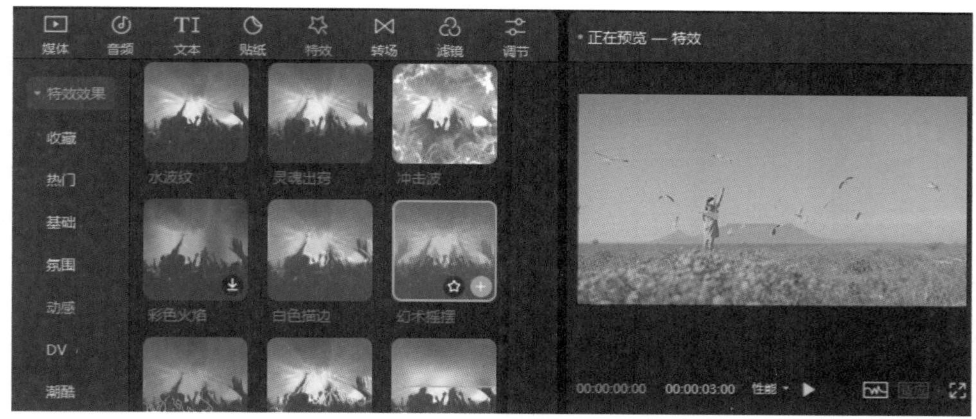

图7-16　“幻术摇摆”特效

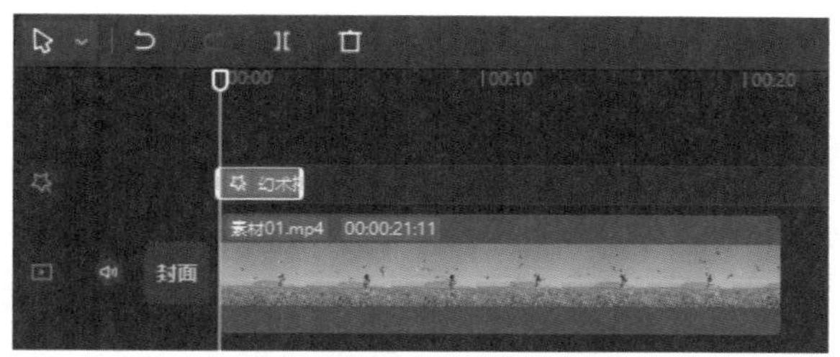

图7-17　时间线面板

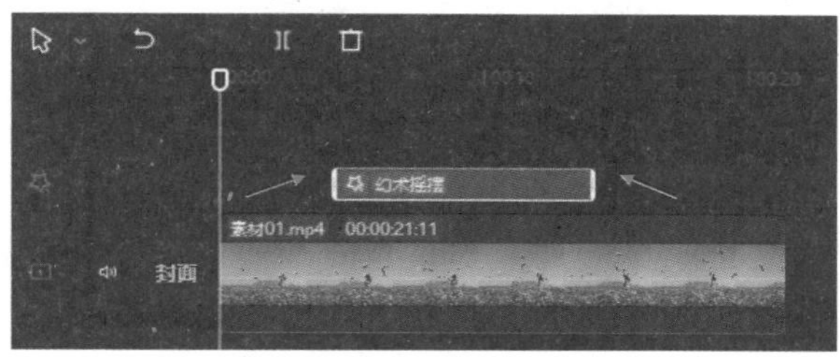

图7-18　改变时间

图7-19　播放器窗口

7.4　复古特效

在特效选项栏中，复古特效包括胶片滚动、黑白胶片、哈苏胶片、胶片抖动、放映机、胶片连拍、复古发光、胶片框、隔行扫描、曝光、回忆胶片、唱片、失焦、荧幕噪点、黑色噪点、白色边框、胶片框、时光碎片、黑线故障、放映滚动、电影刮花、胶片、色差放射、电视开机、电视关机、雪花故障、放映机抖动、色差故障、强锐化、故障、窗格、电视纹理、色差默片、电子屏、老电视卡顿、放映机卡顿、复古多格、电视彩虹屏、像素纹理等。

01 打开剪映专业版软件，在主界面单击“开始创作”按钮，进入剪映软件的工作界面，在“媒体”面板中导入素材，如图7-20所示。

图7-20　“媒体”面板

02 在“媒体”面板中选择“素材01”并拖曳到时间线面板，如图7-21所示。

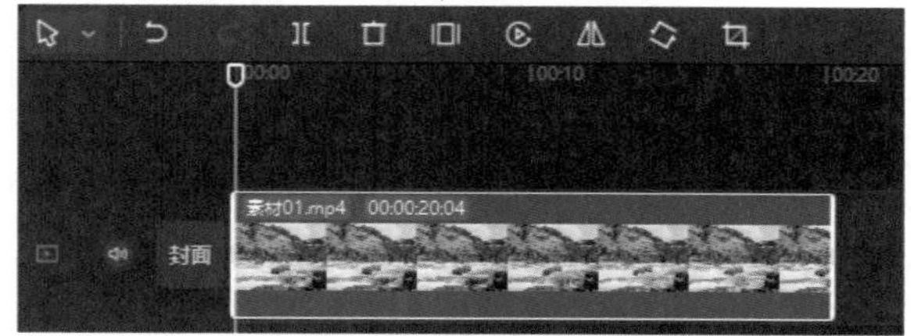

图7-21　时间线面板

03 在素材面板中单击“特效”按钮，打开特效面板，选择“复古”类别，如图7-22所示。

图7-22 “复古”特效面板

04 在“复古”特效类别中单击“胶片滚动”特效，即可在播放器中预览特效，如图7-23所示。

05 在复古特效类别中选择“胶片滚动”特效，将胶片滚动特效添加到时间线面板，如图7-24所示。

06 在时间线面板中选择“胶片滚动”特效轨道，拖曳“胶片滚动”时长和视频片段长度一致，如图7-25所示。

07 在时间线面板中选择“胶片滚动”特效，在右侧功能区调整特效参数，如图7-26所示。

08 按空格键播放视频，即可在播放器窗口预览胶片滚动特效。

图7-23 预览特效

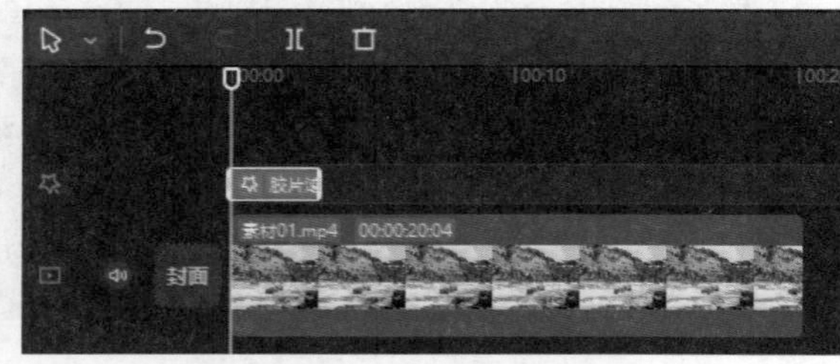

图7-24 时间线面板

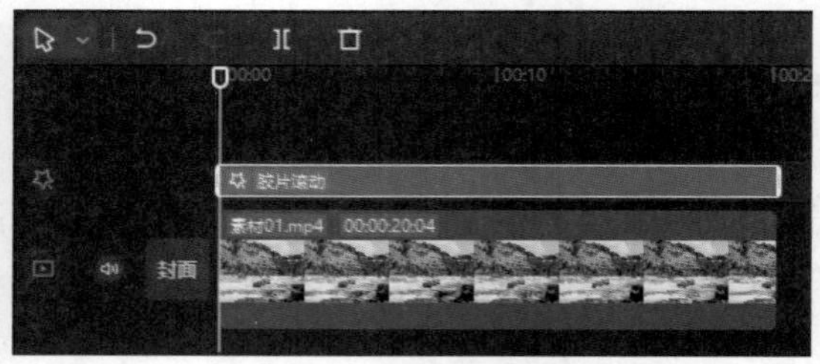

图7-25 调整时间长度

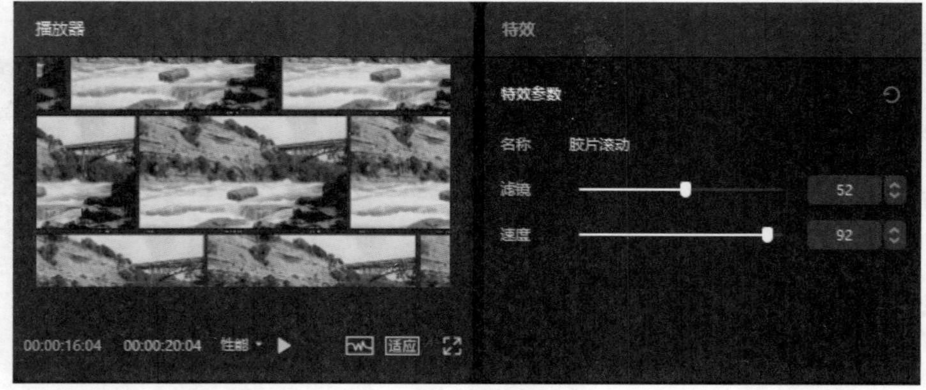

图7-26 调整参数

7.5 爱心特效

在特效选项栏中，爱心特效包括爱心方块、像素爱心、甜心投影、少女心、怦然心动、爱心跳动、彩虹爱心、爱心啵啵、爱心射线、白色爱心、爱心光波、爱心泡泡、复古甜心、雪花冲屏、爱心暗角、少女心事、加载甜蜜、爱心缤纷、爱心闪烁、爱心气泡、爱心爆炸、爱心光斑、荧光爱心和爱心Bling等。

01 打开剪映专业版软件，在主界面单击“开始创作”按钮，进入剪映软件的工作界面，在“媒体”面板中导入素材，如图7-27所示。

图7-27 “媒体”面板

02 在“媒体”面板中选择“素材01”并拖曳到时间线面板，如图7-28所示。

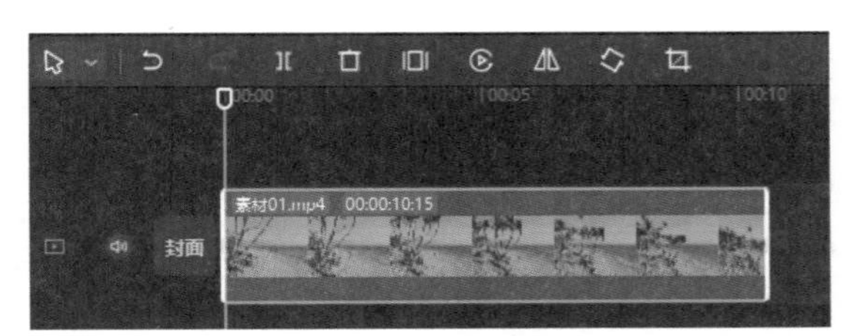

图7-28 时间线面板

03 在素材面板中单击“特效”按钮，打开特效面板，选择“爱心”类别，如图7-29所示。

图7-29 “爱心”特效面板

04 在“爱心”特效类别中单击“爱心光波”特效，即可在播放器中预览特效，如图7-30所示。

图7-30 预览特效

05 在“爱心”特效类别中选择“爱心光波”特效，将爱心光波特效添加到时间线面板，如图7-31所示。

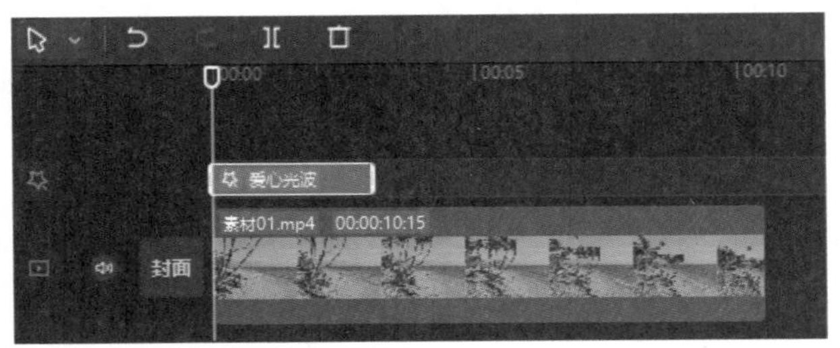

图7-31 时间线面板

06 按空格键播放视频，即可在播放器窗口预览爱心光波特效，如图7-32所示。

图7-32　播放视频

7.6　自然特效

在特效选项栏中，自然特效包括花瓣飞扬、落樱、飘落花瓣、玫瑰花瓣、破冰、冰霜、晴天光线、水滴模糊、落叶、雾气光线、蒸汽腾腾、下雨、雨滴晕开、孔明灯、花瓣飘落、烟雾、雾气、水滴滚动、梵高背景、闪电、飘雪、大雪纷飞、雪花、大雪、爆炸、星空、迷幻烟雾、浓雾、迷雾和火光等。

01 打开剪映专业版软件，在主界面单击“开始创作”按钮，进入剪映软件的工作界面，在“媒体”面板中导入素材，如图7-33所示。

02 在“媒体”面板中选择“素材01”并拖曳到时间线面板，如图7-34所示。

03 在素材面板中单击“特效”按钮，打开特效面板，选择“自然”类别，如图7-35所示。

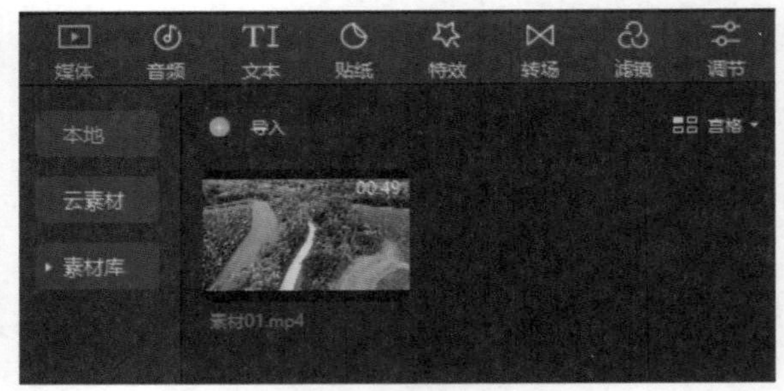

图7-33　“媒体”面板

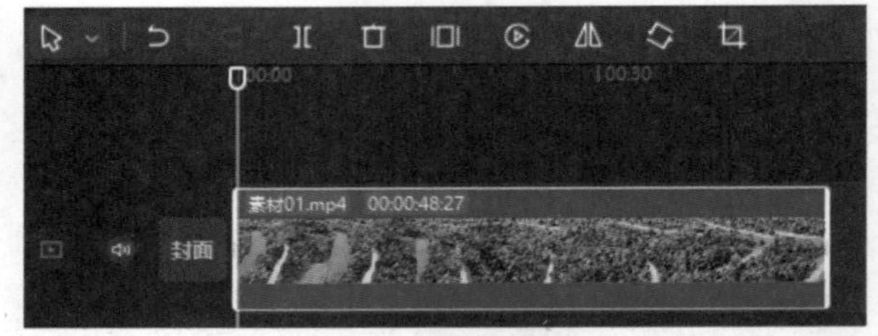

图7-34　时间线面板

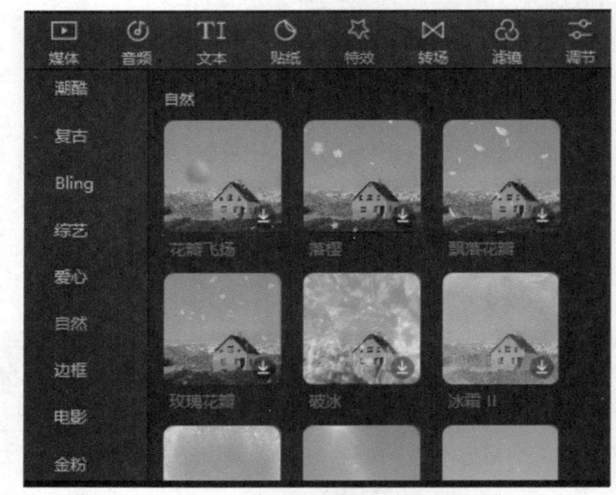

图7-35　“自然”特效面板

04 在“自然”特效类别中单击“花瓣飘落”特效，即可在播放器中预览特效，如图7-36所示。

图7-36　预览特效

05 在“自然”特效类别中选择“花瓣飘落”特效，将花瓣飘落特效添加到时间线面板，如图7-37所示。

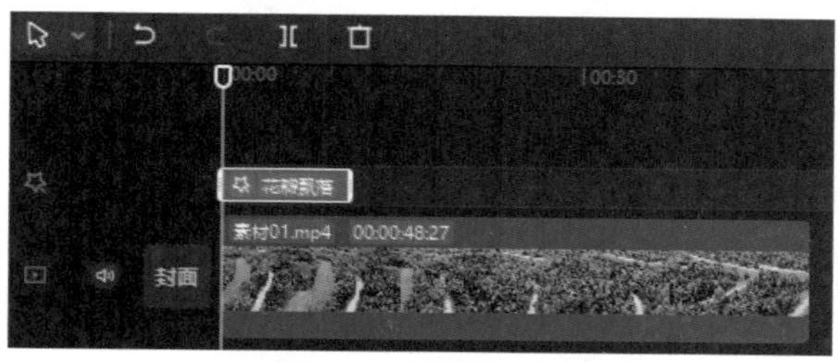

图7-37　时间线面板

06 在时间线面板中选择“花瓣飘落”轨道，左右拖曳即可改变特效的显示时间，如图7-38所示。

图7-38　调整时间

07 在功能区特效面板可以调整不透明度和速度，按空格键播放视频，即可在播放器窗口预览花瓣飘落特效，如图7-39所示。

图7-39　调整参数

7.7　电影特效

在特效选项栏中，电影特效包括电影感、电影感画幅和老电影等。

01 打开剪映专业版软件，在主界面单击“开始创作”按钮，进入剪映软件的工作界面，在“媒体”面板中导入素材，如图7-40所示。

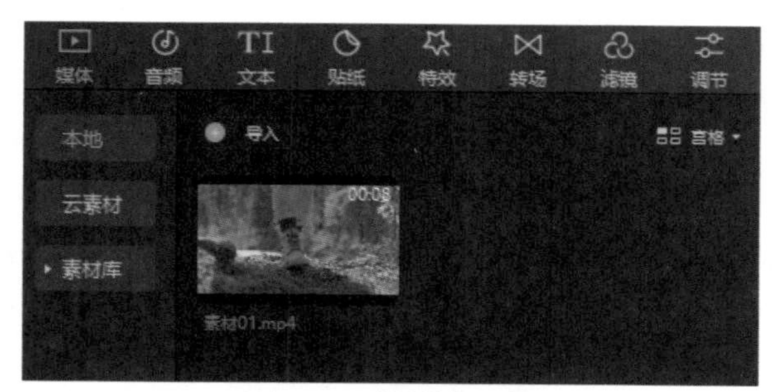

图7-40　“媒体”面板

02 在“媒体”面板中选择“素材01”并拖曳到时间线面板，如图7-41所示。

03 在素材面板中单击“特效”按钮，打开特效面板，选择“电影”类别，如图7-42所示。

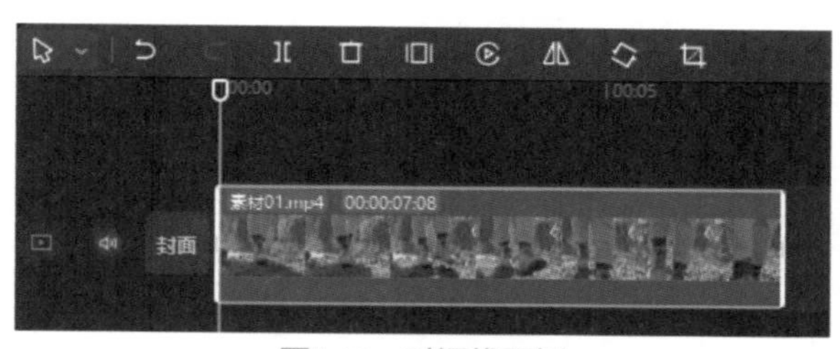

图7-41　时间线面板

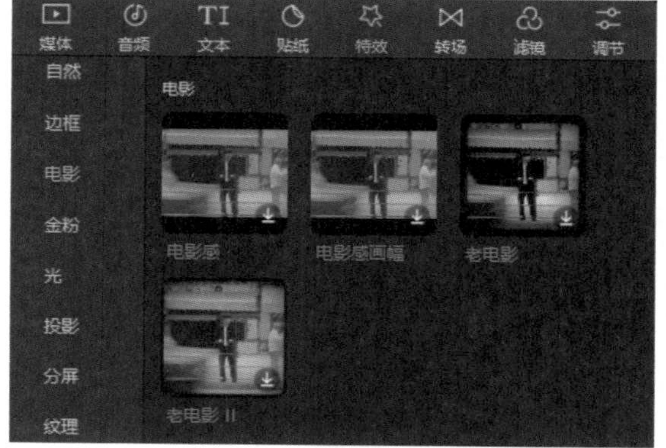

图7-42　“电影”特效面板

04 在“电影”特效类别中单击“老电影”特效，即可在播放器中预览特效，如图7-43所示。

图7-43 预览特效

05 在“电影”特效类别中选择“老电影”特效，将老电影特效添加到时间线面板，如图7-44所示。

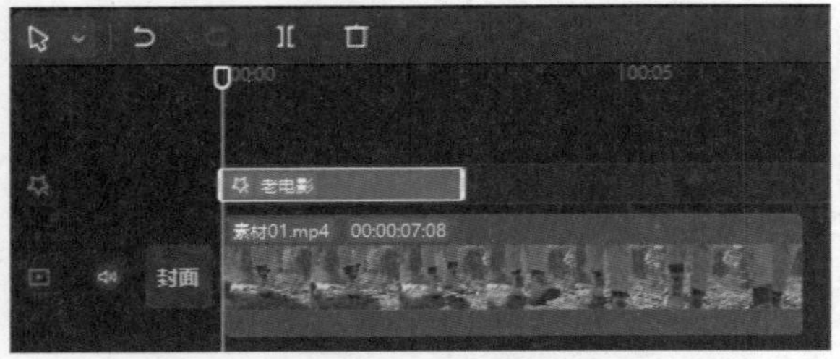

图7-44 时间线面板

06 在时间线面板中选择“老电影”特效轨道，左右拖曳即可改变特效的显示时间，如图7-45所示。

图7-45 时间线面板

07 按空格键播放视频，即可在播放器窗口预览老电影特效，如图7-46所示。

图7-46 播放视频

7.8 金粉特效

在特效选项栏中，金粉特效包括烟花、倒计时、金粉旋转、金粉闪闪、金粉、粉色闪粉、金粉聚拢、仙尘闪闪、金片、金片炸开、金粉撒落、精灵闪粉、魔法变身、仙女变身、飘落闪粉、冲屏闪粉和亮片等。

01 打开剪映专业版软件，在主界面单击“开始创作”按钮，进入剪映软件的工作界面，在“媒体”面板中导入素材，如图7-47所示。

图7-47 “媒体”面板

02 在“媒体”面板中选择“素材01”并拖曳到时间线面板，如图7-48所示。

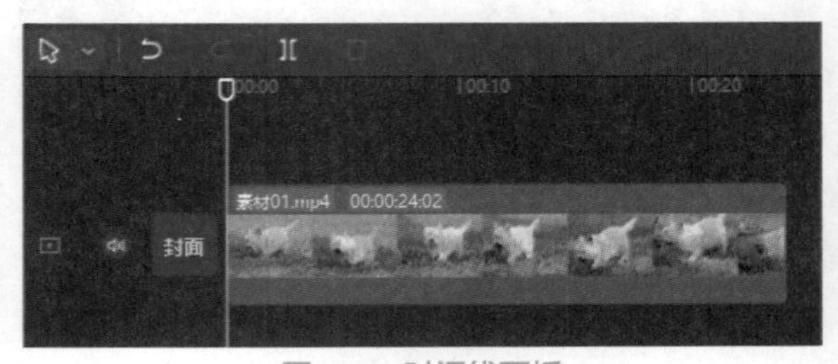

图7-48 时间线面板

03 在素材面板中单击“特效”按钮，打开特效面板，选择“金粉”类别，如图7-49所示。

04 在金粉特效类别中选择“金粉”特效，将“金粉”特效添加到时间线面板，如图7-50所示。

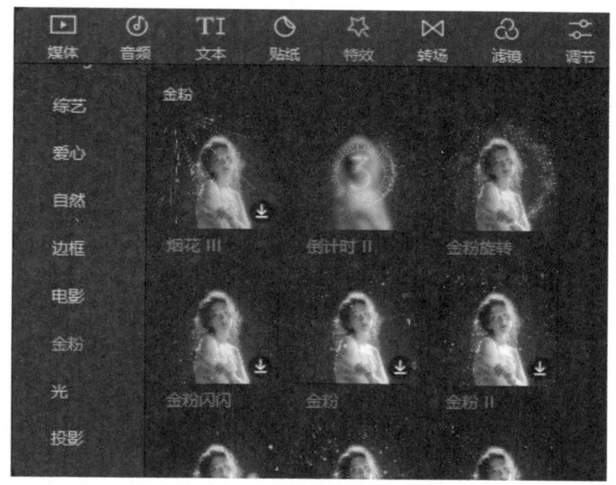

图7-49　“金粉”特效面板

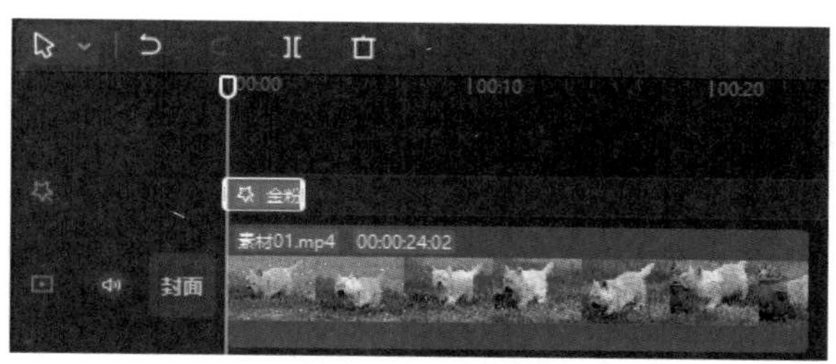

图7-50　时间线面板

05 在时间线面板中选中“金粉”特效轨道，在功能区特效面板调整参数，如图7-51所示。按空格键播放视频，即可在播放器窗口预览金粉特效。

图7-51　调整参数

7.9　投影特效

在特效选项栏中，投影特效包括霓虹投影、光线扫描、蝴蝶光斑、水波纹投影、日落灯、日文字幕、树影、爱心投影、月亮投影、星星投影、夕阳、百叶窗、窗格光、车窗影、字幕投影、爱、荧光绿、盛世美颜、蒸汽波投影、霓虹灯和蒸汽波路灯等。

01 打开剪映专业版软件，在主界面单击“开始创作”按钮，进入剪映软件的工作界面，在“媒体”面板中导入素材，如图7-52所示。

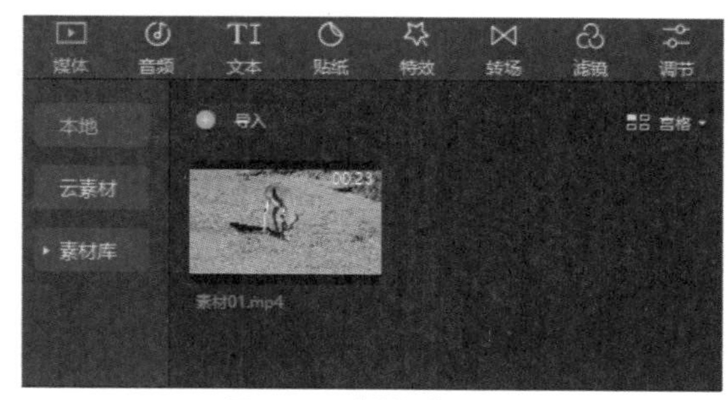

图7-52　“媒体”面板

02 在“媒体”面板中选择“素材01”并拖曳到时间线面板，如图7-53所示。

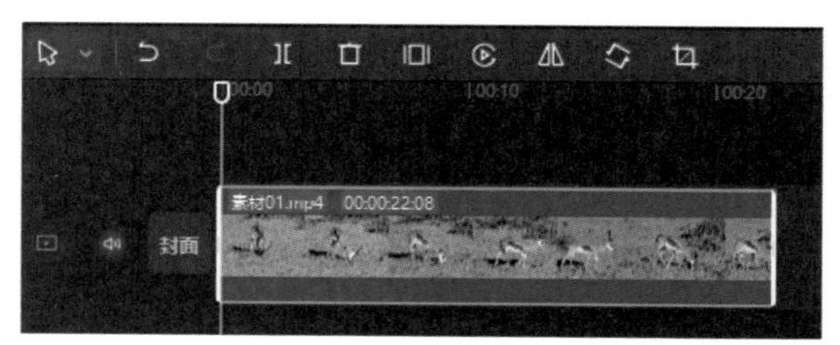

图7-53　时间线面板

03 在素材面板中单击“特效”按钮，打开特效面板，选择“投影”类别，如图7-54所示。

04 在投影特效类别中选择“光线扫描”特效，将“光线扫描”特效添加到时间线面板，如图7-55所示。

05 在时间线面板中选择“光线扫描”特效轨道，左右拖曳即可改变特效的显示时间，如图7-56所示。

06 在时间线面板中选中“光线扫描”轨道，在功能区特效面板调整参数，如图7-57所示。按空格键播放视频，即可在播放器窗口预览光线扫描特效。

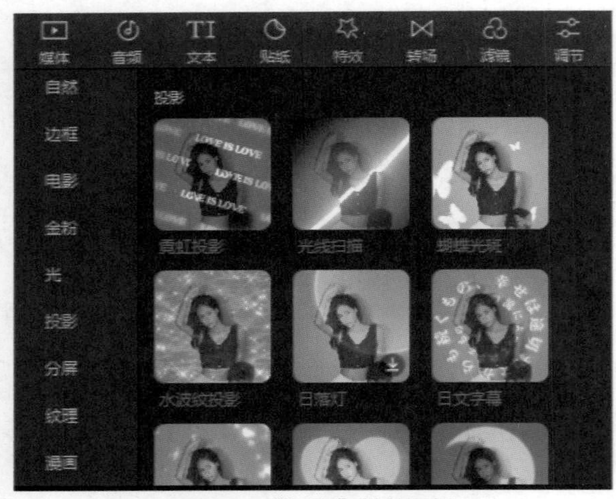
图7-54 “投影”特效面板

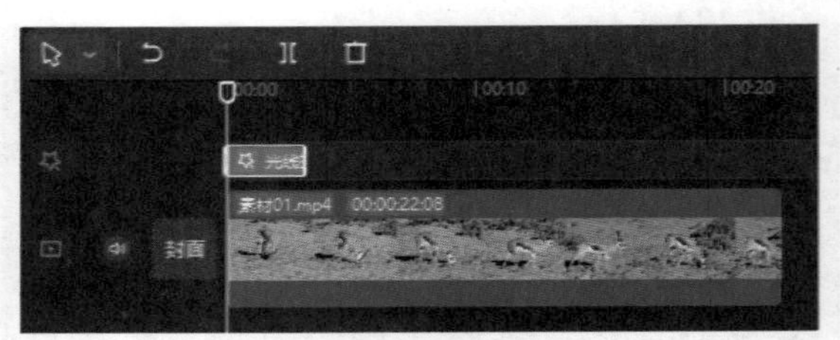
图7-55 时间线面板

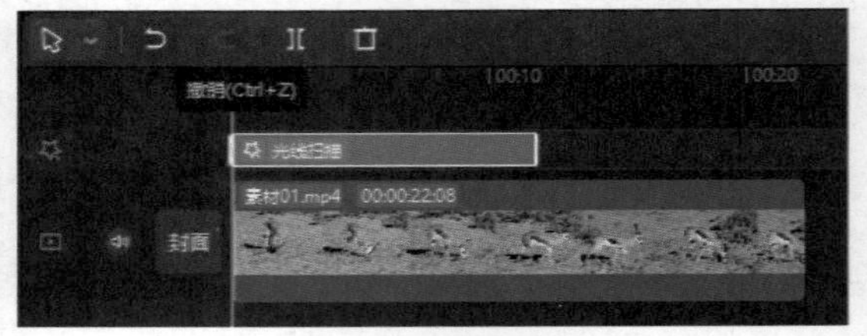
图7-56 调整时间

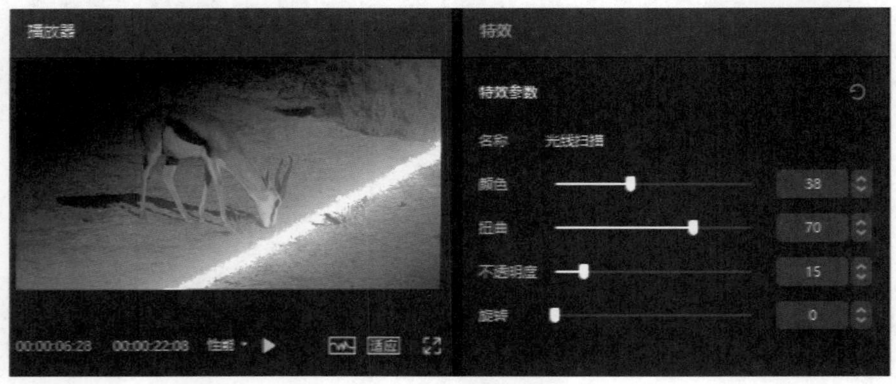
图7-57 调整参数

7.10 分屏特效

在特效选项栏中，分屏特效包括两屏分割、动态格、两屏、三屏、四屏、黑白三格、六屏、九屏和九屏跑马灯等。

01 打开剪映专业版软件，在主界面单击“开始创作”按钮，进入剪映软件的工作界面，在“媒体”面板中导入素材，如图7-58所示。

图7-58 “媒体”面板

02 在“媒体”面板中选择“素材01”并拖曳到时间线面板，如图7-59所示。

图7-59 时间线面板

03 在素材面板中单击“特效”按钮，打开特效面板，选择“分屏”类别，如图7-60所示。

04 在分屏特效类别中选择“三屏”特效，将三屏特效添加到时间线面板，如图7-61所示。

05 在时间线面板中选择“三屏”特效轨道，左右拖曳即可改变特效的显示时间，如图7-62所示。

06 在播放器窗口将比例调整为“9：16”，如图7-63所示。

07 按空格键播放视频，即可在播放器窗口预览三屏特效。

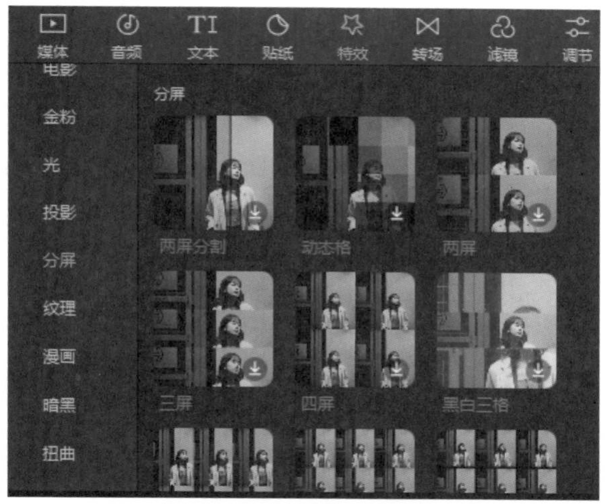

图7-60　“分屏”特效面板

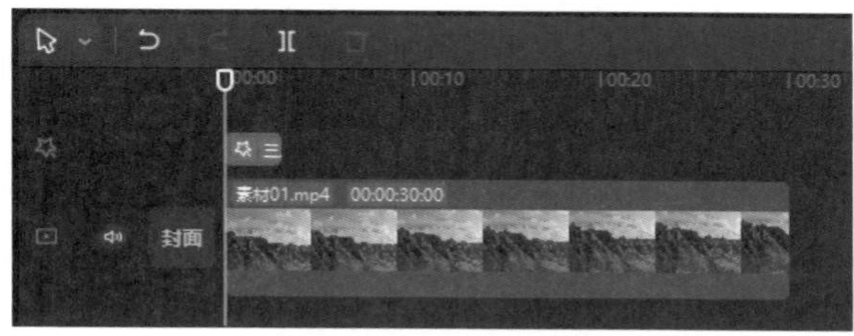

图7-61　时间线面板

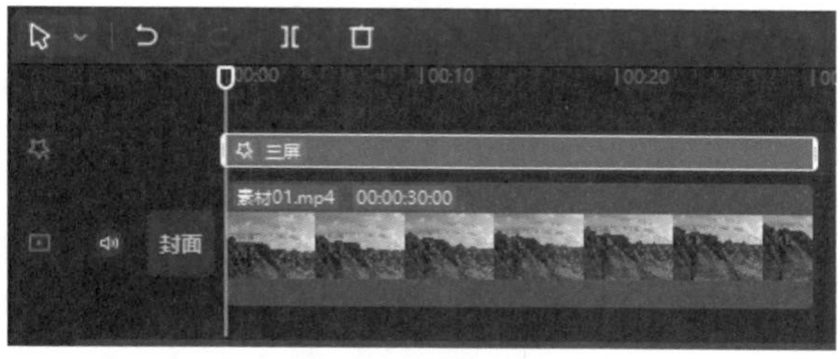

图7-62　调整时间

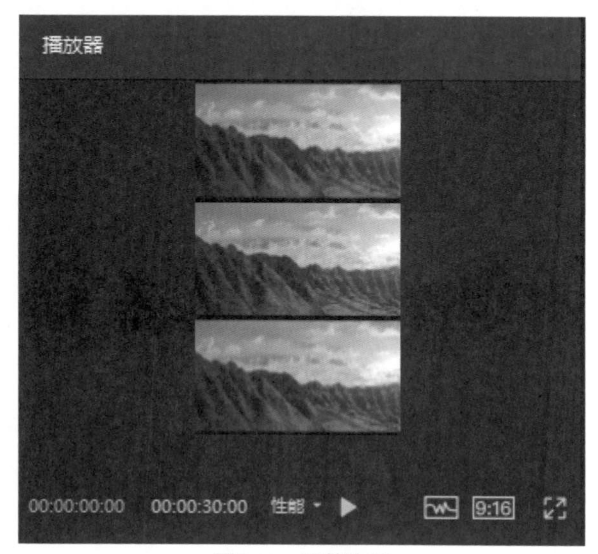

图7-63　调整比例

7.11　纹理特效

在特效选项栏中，纹理特效包括纸质抽帧、钻石碎片、长虹玻璃、折痕、磨砂玻璃、油画纹理、漏光噪点、杂志、老照片、低像素、纸质撕边、塑料封面和格纹纸质等。

01 打开剪映专业版软件，在主界面单击“开始创作”按钮，进入剪映软件的工作界面，在“媒体”面板中导入素材，如图7-64所示。

图7-64　“媒体”面板

02 在“媒体”面板中选择“素材01”并拖曳到时间线面板，如图7-65所示。

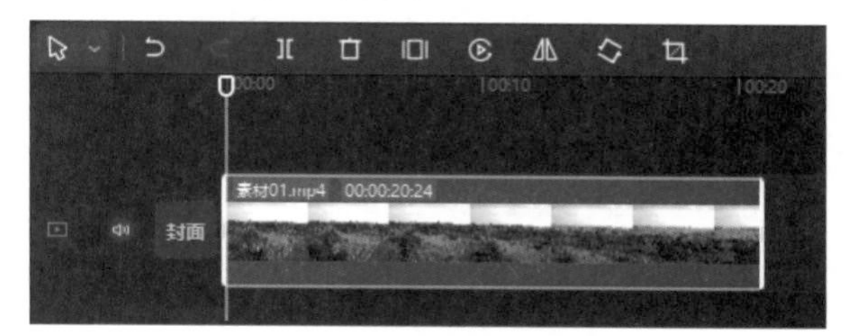

图7-65　时间线面板

03 在素材面板中单击“特效”按钮，打开特效面板，选择“纹理”类别，如图7-66所示。

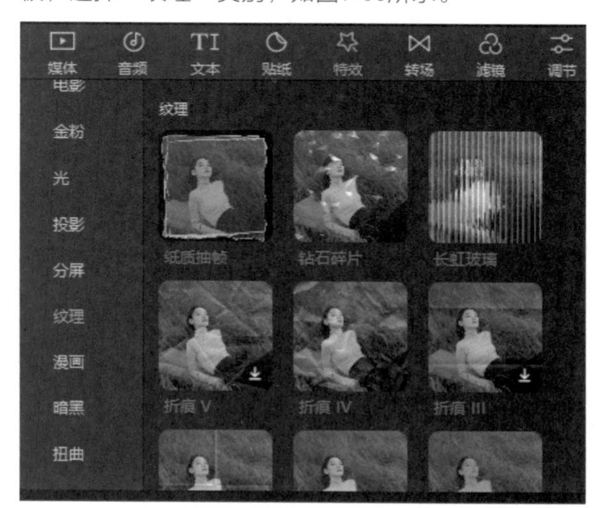

图7-66　“纹理”特效面板

04 在纹理特效类别中选择“纸质抽帧”特效，将

“纸质抽帧”特效添加到时间线面板，如图7-67所示。

图7-67 时间线面板

05 在时间线面板中选择“纸质抽帧”特效轨道，左右拖曳即可改变特效的显示时间，如图7-68所示。

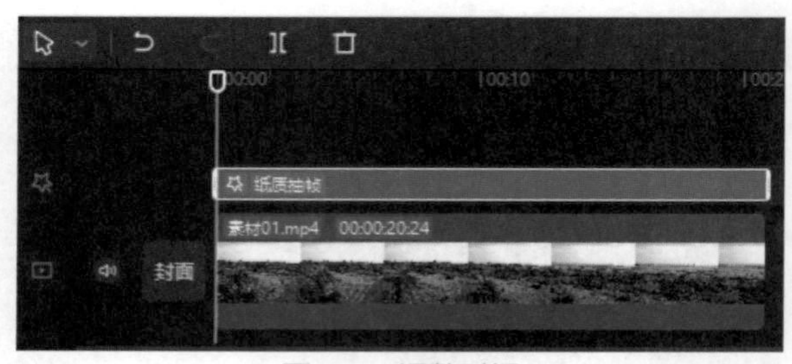

图7-68 调整时间

06 在时间线面板中选中“纸质抽帧”轨道，在功能区特效面板调整参数，如图7-69所示。按空格键播放视频，即可在播放器窗口预览纸质抽帧特效。

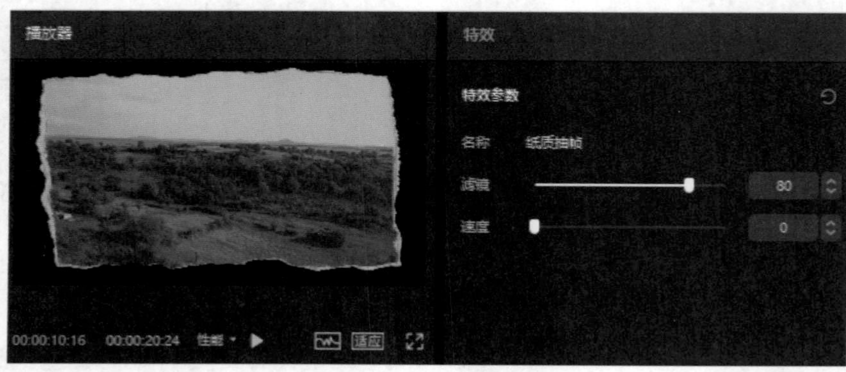

图7-69 调整参数

7.12 漫画特效

在特效选项栏中，漫画特效包括像素画、黑白漫画、复古漫画、荧光线描、黑白线描、三格漫画、告别氛围、必杀技、电光旋涡、电光氛围、刀光剑影、烟雾炸开、火光包围、火光蔓延、火光翻滚、火光刷过和彩色漫画等。

01 打开剪映专业版软件，在主界面单击“开始创作”按钮，进入剪映软件的工作界面，在“媒体”面板中导入素材，如图7-70所示。

图7-70 “媒体”面板

02 在“媒体”面板中选择“素材01”并拖曳到时间线面板，如图7-71所示。

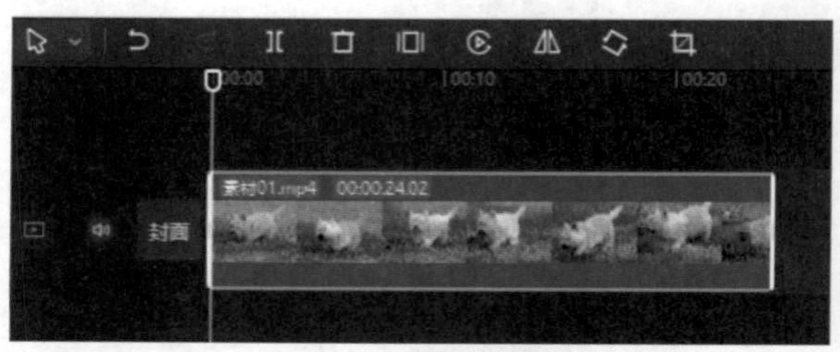

图7-71 时间线面板

03 在素材面板中单击“特效”按钮，打开特效面板，选择“漫画”类别，如图7-72所示。

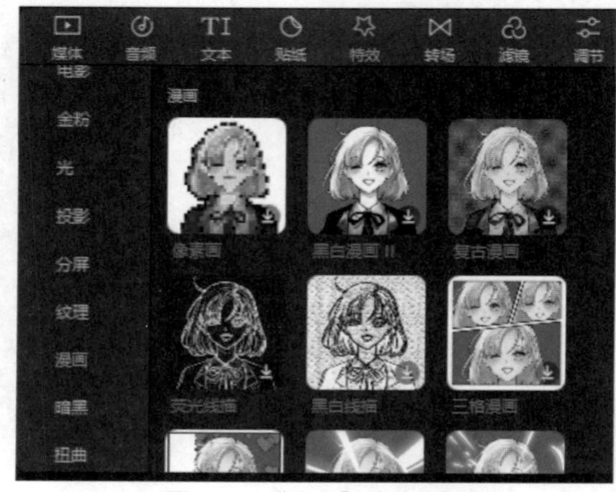

图7-72 “漫画”特效面板

04 在漫画特效类别中选择“三格漫画”特效，将“三格漫画”特效添加到时间线面板，如图7-73所示。

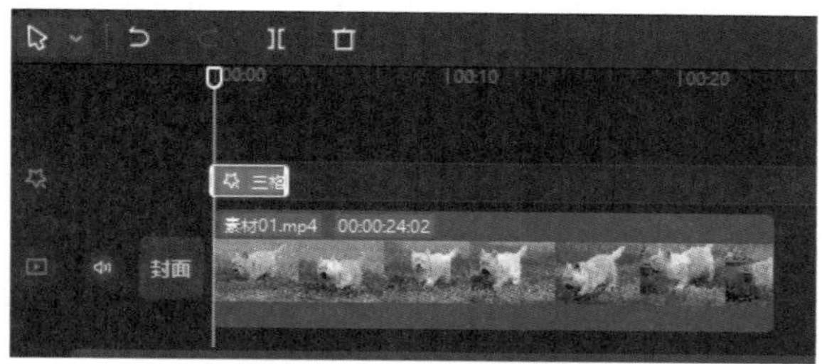

图7-73 时间线面板

05 在时间线面板中选择“三格漫画”特效轨道，左右拖曳即可改变特效的显示时间，如图7-74所示。

图7-74 调整时间

06 按空格键播放视频，即可在播放器窗口预览三格漫画特效，如图7-75所示。

图7-75 播放视频

7.13 暗黑特效

在特效选项栏中，暗黑特效包括隐形人、空灵、冰冷实验室、恐怖综艺、诡异分割、天使降临、暗夜归来、黑白VHS、羽毛、黑羽毛、暗黑噪点、暗黑蝙蝠、魔法、魔法边框、梦魇、暗夜蝙蝠、恐怖故事、紫雾、暗夜、荧光蝙蝠、暗夜精灵、地狱使者、万圣夜、暗黑剪影、恶灵冲屏、南瓜光斑、万圣emoji、南瓜笑脸等。

01 打开剪映专业版软件，在主界面单击“开始创作”按钮，进入剪映软件的工作界面，在“媒体”面板中导入素材，如图7-76所示。

图7-76 “媒体”面板

02 在“媒体”面板中选择“素材01”并拖曳到时间线面板，如图7-77所示。

图7-77 时间线面板

03 在素材面板中单击“特效”按钮，打开特效面板，选择“暗黑”类别，如图7-78所示。

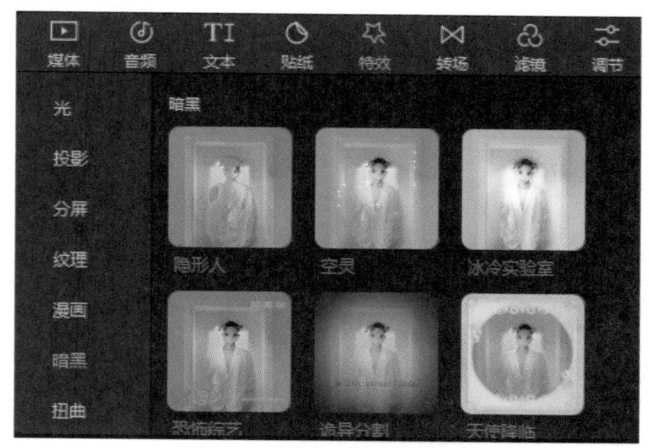

图7-78 “暗黑”特效面板

04 在暗黑特效类别中选择“暗夜蝙蝠”特效，将“暗夜蝙蝠”特效添加到时间线面板，如图7-79所示。

05 在时间线面板中选择“暗夜蝙蝠”特效轨道，左右拖曳即可改变特效的显示时间，如图7-80所示。

图7-79 时间线面板

图7-80 调整时间

06 在时间线面板中选中“暗夜蝙蝠”轨道，在功能区特效面板调整参数，如图7-81所示。按空格键播放视频，即可在播放器窗口预览暗夜蝙蝠特效。

图7-81 调整参数

7.14 扭曲特效

在特效选项栏中，扭曲特效包括盗梦空间特效。

01 打开剪映专业版软件，在主界面单击“开始创作”按钮，进入剪映软件的工作界面，在“媒体”面板中导入素材，如图7-82所示。

图7-82 “媒体”面板

02 在“媒体”面板中选择“素材01”并拖曳到时间线面板，如图7-83所示。

03 在素材面板中单击“特效”按钮，打开特效面板，选择“扭曲”类别，如图7-84所示。

04 在扭曲特效类别中选择“盗梦空间”特效，将盗梦空间特效添加到时间线面板，如图7-85所示。

05 在时间线面板中选择“盗梦空间”特效轨道，左右拖曳即可改变特效的显示时间，如图7-86所示。

图7-83 时间线面板

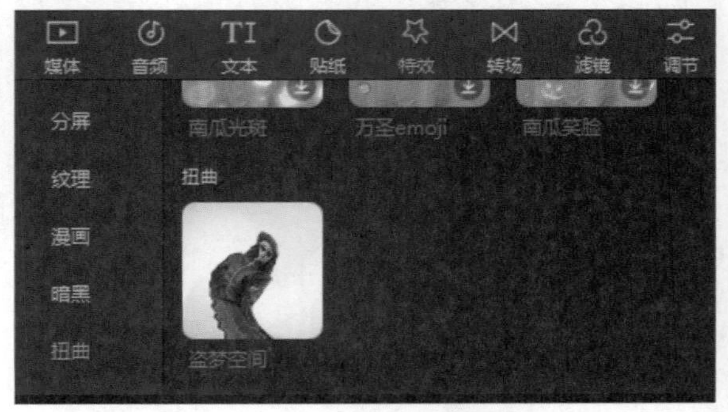

图7-84 “扭曲”特效面板

06 在时间线面板中选中“盗梦空间”轨道，在功能区特效面板调整参数，如图7-87所示。

07 按空格键播放视频，即可在播放器窗口预览盗梦空间特效。

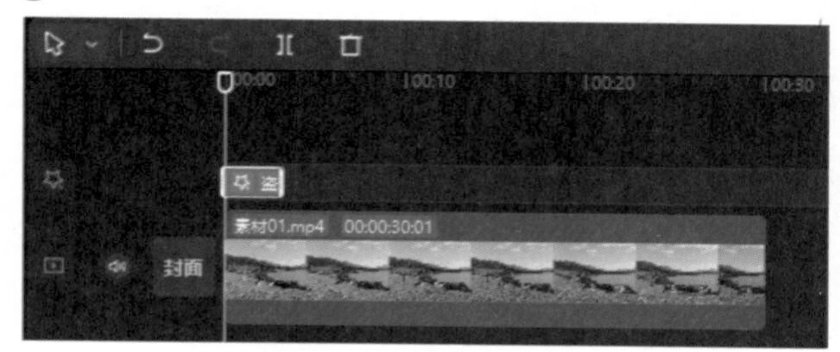

图7-85　时间线面板

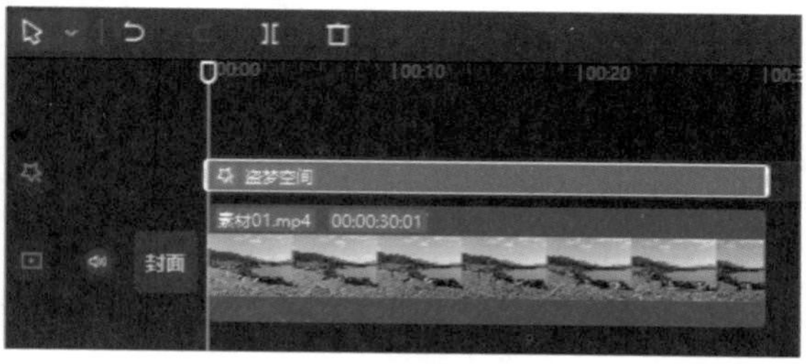

图7-86　调整时间

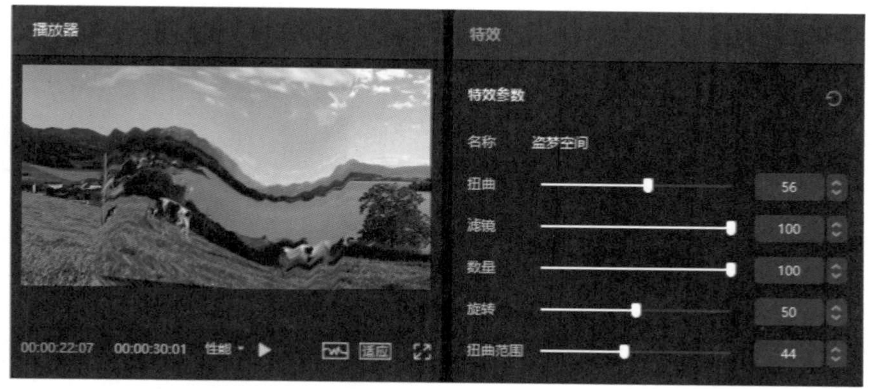

图7-87　调整参数

第 8 章

音频处理

剪映提供了强大的音频处理功能，可以在制作视频过程中对音频素材进行剪辑、音量调整、音频淡化处理、复制音频、删除音频和降噪处理等。

8.1 添加音频

在剪映专业版软件中，可以自由地使用音乐素材库中的音乐素材，剪映还支持将抖音平台的音乐添加到剪映专业版软件中。

8.1.1 添加音乐素材

剪映专业版软件中的音乐素材包括抖音、卡点、纯音乐、Vlog、旅行、摩登天空、环保、美食、美妆&时尚、儿歌、萌宠、混剪、游戏、国风、舒缓、轻快、动感、可爱、伤感、运动、悬疑、清新、治愈、搞怪、酷炫、亲情、影视和流行等类别。

01 打开剪映专业版软件，单击“开始创作”按钮，进入剪映软件的工作界面，在素材面板单击“媒体”按钮，导入视频素材，如图8-1所示。

图8-1 导入素材

02 在“媒体”面板中选择“素材01”并拖曳到时间线面板，如图8-2所示。

03 在素材面板中单击“音频”按钮，打开音频面板，音频面板左侧包括“音乐素材”“音效素材”“音频提取”“抖音收藏”和“链接下载”5个功能类别，如图8-3所示。

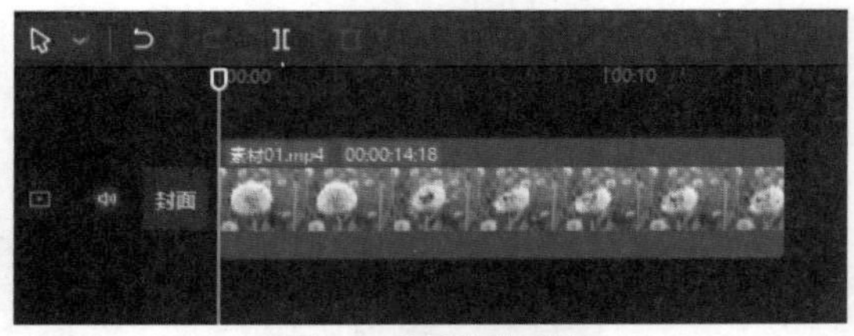

图8-2 时间线面板

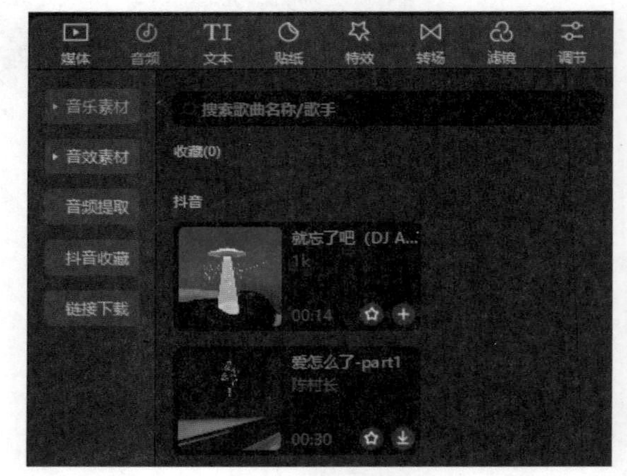

图8-3 音频面板

04 在“音乐素材”类别中选择一个素材，单击音乐素材可以试听音乐，如图8-4所示。

图8-4 试听音乐

05 选择音乐素材，添加到时间线轨道上，时间线面板上多了一个音频轨道，如图8-5所示。

图8-5　时间线面板

06 在制作视频过程中，一般情况下添加的音乐素材和视频时间是不一致的，在时间线面板将时间指针移动到视频片段结束位置，选中音乐素材，使用“分割”工具将音乐素材切割成两段，如图8-6所示。

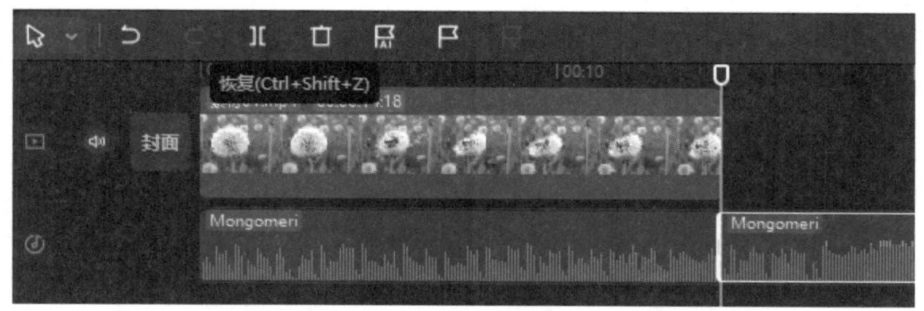

图8-6　音频剪辑

07 选择后面一段的音频素材，按Delete键删除选中的音频素材，如图8-7所示。

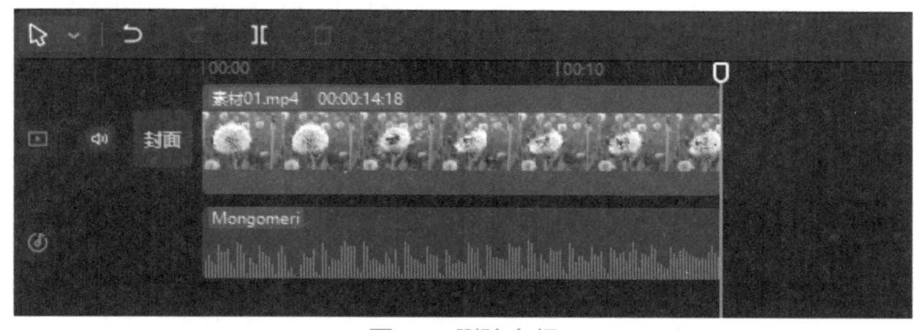

图8-7　删除音频

通过添加音乐素材，可以在制作的短视频项目中添加音乐。

8.1.2　添加音效

剪映专业版软件中提供的音效包括综艺、笑声、机械、BGM、人声、转场、游戏、魔法、打斗、美食、动物、环境音、手机、悬疑、乐器、交通、生活、科幻和运动等类别。

01 打开剪映专业版软件，单击“开始创作”按钮，进入剪映软件的工作界面，在素材面板中单击“媒体”按钮，导入视频素材，如图8-8所示。

02 在“媒体”面板中选择素材并拖曳到时间线面板，如图8-9所示。

03 在素材面板中单击“音频”按钮，打开音频面板，选择“音效素材”类别，如图8-10所示。

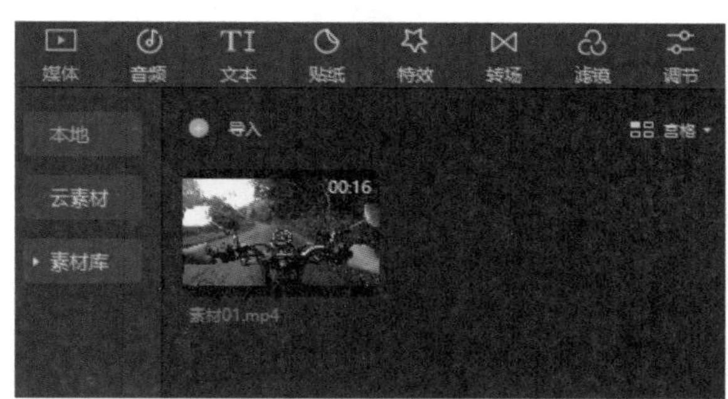

图8-8　导入素材

图8-9　时间线面板

04 展开“音效素材”类别，选中“交通”类别，单击音效即可试听效果，如图8-11所示。

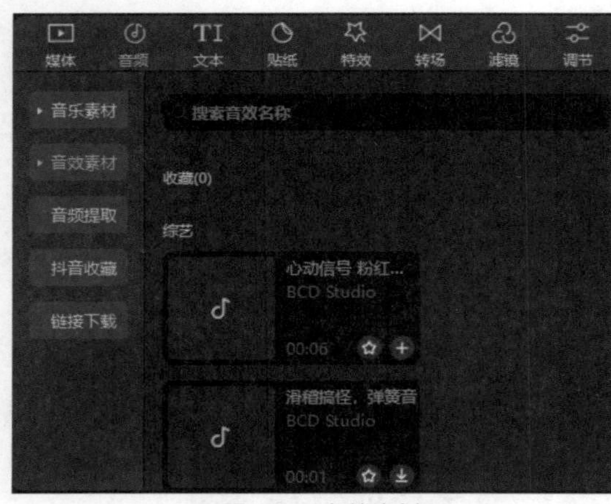

图8-10　音效素材

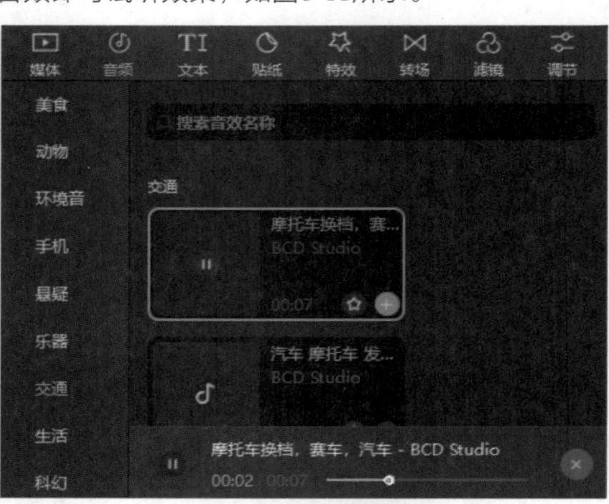

图8-11　试听音效

05 选择摩托车音效拖曳到时间线面板，如图8-12所示。

图8-12　时间线面板

06 音效的时间比较长，如果视频中需要长时间的音效，可以按快捷键Ctrl+C复制音效，按快捷键Ctrl+V粘贴音效，如图8-13所示。

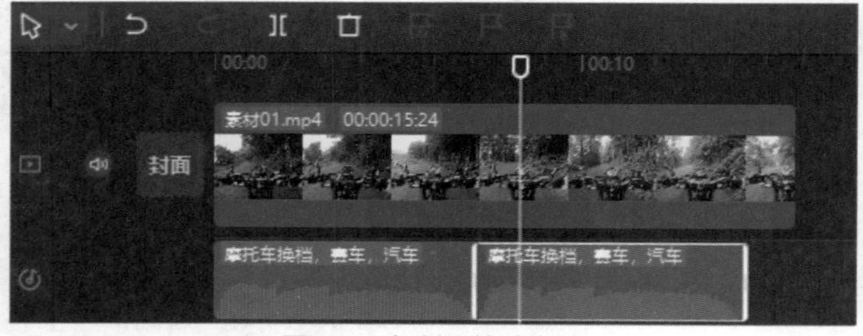

图8-13　复制和粘贴音效

8.1.3　音频提取

剪映专业版软件可以对视频中的音乐进行提取，可以提取单独的音频。

01 打开剪映专业版软件，单击“开始创作”按钮，进入剪映软件的工作界面，在素材面板中单击“音频”按钮，打开音频面板，如图8-14所示。

02 单击左侧的“音频提取”按钮，打开音频提取面板，如图8-15所示。

03 单击“导入”按钮，打开“请选择媒体资源”对话框，如图8-16所示。

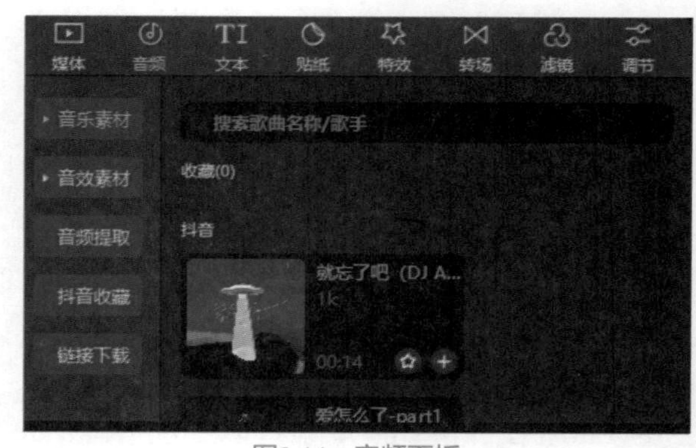

图8-14　音频面板

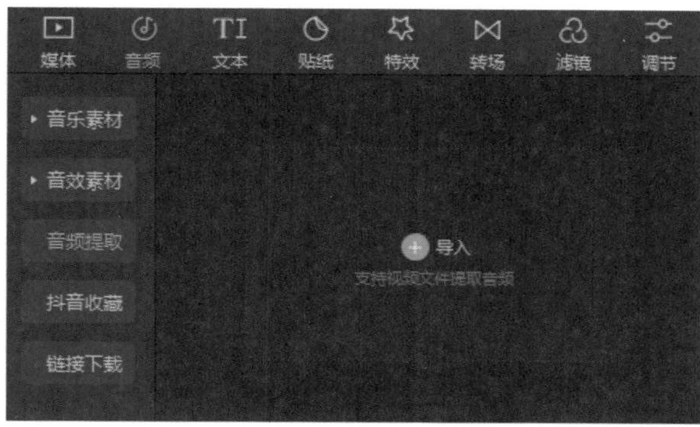

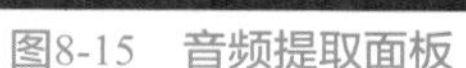
图8-15 音频提取面板

图8-16 “请选择媒体资源”对话框

04 选择视频素材，单击“打开”按钮，即可将视频中的音频提取出来，如图8-17所示。

05 选择音频，单击添加到轨道，即可将音频添加到时间线面板，如图8-18所示。

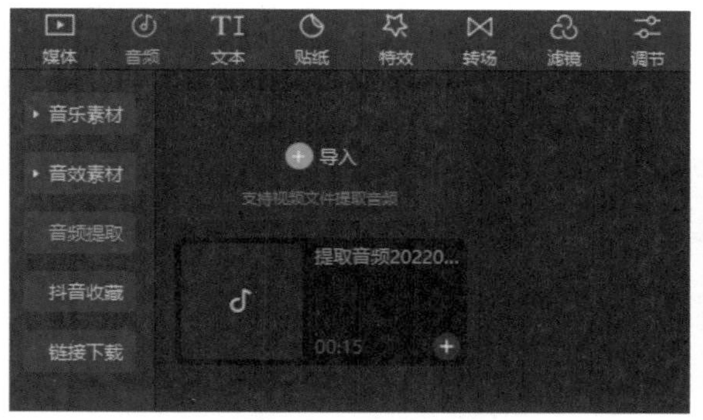

图8-17 提取音频

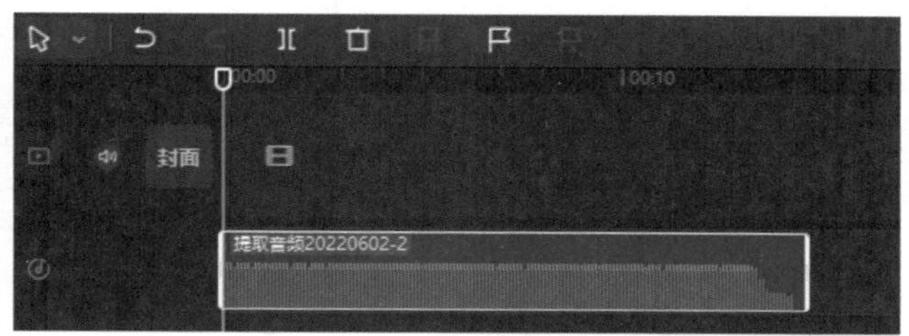

图8-18 将音频添加到时间线面板

8.1.4 抖音收藏

剪映和抖音是直接关联的短视频剪辑软件，可以在抖音中收藏音乐，然后直接添加到剪映软件中。

01 在素材面板中单击“音频”按钮，打开音频面板，在音频面板中单击“抖音收藏”按钮，打开抖音收藏面板，如图8-19所示。

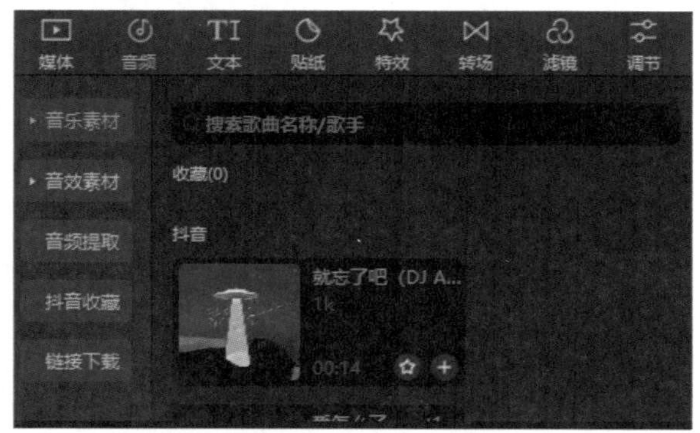

图8-19 音频面板

02 单击“抖音登录”按钮，进入抖音登录界面，如图8-20所示。

03 扫码登录抖音账号之后，“抖音收藏”中会显示收藏的音乐，如图8-21所示。

图8-20 抖音登录界面

图8-21 收藏的音乐

8.2 录制语音

本节介绍在剪映专业版软件中录制音频，以及针对录制的音频进行降噪处理的方法。

8.2.1 录制音频

本节介绍剪映专业版软件录制音频的方法。

01 打开剪映专业版软件，单击“开始创作”按钮，进入剪映软件的工作界面，单击工具栏中的“录音”按钮，打开“录音”面板，如图8-22所示。

图8-22 “录音”面板

02 在“输入设备”中选择录音设备，单击“录制”按钮，开始录音，录音界面如图8-23所示。

图8-23 录制中

03 单击“停止录制”按钮，即可停止录制，录制的音频添加到时间线面板，关闭录音界面，时间线面板如图8-24所示。

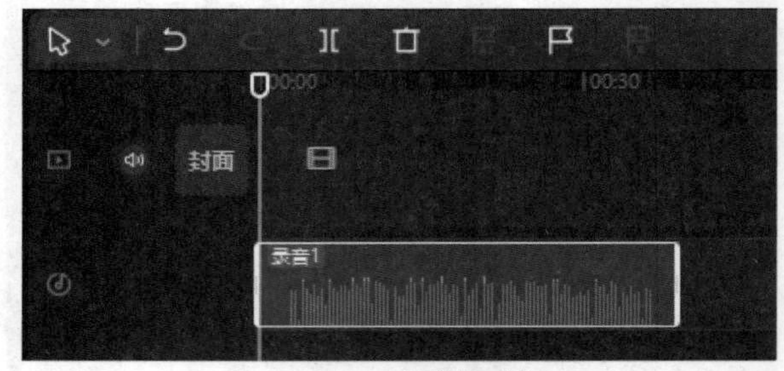

图8-24 时间线面板

8.2.2 音频降噪

录制的声音需要降噪处理，可以将噪声清除。

01 在时间线面板中选择录制的音频，在右侧功能区显示“音频”面板，如图8-25所示。

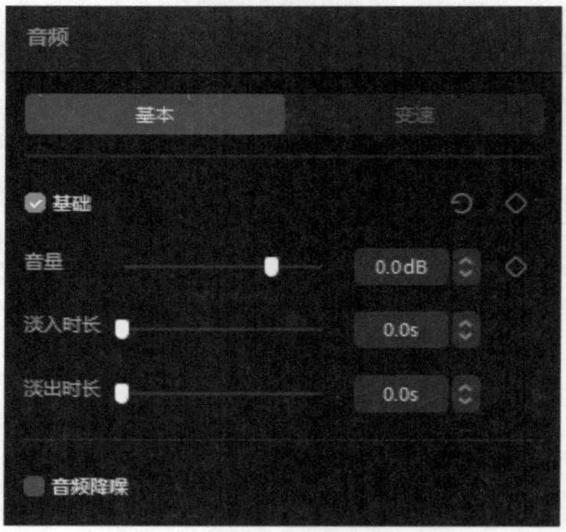

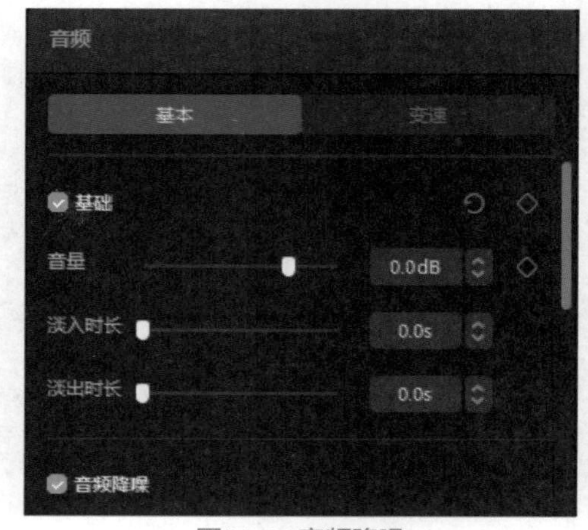

图8-25 “音频”面板

02 勾选“音频降噪”复选框，剪映专业版软件将自动处理降噪效果，如图8-26所示。

图8-26 音频降噪

03 按空格键播放音频，试听降噪后的音频效果。

8.3　音频处理

本节介绍音频处理的技巧，包括音频剪辑、调整音量、音频淡化处理和变声、变速处理等。

8.3.1　音频剪辑

本节介绍音频剪辑工具的使用方法。

01 打开剪映专业版软件，单击时间线面板中的“录音”按钮，打开“录音”面板，如图8-27所示。

图8-27　“录音”面板

02 在“输入设备”中选择录音设备，单击“录制”按钮，开始录音，单击“停止录制”按钮，即可停止录制，录制的音频添加到时间线面板，如图8-28所示。

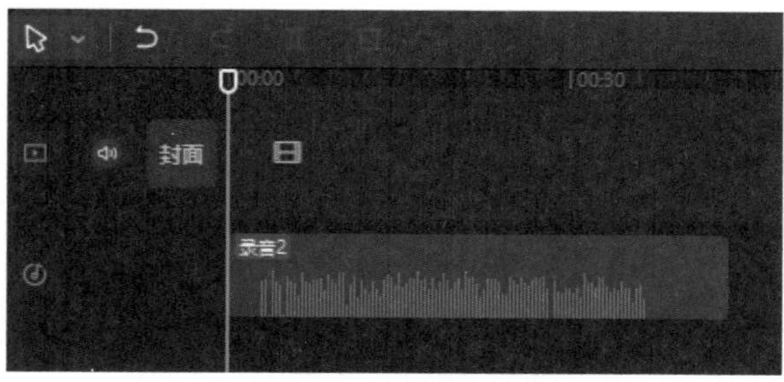

图8-28　时间线面板

03 使用“选择”工具可以在音频的两端拖曳，进行音频剪辑，如图8-29所示。

04 按空格键播放音频，听到音频录制不好的开始位置或者需要重复录制的位置，使用“分割”工具对音频进行剪辑，将时间指针移动到需要剪辑的位置，使用“分割”工具进行剪辑，如图8-30所示。

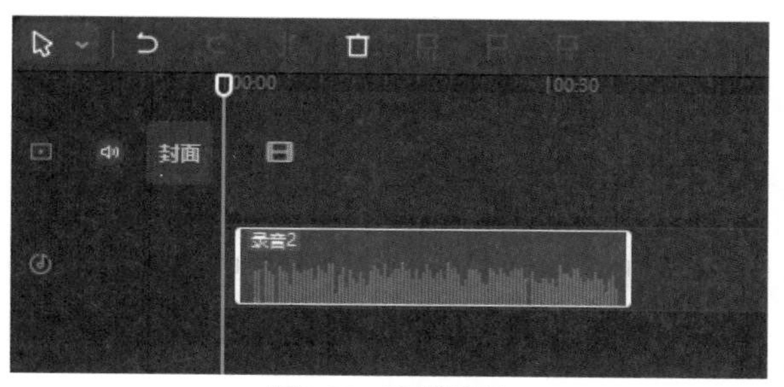

图8-29　音频剪辑

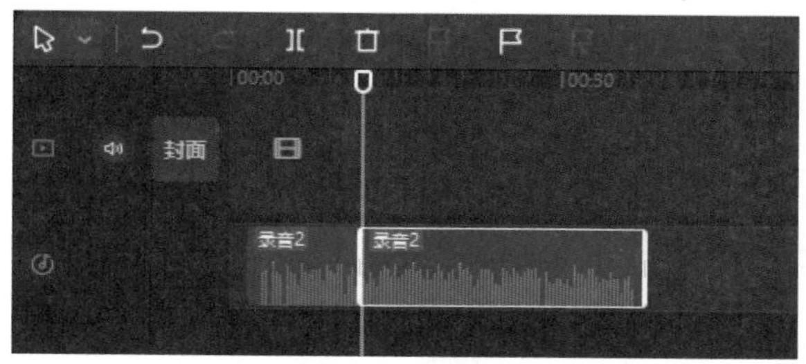

图8-30　分割音频

05 将时间线移动到音频录制不好的部分的结束位置，使用“分割”工具对音频进行剪辑，如图8-31所示。

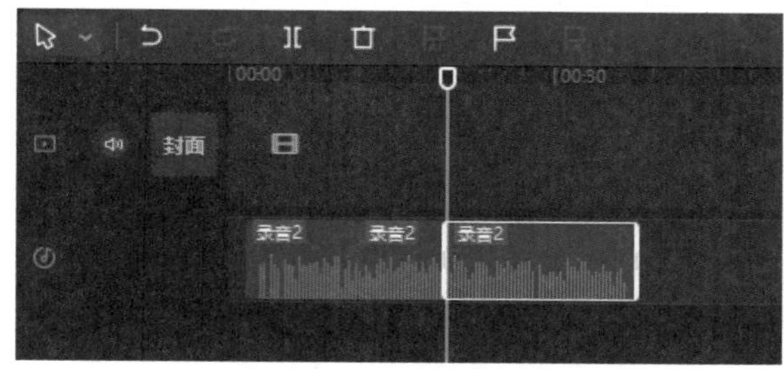

图8-31　分割音频

06 在时间线面板中选择不需要的音频片段，按Delete键删除音频，如图8-32所示。

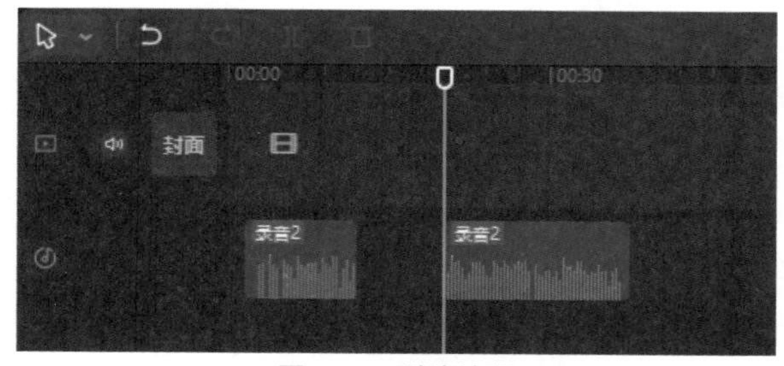

图8-32　删除片段

通过“选择”工具或者“分割”工具可以对音频进行剪辑。

8.3.2　调整音量

本节介绍音频音量处理的方法。

01 在时间线面板中选择音频片段，如图8-33所示。

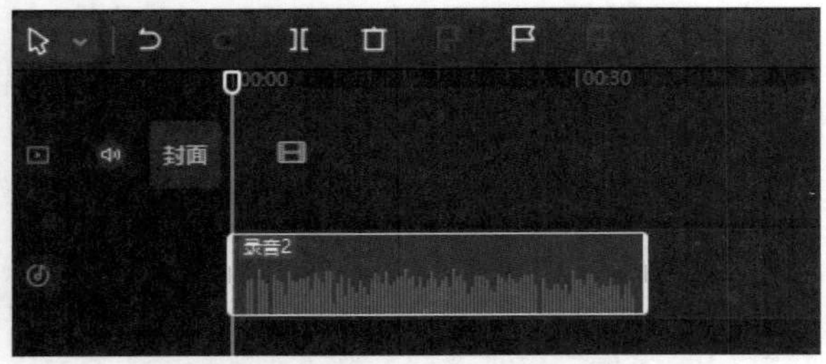

图8-33 选择音频

02 在功能区“音频”下“基本”面板中调整“音量”，如图8-34所示。

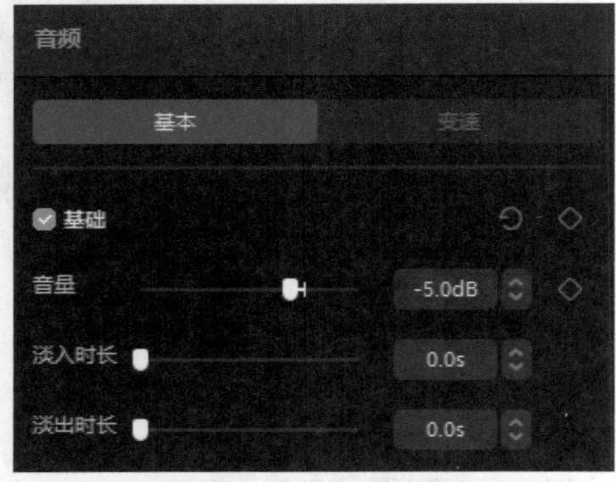

图8-34 调整“音量”

03 通过调整音量参数，可以调整声音的大小，如向右拖曳音量到“-∞dB”，如图8-35所示。

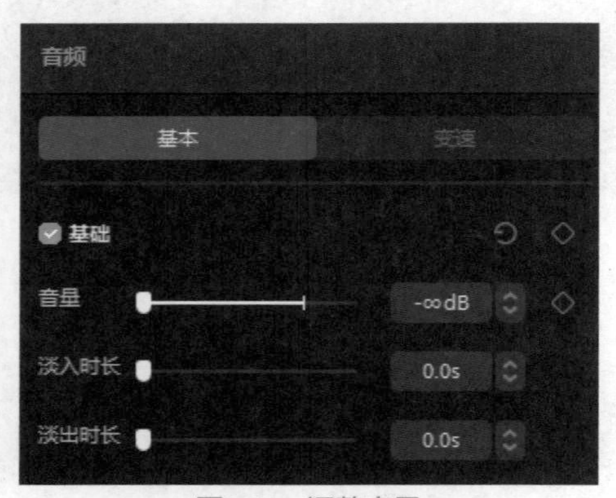

图8-35 调整音量

04 音频将调整为静音模式，时间线面板上的音频如图8-36所示。

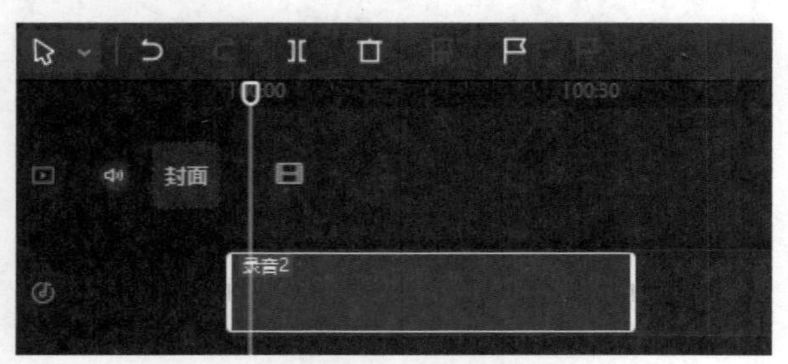

图8-36 调整为静音

8.3.3 音频淡化处理

对于一些没有前奏或尾声的音频素材，可以在开始和结束位置添加淡化效果，可以有效降低音频在进场和出场时的节奏感，也可以在两个音频的衔接位置添加淡化效果，使两段音频过渡自然，本节介绍音频淡化处理的方法。

01 打开剪映专业版软件，单击“开始创作”按钮，进入剪映软件的工作界面，单击“媒体”按钮，导入音频素材，如图8-37所示。

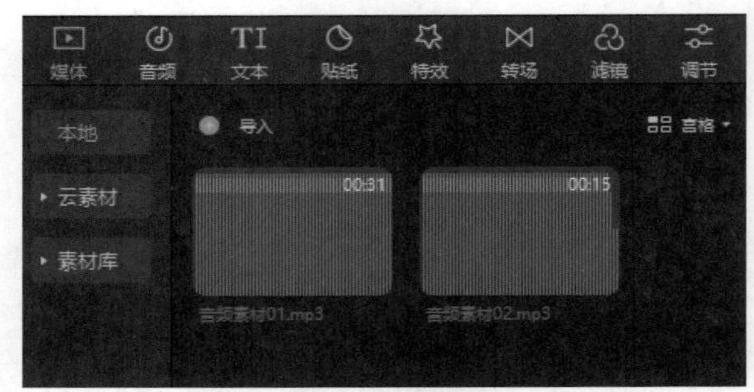

图8-37 导入音频素材

02 在“媒体”面板中选择“音频素材01”并拖曳到时间线面板，如图8-38所示。

图8-38 时间线面板

03 在时间线面板中选中音频素材，在右侧功能区“音频”中单击“基本”按钮，打开“基本”面板，如图8-39所示。

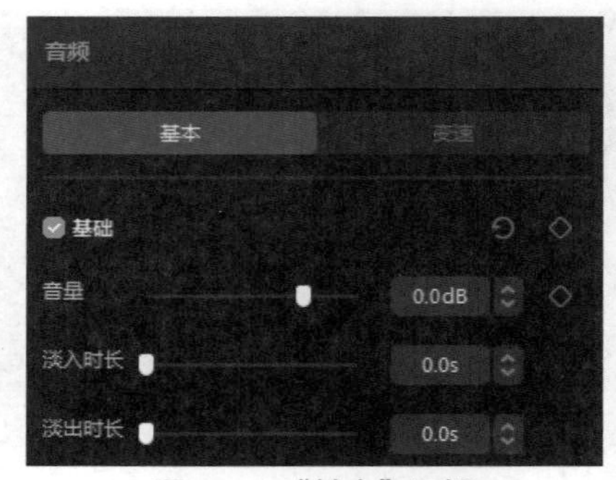

图8-39 “基本”面板

04 在“基本”面板中调整淡入时长和淡出时长，如图8-40所示。

05 调整淡入和淡出属性后，时间线面板上的音频轨道如图8-41所示。

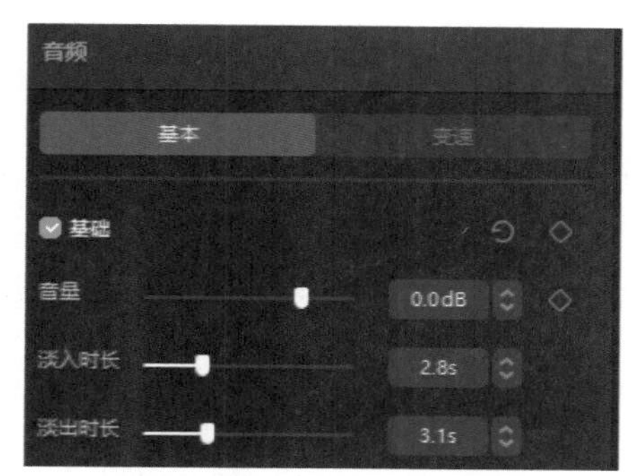

图8-40　调整淡入时长和淡出时长

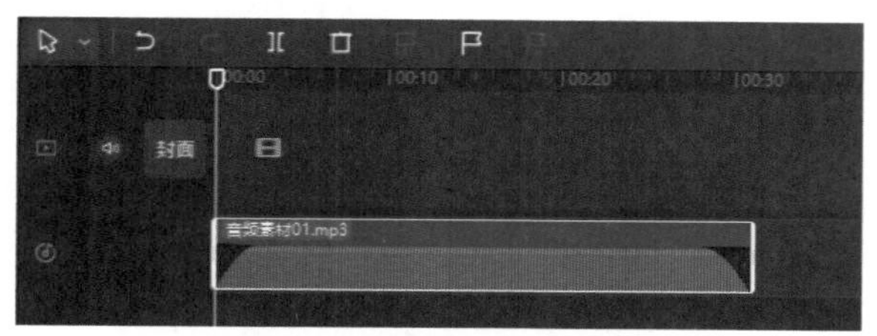

图8-41　调整后的效果

06 在“媒体”面板中选择“音频素材02”并拖曳到时间线面板，放置到新轨道上，如图8-42所示。

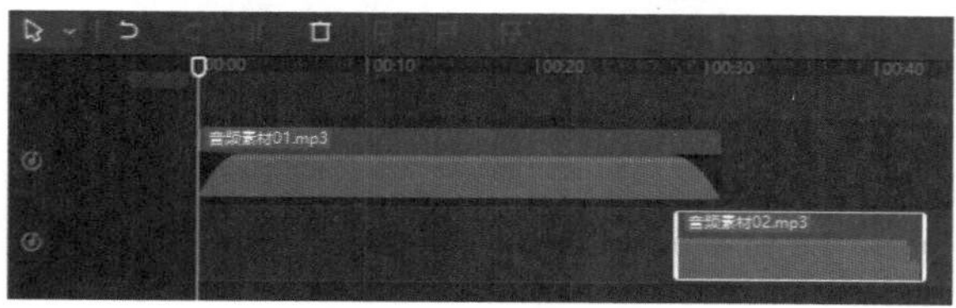

图8-42　时间线面板

07 在时间线面板中选择“音频素材02”，在功能区“音频”面板上调整淡入和淡出属性，如图8-43所示。

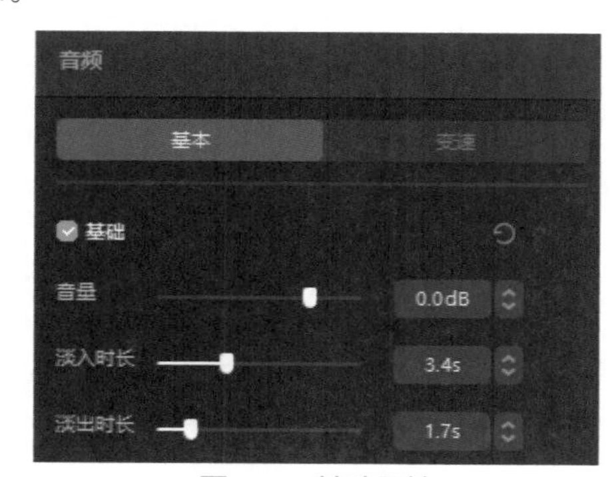

图8-43　基础属性

08 调整后的时间线面板如图8-44所示。

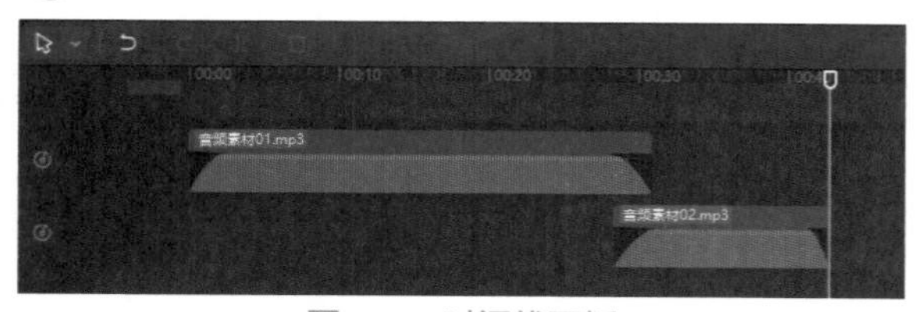

图8-44　时间线面板

09 按空格键播放音频，“音频素材01”在播放结束时声音降低，“音频素材02”在开始时声音由低到高，这样两首音乐将可以无缝对接起来。

8.3.4　变声处理

对音频变声可以通过搞怪的语气，提高视频的人气，剪映专业版软件中提供的变声效果包括萝莉、大叔、女生、男生、麦霸、回音、怪物、没电了、花栗鼠、机器人、合成器、颤音、扩音器、低保真、黑胶等。

01 在时间线面板中录制音频，录制完成后音频显示在时间线轨道上，选择音频素材，如图8-45所示。

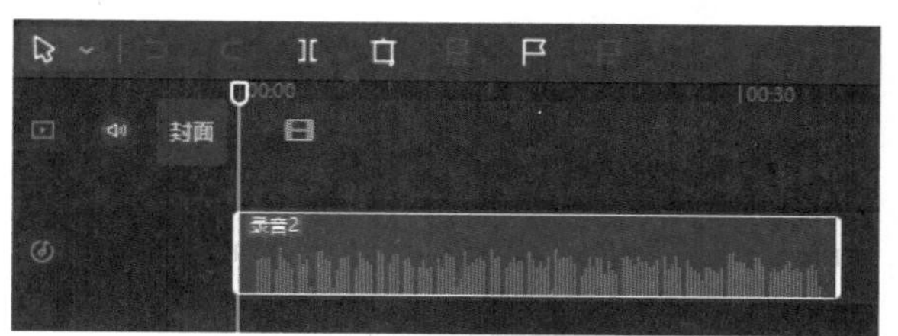

图8-45　时间线面板

02 在右侧功能区“音频”下的“基本”面板中，可以看到变声的效果，如图8-46所示。

图8-46　变声效果

03 在变声选项中选择“花栗鼠”效果，即可将花栗鼠效果应用到音频上，如图8-47所示。

04 按空格键播放音频，即可试听变声后的音频效果。

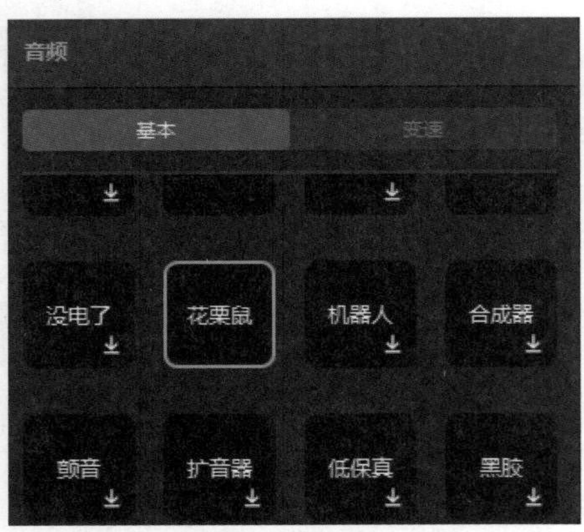

图8-47　应用变声

8.3.5　声音变速

在进行视频剪辑时，使用声音的变速功能可以对声音进行变调处理，变调处理后，人声的音色就会发生改变，通过声音变速可以增加视频的趣味性。

01 在时间线面板中选择音频素材，如图8-48所示。

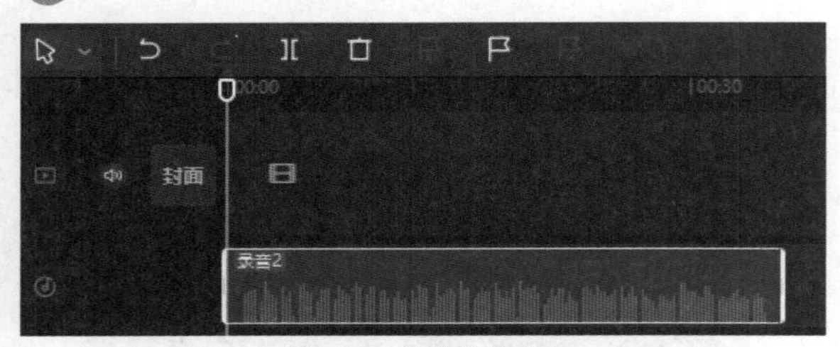

图8-48　时间线面板

02 在功能区面板“音频”下单击“变速”按钮，打开变速面板，如图8-49所示。

03 在变速面板中，调整“倍数”滑块，倍数调整之后对应的时长也会跟着调整，如图8-50所示。

04 按空格键播放音频，可以试听调整后的音频效果。在变速面板中打开“声音变调”选项，如图8-51所示。

05 按空格键播放音频，即可试听变调后的音频效果。

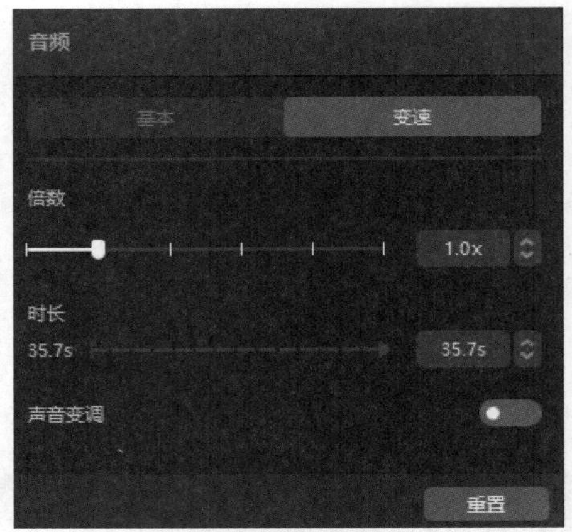

图8-49　变速面板

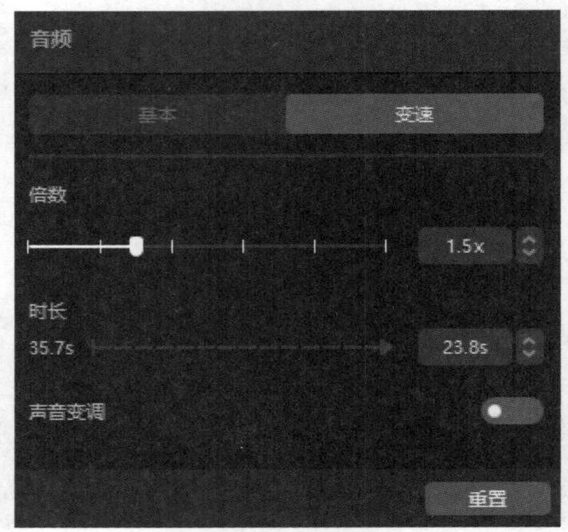

图8-50　调整“倍数”

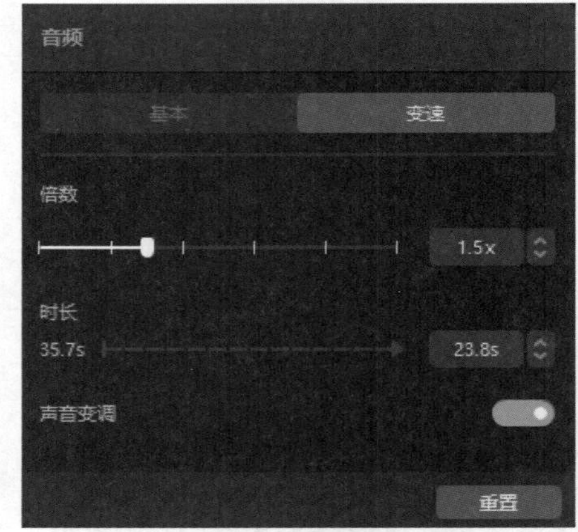

图8-51　声音变调

第 9 章

滤镜调色和调节功能

滤镜是短视频制作必备的一项操作，画面的色彩风格决定作品的质量，不同的画面色调传递出不一样的情感，本章介绍滤镜调色和调节功能的运用。

9.1 滤镜调色

滤镜用来调整画面的色彩，为素材添加滤镜之后，可以对视频素材进行美化，调整为更加绚丽生动的画面，在剪映专业版软件中，滤镜包括人像、影视级、风景、复古胶片、美食、基础、夜景、露营、室内、黑白、风格化等。

9.1.1 人像滤镜

本节介绍剪映专业版软件中的人像滤镜，类别包括亮肤、冷白、粉瓷、奶油、净透、焕肤、裸粉、素肌、酷白、硬朗、盐系、金属、奶绿、气色、冷透、透亮、鲜亮、自然和白皙等调色滤镜。本节介绍剪映专业版软件滤镜中的美食调色，美食调色包括简约、法餐、烘焙、料理、西餐、气泡水、轻食、暖食和赏味等。

01 打开剪映专业版软件，单击“开始创作”按钮，进入剪映软件的工作界面，在“媒体”面板中导入素材，如图9-1所示。

02 在“媒体”面板中选择“素材01”并拖曳到时间线面板，如图9-2所示。

03 在素材面板中单击“滤镜”按钮，打开滤镜面板，在左侧的滤镜库中选择“人像”类别，如图9-3所示。

04 在“人像”级类别中选择“亮肤”滤镜，添加到时间线轨道，时间线多了一个滤镜轨道，如图9-4所示。

05 在时间线面板中拖曳“亮肤”轨道的时间和视频素材时间一致，如图9-5所示。

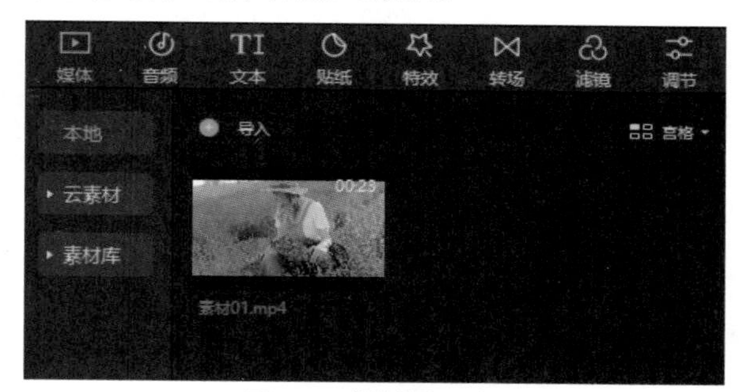

图9-1 “媒体”面板

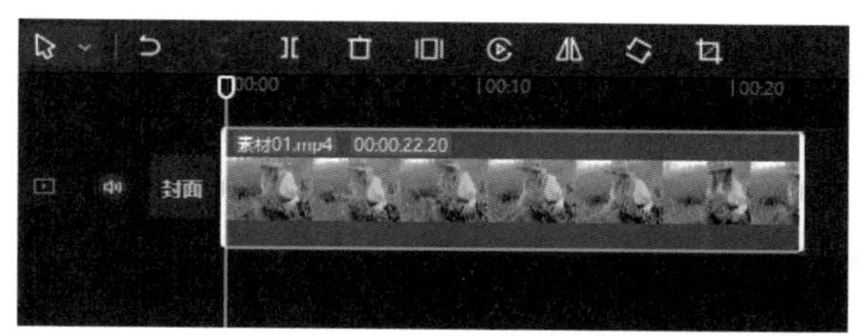

图9-2 时间线面板

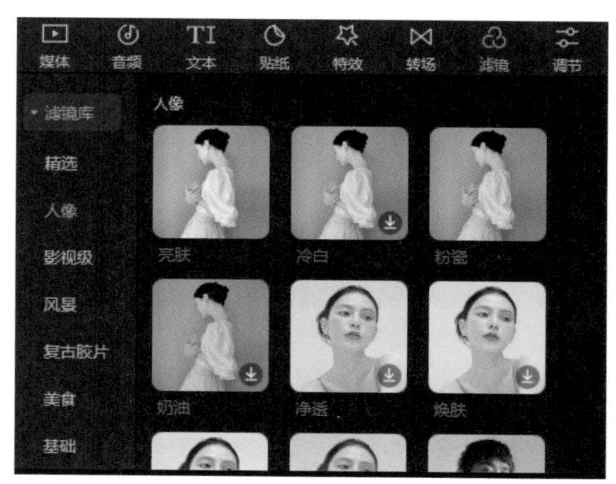

图9-3 人像滤镜

图9-4　亮肤轨道

图9-5　调整时间

06 在时间线面板中选择“亮肤”轨道，在右侧功能区滤镜面板下调整强度参数，可以控制“亮肤”显示强度，如图9-6所示。

图9-6　调整强度

07 按空格键播放视频，即可查看调色后的视频效果。

9.1.2　影视级滤镜

本节介绍剪映专业版软件中的影视级滤镜，包括青橙、深褐、青黄、高饱和、琥珀、蓝灰敦刻尔克、闻香识人、月升之国、即可春光等。

01 打开剪映专业版软件，单击“开始创作”按钮，进入剪映软件的工作界面，在“媒体”面板中导入素材，如图9-7所示。

图9-7　“媒体”面板

02 在“媒体”面板中选择“素材01”并拖曳到时间线面板，如图9-8所示。

03 在素材面板中单击“滤镜”按钮，打开滤镜面板，在左侧的滤镜库中选择“影视级”类别，如图9-9所示。

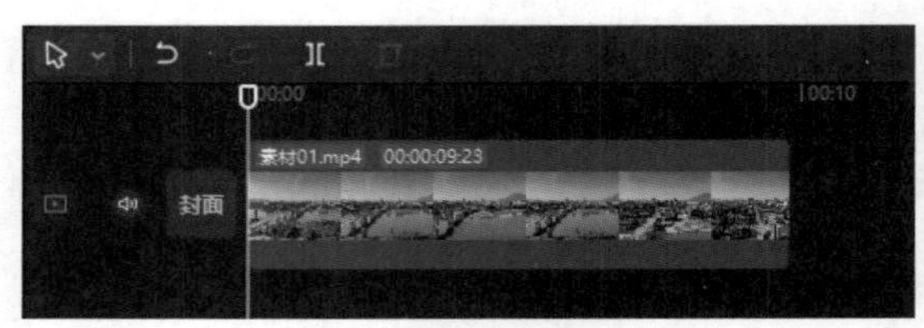

图9-8　时间线面板

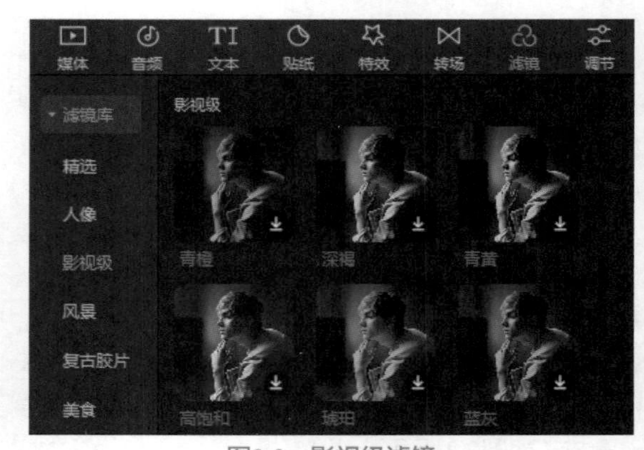

图9-9　影视级滤镜

04 在“影视级”类别中选择“青橙”滤镜，添加到时间线轨道，时间线多了一个滤镜轨道，如图9-10所示。

05 在时间线面板中拖曳“青橙”轨道的时间和视频素材时间一致，如图9-11所示。

06 在时间线面板中选择“青橙”轨道，在右侧功能区滤镜面板下调整强度参数，可以控制青橙色显示强度，如图9-12所示。

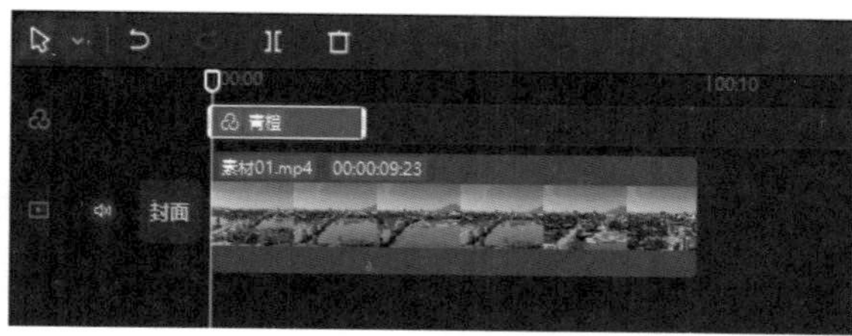

图9-10　滤镜轨道

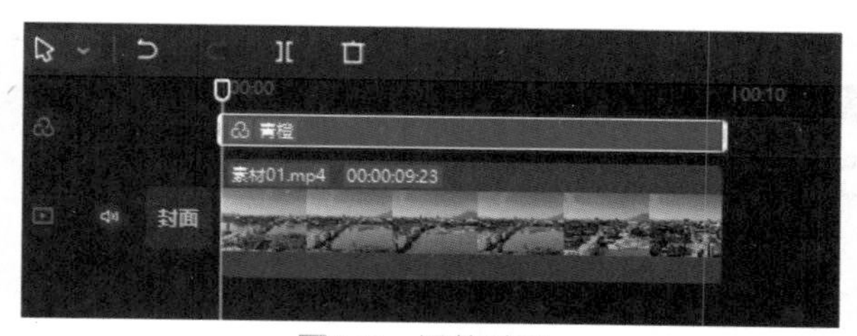

图9-11　调整时间

图9-12　调整参数

07 按空格键播放视频，即可查看调色后的视频效果。

9.1.3　风景滤镜

本节介绍剪映专业版软件中的风景滤镜，包括樱粉、绿妍、暮色、晴空、橘光、仲夏、晚樱、京都、古都、春日序、柠青、小镇等。

01 打开剪映专业版软件，单击“开始创作”按钮，进入剪映软件的工作界面，在“媒体”面板中导入素材，如图9-13所示。

图9-13　“媒体”面板

02 在“媒体”面板中选择“素材01”并拖曳到时间线面板，如图9-14所示。

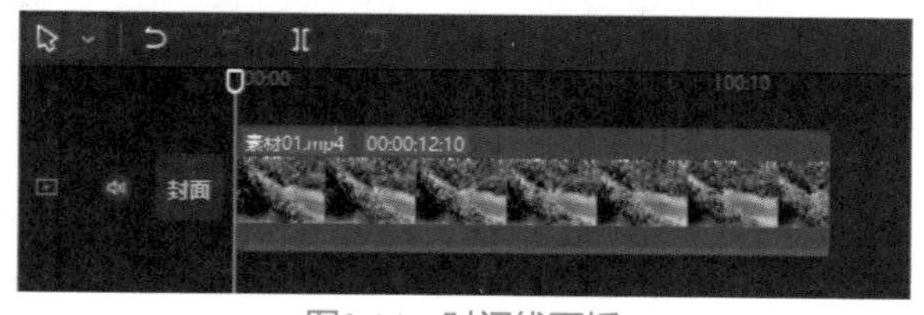

图9-14　时间线面板

03 在素材面板中单击“滤镜”按钮，打开滤镜面板，在左侧的滤镜库中选择“风景”类别，如图9-15所示。

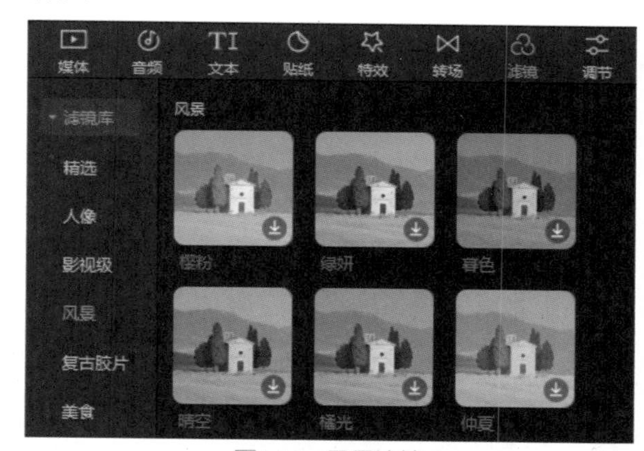

图9-15　风景滤镜

04 在“风景”类别中选择“橘光”滤镜，添加到时间线轨道，时间线多了一个滤镜轨道，如图9-16所示。

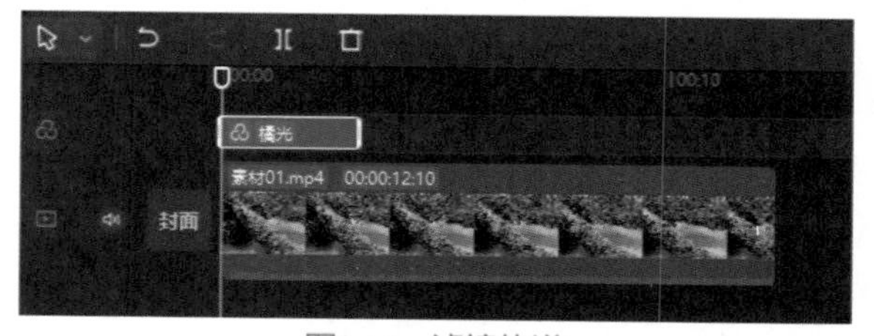

图9-16　滤镜轨道

05 在时间线面板中拖曳“橘光”轨道的时间和视频素材时间一致，如图9-17所示。

图9-17 调整时间

06 在时间线面板中选择“橘光”轨道，在右侧功能区滤镜面板下调整强度参数，可以控制橘光滤镜显示的强度，如图9-18所示。

07 按空格键播放视频，即可查看调色后的视频效果。

图9-18 调整参数

9.1.4 美食滤镜

本节介绍剪映专业版软件中的美食滤镜，包括简约、法餐、烘焙、料理、西餐、气泡水、轻食、暖食和赏味等。

01 打开剪映专业版软件，单击“开始创作”按钮，进入剪映软件的工作界面，在“媒体”面板中导入素材，如图9-19所示。

图9-19 “媒体”面板

02 在“媒体”面板中选择“素材01”并拖曳到时间线面板，如图9-20所示。

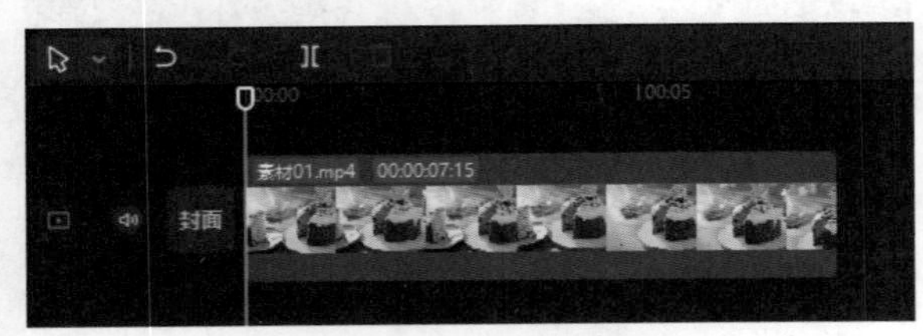

图9-20 时间线面板

03 在素材面板中单击“滤镜”按钮，打开滤镜面板，在左侧的滤镜库中选择“美食”类别，如图9-21所示。

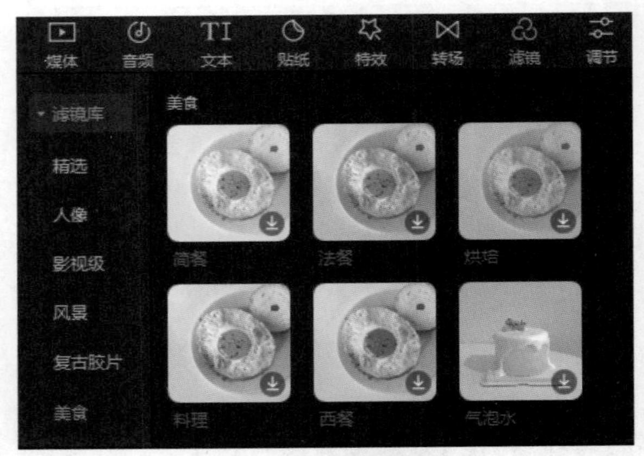

图9-21 美食滤镜

04 在“美食”类别中选择“烘焙”滤镜，添加到时间线轨道，时间线多了一个滤镜轨道，如图9-22所示。

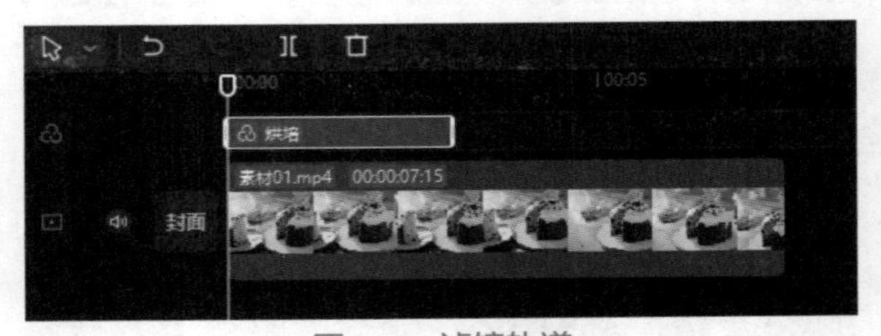

图9-22 滤镜轨道

05 在时间线面板中拖曳“烘焙”轨道的时间和视频素材时间一致，如图9-23所示。

图9-23　调整时间

06 在时间线面板中选择“烘焙”轨道，在右侧功能区滤镜面板下调整强度参数，可以控制烘焙滤镜显示的强度，如图9-24所示。

图9-24　调整强度

07 按空格键播放视频，即可查看调色后的视频效果。

9.1.5　复古胶片滤镜

本节介绍剪映专业版软件中的复古滤镜，包括松果棕、贝松绿、姜饼红、花椿、德古拉、普林斯顿、比佛利、迈阿密、老友记、港风等。

01 打开剪映专业版软件，单击“开始创作”按钮，进入剪映软件的工作界面，在“媒体”面板中导入素材，如图9-25所示。

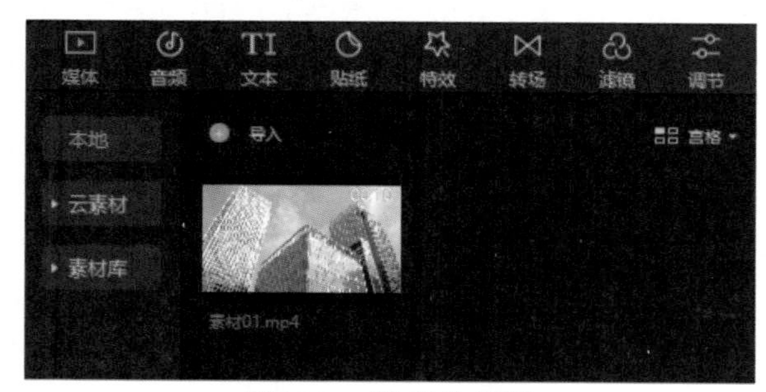

图9-25　“媒体”面板

02 在“媒体”面板中选择“素材01”并拖曳到时间线面板，如图9-26所示。

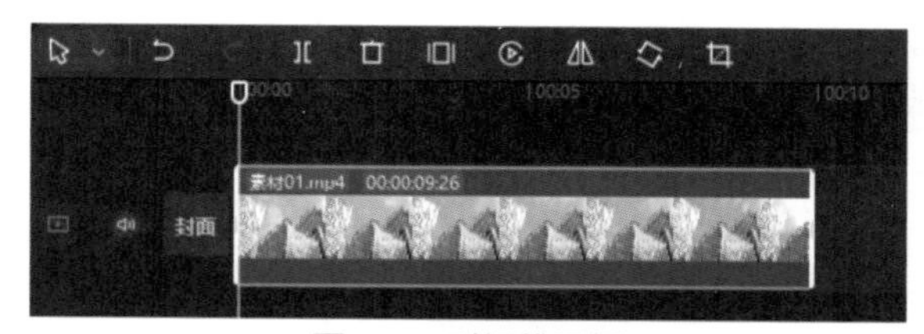

图9-26　时间线面板

03 在素材面板中单击“滤镜”按钮，打开滤镜面板，在左侧的滤镜库中选择“复古胶片”类别，如图9-27所示。

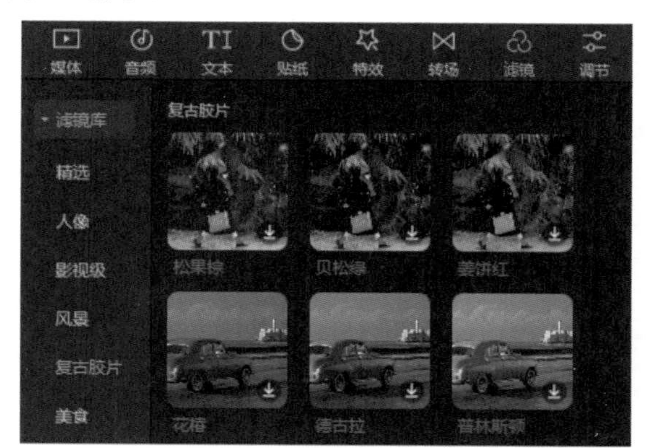

图9-27　复古胶片滤镜

04 在“复古胶片”类别中选择“普林斯顿”滤镜，添加到时间线轨道，时间线多了一个滤镜轨道，如图9-28所示。

05 在时间线面板中拖曳“普林斯顿”轨道的时间和视频素材时间一致，如图9-29所示。

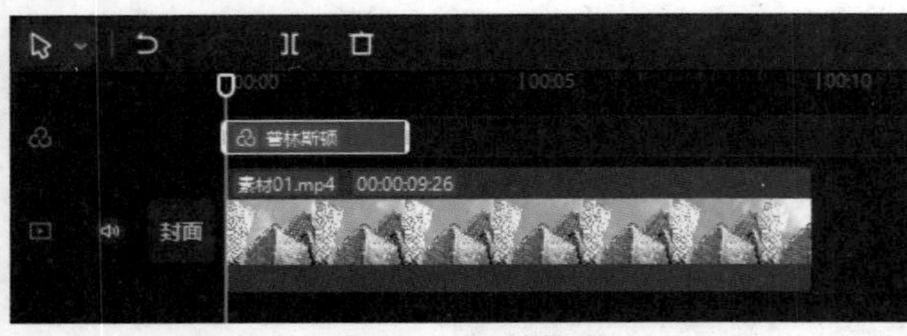

图9-28 滤镜轨道

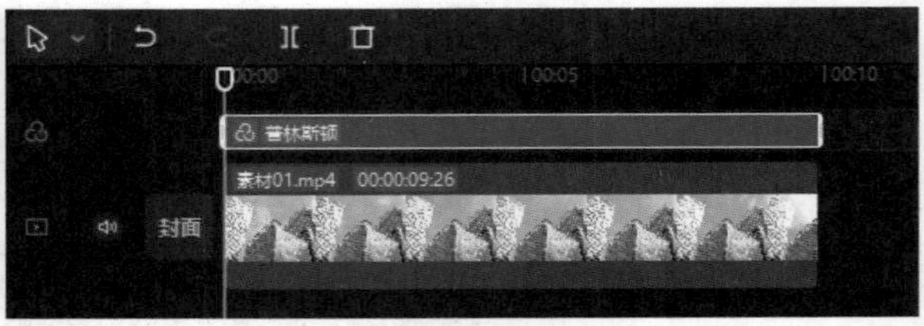

图9-29 调整时间

06 在时间线面板中选择“普林斯顿”轨道，在右侧功能区滤镜面板下调整强度参数，可以控制普林斯顿滤镜显示的强度，如图9-30所示。

图9-30 调整强度

07 按空格键播放视频，即可查看调色后的视频效果。

9.2 调节运用

剪映专业版软件带有调节功能，调节面板包括调节和LUT两个类别，调节类别中包括了自定义调节和我的预设，使用自定义调节功能可以对画面进行调色，还可以使用LUT预设进行调色。

9.2.1 自定义调节

调节类别中提供了自定义调节功能，自定义调节功能包括基础调色、HSL调色、曲线调色和色轮调色，自定义调节功能还可以调整色彩、亮度和效果三个方面的参数，色彩包括色温、色调和饱和度，明度包括亮度、对比度、高光、阴影和光感，效果包括锐化、颗粒、褪色和暗角，用户可以调整这些参数来自定义画面的色彩效果。

01 打开剪映专业版软件，单击“开始创作”按钮，进入剪映软件的工作界面，在“媒体”面板中导入素材，如图9-31所示。

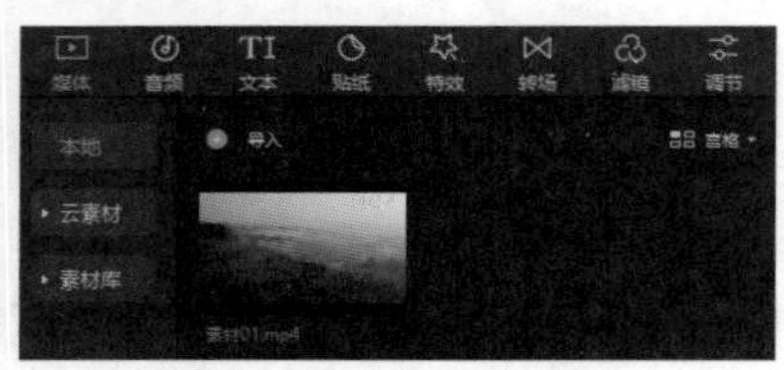

图9-31 “媒体”面板

02 在“媒体”面板中选择“素材01”并拖曳到时间线面板，如图9-32所示。

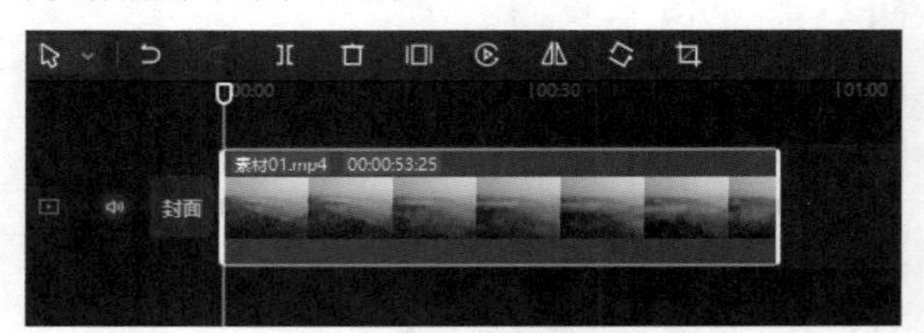

图9-32 时间线面板

03 在素材面板中单击“调节”按钮，打开调节面板，在左侧展开“调节”类别，如图9-33所示。

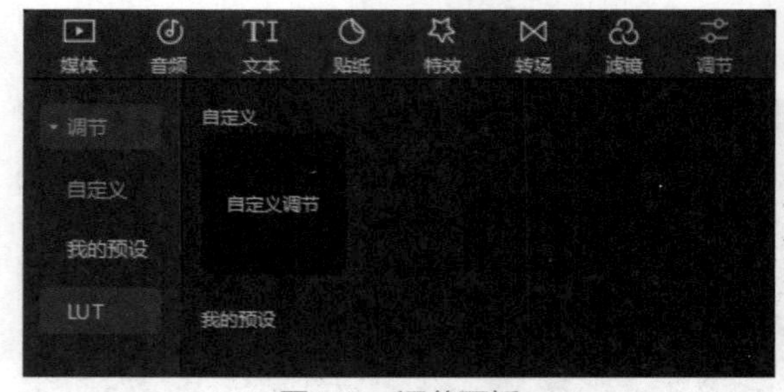

图9-33 调节面板

04 在“调节”类别中单击“自定义调节”，自定义调节将添加到时间线轨道，时间线多了一个调节轨道，如图9-34所示。

05 在时间线面板中拖曳“自定义调节”轨道的时间和视频素材时间一致，如图9-35所示。

图9-34　调节轨道

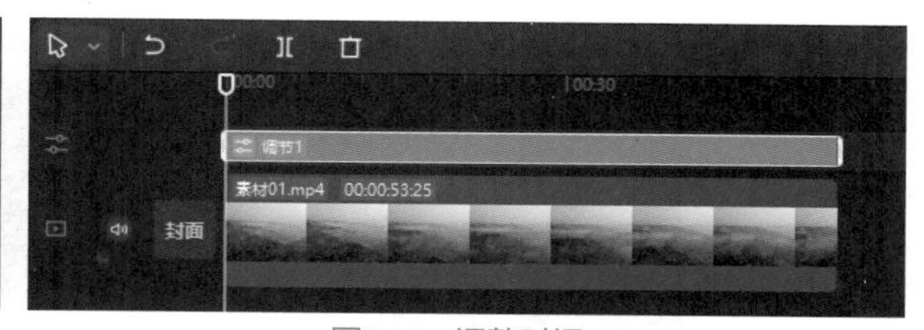

图9-35　调整时间

06 在时间线面板中选择“调节1”轨道，在右侧功能区显示“调节”面板，调节面板包括基础、HSL、曲线和色轮，如图9-36所示。

图9-36　调节面板

07 选择“基础”面板，基础面板包括LUT和调节两个部分，“调节”选项包括色彩、明度和效果3个部分，向下滑动到位置，如图9-37所示。

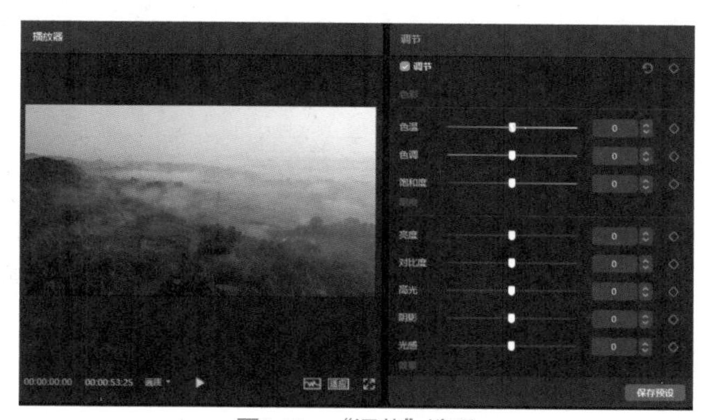

图9-37　“调节”选项

08 调整“色彩”选项的色温、色调和饱和度，具体参数如图9-38所示。

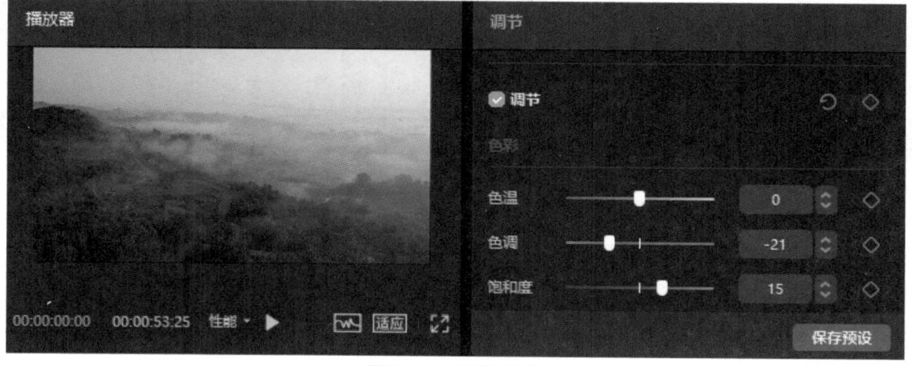

图9-38　调整参数

09 明度下包括亮度、对比度、高光、阴影和光感，再调整明度下的参数，如图9-39所示。

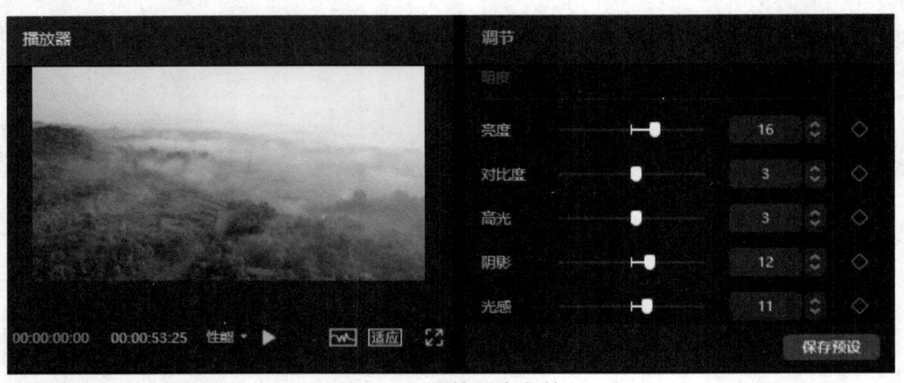

图9-39　调整明度参数

10 再调整效果下的锐化、颗粒、褪色和暗角，调整参数后如图9-40所示。

图9-40　调整效果参数

11 按空格键播放视频，即可查看调色后的视频效果。

9.2.2　HSL、曲线和色轮调色

在使用调节功能调色时，可以使用基础功能进行调色，也可以使用HSL、曲线或者色轮进行调色。

01 打开剪映专业版软件，单击“开始创作”按钮，进入剪映软件的工作界面，在“媒体”面板中导入素材，如图9-41所示。

02 在“媒体”面板中选择“素材01”并拖曳到时间线面板，如图9-42所示。

图9-41　“媒体”面板

图9-42　时间线面板

03 在素材面板中单击“调节”按钮，打开调节面板，在左侧展开“调节”类别，如图9-43所示。

04 在“调节”类别中单击“自定义调节”，“自定义调节”将添加到时间线轨道，时间线多了一个调节轨道，在时间线面板中拖曳“自定义调节”并让轨道的时间和视频素材时间一致，如图9-44所示。

05 在时间线面板中选择“调节1”轨道，在右侧功能区显示“调节”面板，调节面板包括基础、HSL、曲线和色轮，如图9-45所示。

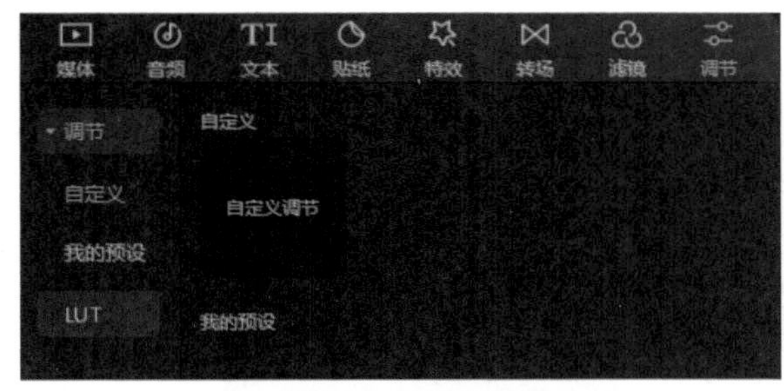

图9-43　调节面板

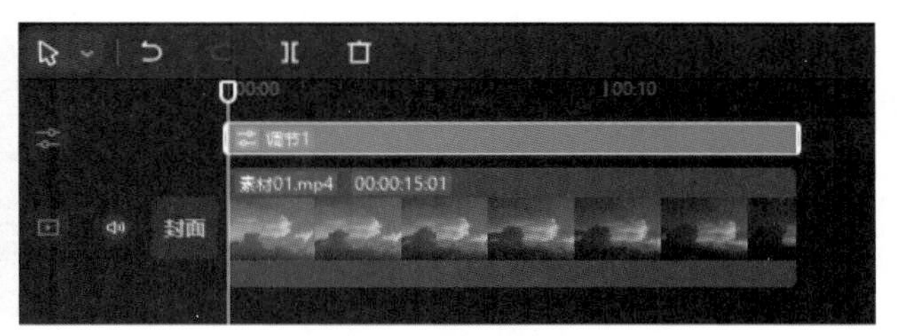

图9-44　调整时间

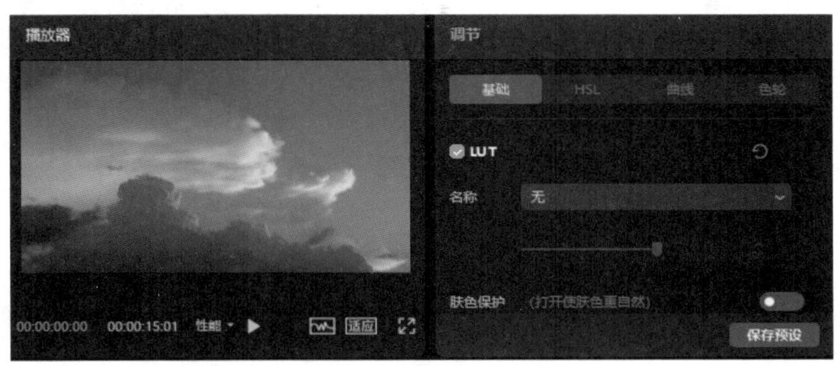

图9-45　调节面板

06 选择HSL面板，HSL面板包括HSL基础、色相、饱和度和亮度4个部分，如图9-46所示。

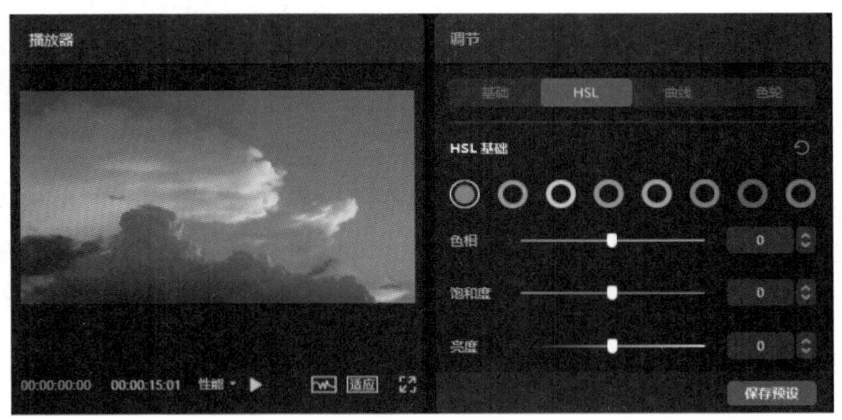

图9-46　HSL面板

07 选择“黄色”，调整色相、饱和度和亮度参数，可以将黄色调整为偏红，如图9-47所示。

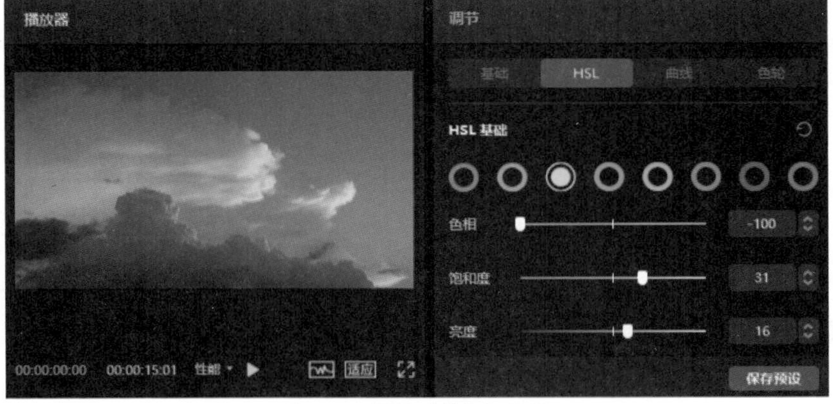

图9-47　调整“黄色”参数

08 选择“蓝色”，调整色相、饱和度和亮度参数，可以将蓝色提高饱和度和亮度，如图9-48所示。

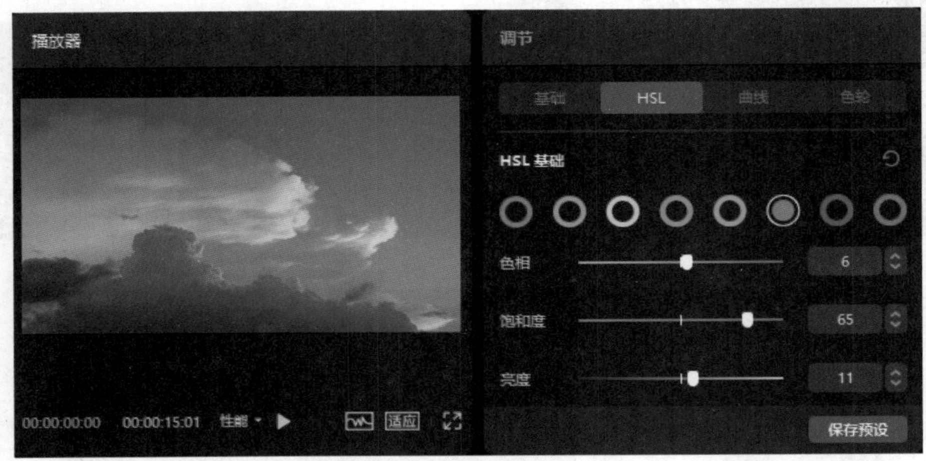

图9-48 调整“蓝色”参数

09 单击“曲线”按钮，打开曲线面板，如图9-49所示。

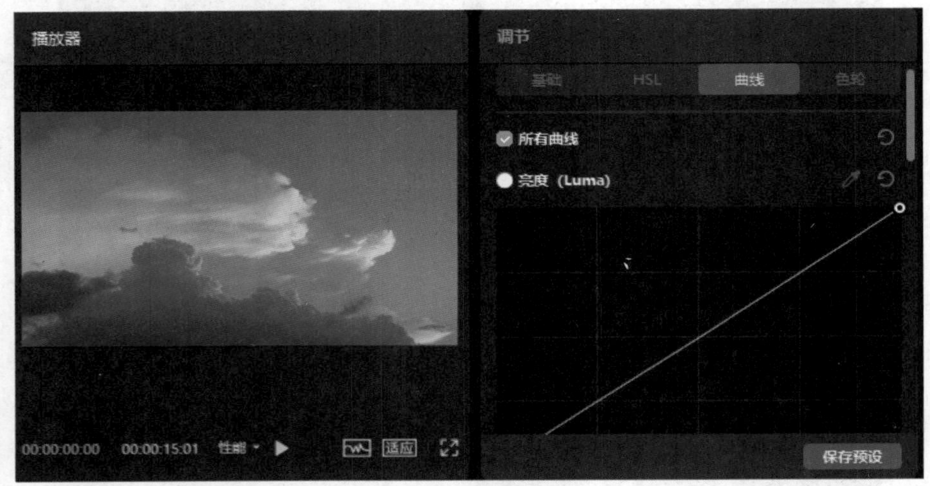

图9-49 曲线面板

10 曲线面板包括亮度、红色通道、绿色通道和蓝色通道曲线，调整亮度曲线，在亮度曲线上单击编辑点并拖曳可以调整画面亮度，如图9-50所示。

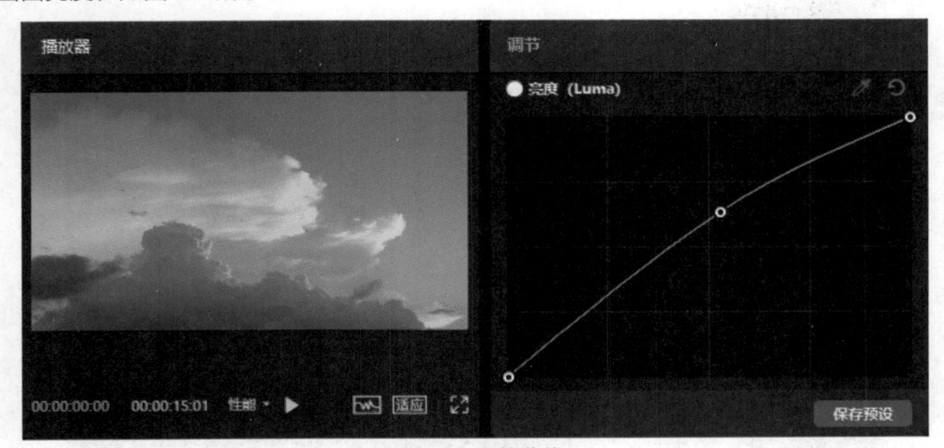

图9-50 调整曲线

11 单击“色轮”按钮，打开色轮面板，如图9-51所示。

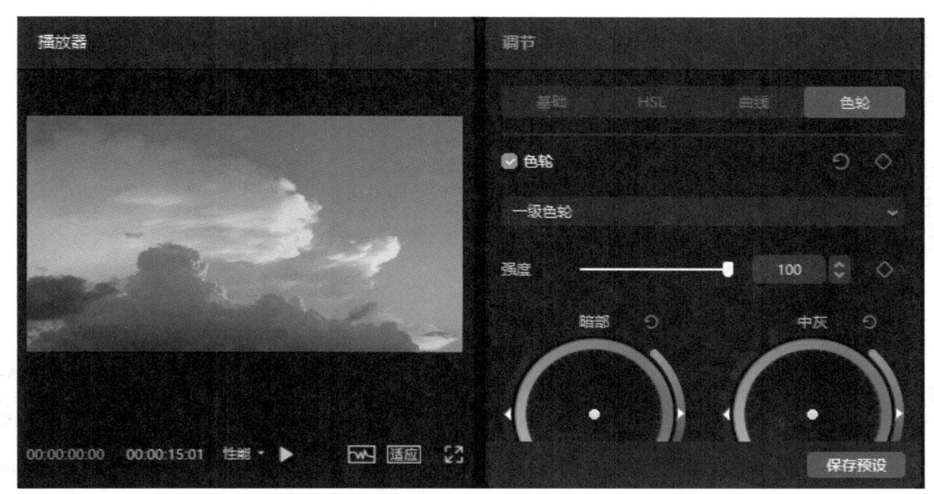

图9-51　色轮面板

12 色轮分为一级色轮、Log色轮、暗部色轮、中灰色轮、亮部色轮和偏移色轮，在色轮面板调整色轮，如图9-52所示。

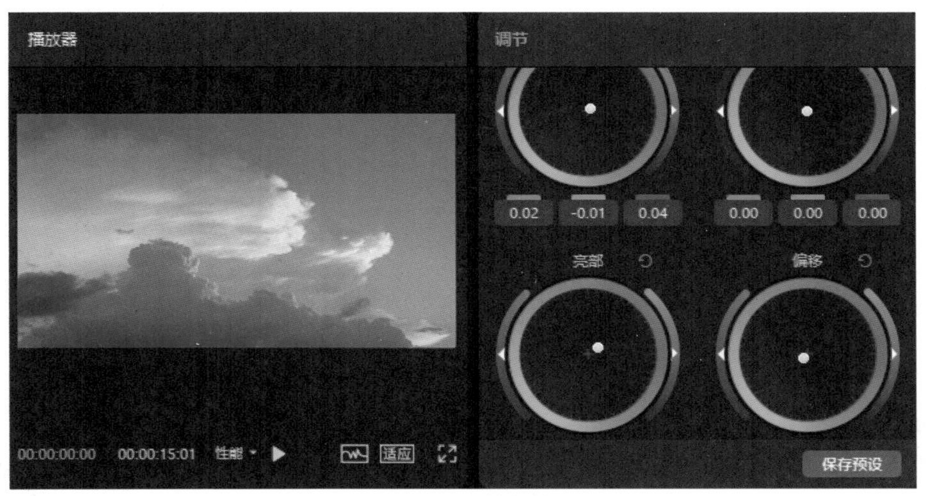

图9-52　调整色轮

通常视频画面调色，使用基础、曲线、HSL和色轮中的任意一个调色面板进行调色即可。

9.2.3　LUT 调色

LUT是Look Up Table（颜色查找表）的缩写，LUT是指将一组RGB值输出为另一组RGB值，从而改变画面的曝光与色彩，本节介绍LUT调色。

01 打开剪映专业版软件，单击“开始创作”按钮，进入剪映软件的工作界面，在“媒体”面板中导入素材，如图9-53所示。

02 在“媒体”面板中选择“素材01”并拖曳到时间线面板，如图9-54所示。

03 在素材面板中单击“调节”按钮，打开调节面板，在左侧单击“LUT”按钮，如图9-55所示。

图9-53　媒体面板

图9-54　时间线面板

图9-55 调节面板

04 在LUT类别中单击"导入LUT"按钮，打开文件夹，选择一个LUT文件，如图9-56所示。

05 单击"打开"按钮，将导入LUT文件，将文件拖曳到时间线面板，如图9-57所示。

06 在时间线面板中选择调节轨道，在调节面板上调整LUT强度，如图9-58所示。

通过LUT预设可以给视频画面快速调色。

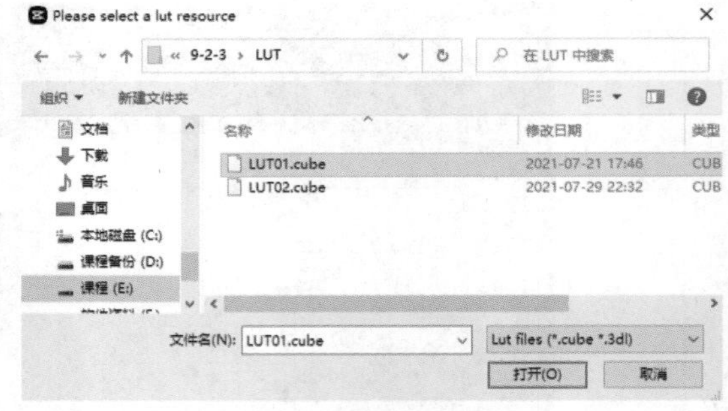

图9-56 导入LUT

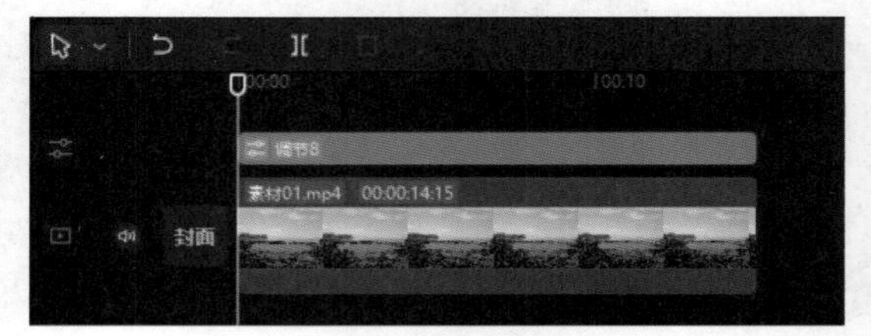

图9-57 时间线面板

图9-58 调整强度

第 10 章

短视频制作流程

短视频的制作从前期策划准备、中期拍摄和后期剪辑三个方面着手。本章学习短视频的制作流程，从导入素材、配音、视频剪辑、视频转场、视频效果、添加字幕、添加背景音乐和导出视频等步骤制作完整的短视频。

10.1 美食类 Vlog 拍摄准备

在拍摄美食Vlog时，拍摄之前先思考如何拍摄，从哪方面入手。如果是拍摄教别人如何制作美食，用视频记录美食的制作过程，这样最好把美食的制作过程全部步骤拍摄下来，例如先放什么配料，再放什么配菜等。在拍摄Vlog之前，可以先设计脚本思路。下面介绍Vlog短视频制作的具体流程和方法。

10.1.1 食材准备拍摄

食材准备的拍摄可以从几个方面着手，如菜场选购食材，或者家里冰箱存储的食材，可以介绍食材的新鲜程度，如图10-1所示。

图10-1 食材准备

10.1.2 制作过程拍摄

准备制作美食时使用哪些道具，例如盛菜的盆、碗等。食材准备好之后，就开始制作美食，可以先拍摄洗菜、切菜的过程，可以通过不同的镜头来展示洗菜、切菜的过程，使视频画面更加有吸引力，在拍摄制作美食的镜头锅里放油、放菜、放调料、炒菜等过程，如图10-2所示。

图10-2 制作过程

10.1.3 享用美食拍摄

享用美食拍摄镜头可以将制作完成的菜端上桌，可以拍摄自己品尝美食，或者家人一起吃饭的镜头，从不同角度拍摄夹菜和吃饭的画面，如图10-3所示。

图10-3 美食

10.2 短视频制作

本节通过美食类Vlog短视频的制作，掌握短视频的制作流程，从导入素材、视频配音、视频素材剪辑、视频转场、视频调色、添加背景音乐和导出视频等步骤，掌握短视频的制作方法和技巧。

10.2.1 导入素材

本节介绍在剪映专业版软件中导入素材。

01 先在计算机上对拍摄好的素材进行筛选，将拍摄不好的素材片段删除，保留有用的素材，可以对素材进行命名，方便管理，如图10-4所示。

图10-4 拍摄的素材

02 打开剪映专业版软件，单击“开始创作”按钮，进入剪映软件的工作界面，在“媒体”面板导入素材，如图10-5所示。

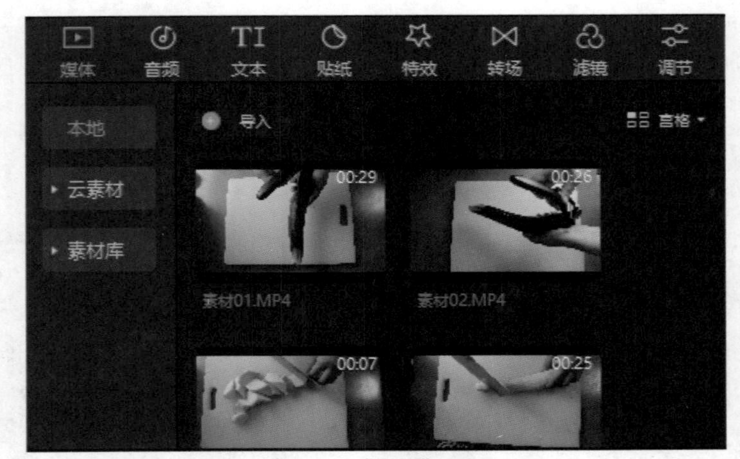

图10-5 “媒体”面板

03 在“媒体”面板选中“素材01”，按Shift键选中“素材22”，这样可以将素材全部选中，将素材拖曳到时间线面板，如图10-6所示。

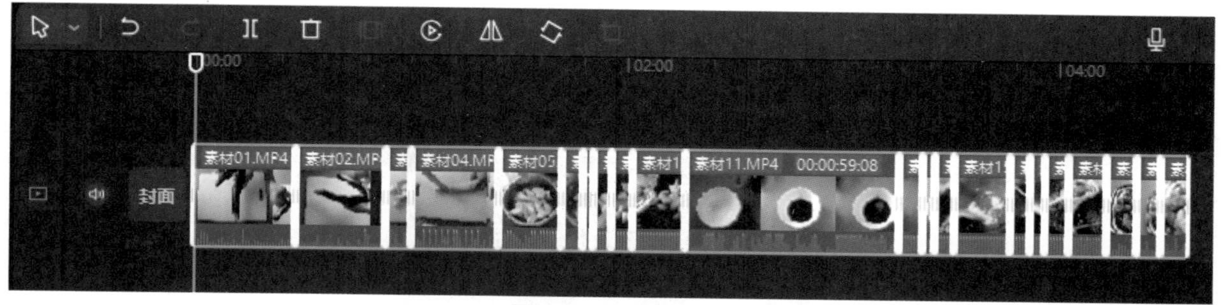

图10-6　时间线面板

04 在时间线面板中选中素材，在功能区“画面”面板上勾选“视频防抖”复选框，如图10-7所示。

图10-7　视频防抖

05 在时间线面板中选择全部视频片段，右击，在弹出的快捷菜单中选择“分离音频”选项，即可将视频和音频分开，如图10-8所示。

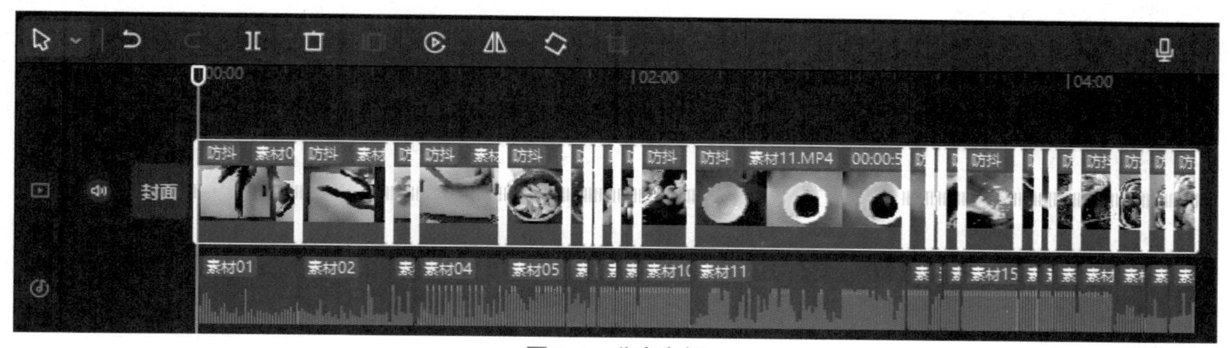

图10-8　分离音频

06 在时间线面板中选择“音频片段”选项，按Delete键删除音频，如图10-9所示。

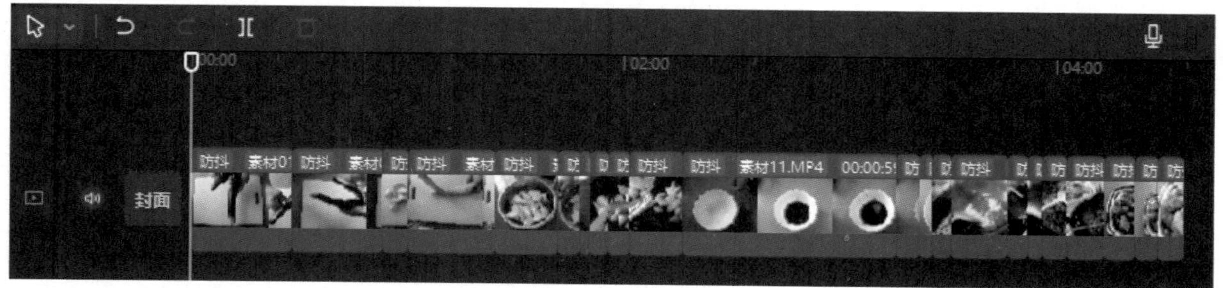

图10-9　删除音频

07 时间线面板中的视频总时长为00:04:35:10，最终通过剪辑将视频总时长控制在1分钟以内。

10.2.2 配音

本节介绍剪映专业版的视频配音的方法，将录制完成的音频进行分割，调整音频在时间线面板的位置。

01 在时间线面板中单击“录音”按钮，打开“录音”面板，如图10-10所示。

图10-10 **“录音”面板**

02 单击“开始录制”按钮，开始录制声音，录制完成后单击“停止录制”按钮，关闭录音对话框面板，时间线面板中显示录制的音频，如图10-11所示。

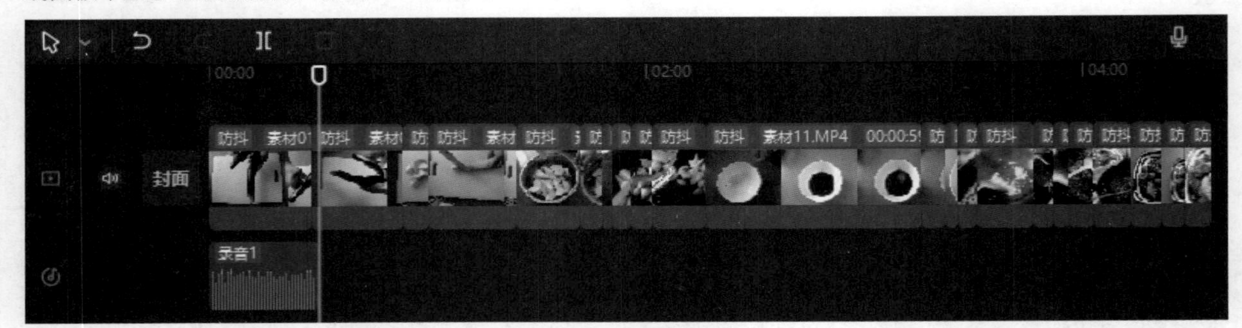

图10-11 **停止录音**

03 在录制过程中如果某一句话录制得不好，可以进行补录，再次单击“录音”按钮，打开录音面板，进行录制，录制完成后时间线面板中多了一个音频轨道，如图10-12所示。

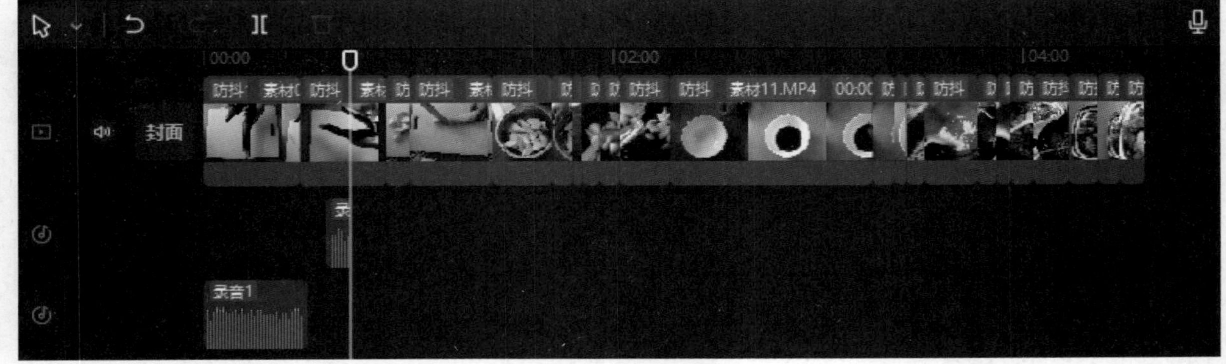

图10-12 **音频轨道**

04 在时间线面板中使用“分割”工具将音频的每一句都分割开，在时间线面板调整音频的位置，控制好每一句话的节奏，如图10-13所示。

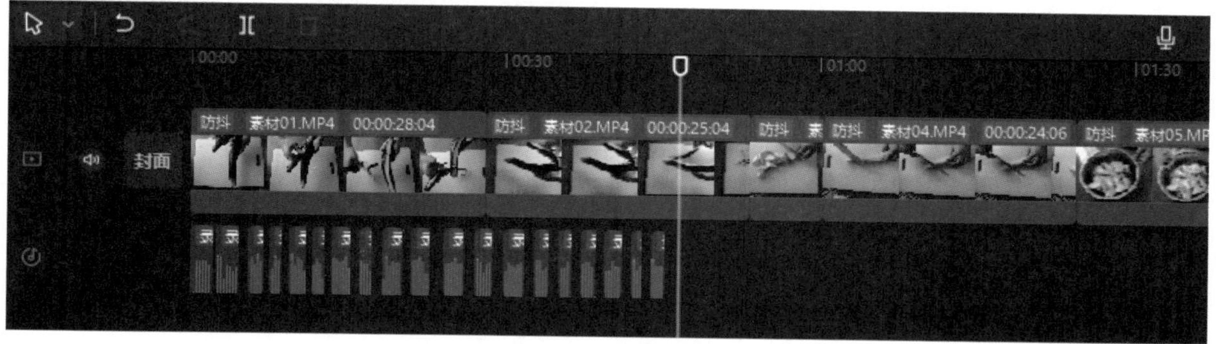

图10-13　音频调整

10.2.3　视频素材剪辑

本节介绍视频剪辑的方法，可以根据配音进行视频剪辑，为配音的时间段调整合适的素材，可以将素材片段进行变速。

01 在时间线面板中将时间指针移动到“素材22”片段的位置前，单击“定格”按钮，生成定格片段，如图10-14所示。

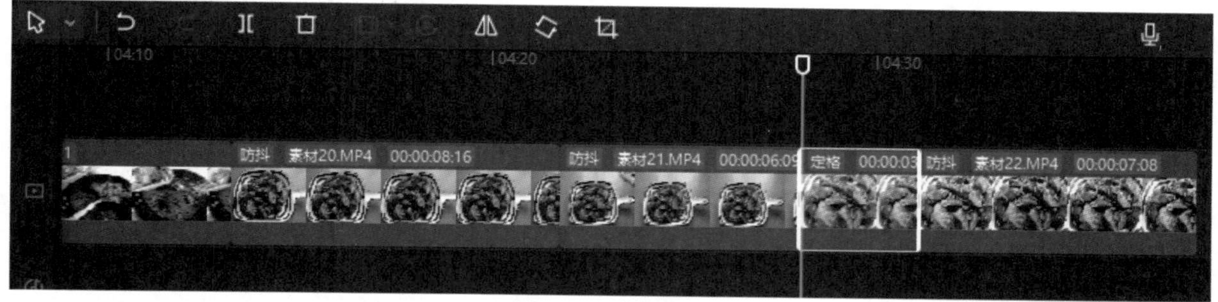

图10-14　定格片段

02 将定格片段移动到时间线开始的位置，调整定格片段的时间长度到第2句话结束的位置，如图10-15所示。

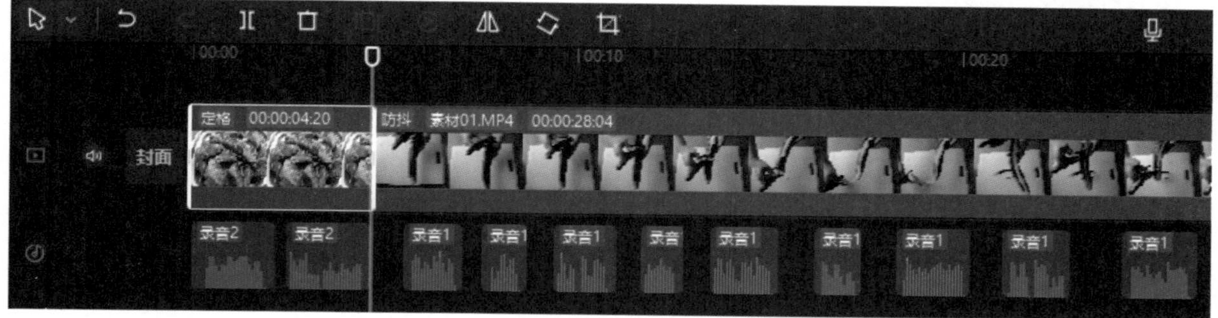

图10-15　移动位置

03 第3句话介绍茄子去皮，“素材01”和“素材02”片段拍摄的是茄子去皮，由于拍摄镜头的时间较长，可以删除“素材02”片段，选中“素材02”片段，右击，在弹出的快捷菜单中选择“删除”选项，对“素材01”片段进行剪辑，如图10-16所示。

04 “素材01”片段剪辑后时间还是偏长，选中“素材01”片段，在功能区“变速”面板下调整倍数，如图10-17所示。

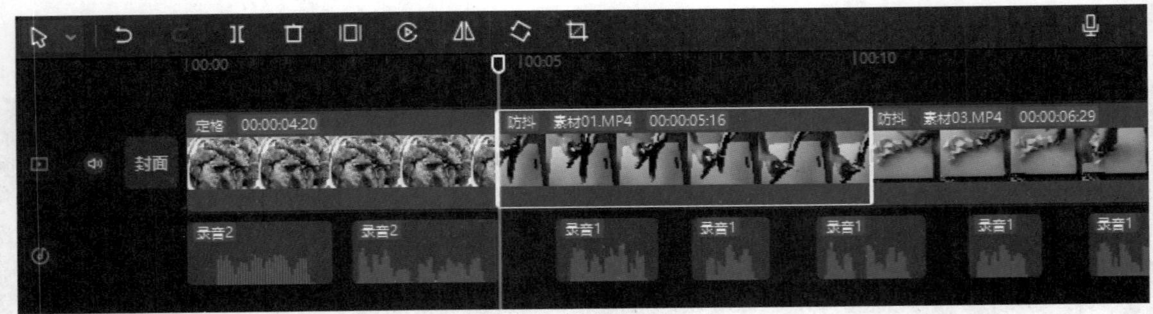

图10-16　**视频剪辑**

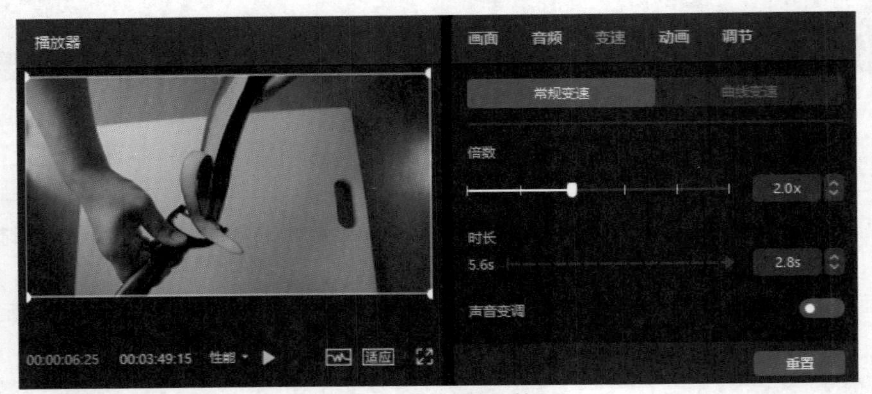

图10-17　**调整倍数**

05 调整倍数之后，时间线“素材01”片段的时间长度将被调整，如图10-18所示。

图10-18　**调整倍数**

06 第4句话介绍的是切茄子，同样的视频素材需要对应切茄子，“素材03”和“素材04”片段表现的都是切茄子的视频，素材04的拍摄效果比较好，这里保留，删除“素材03”片段，如图10-19所示。

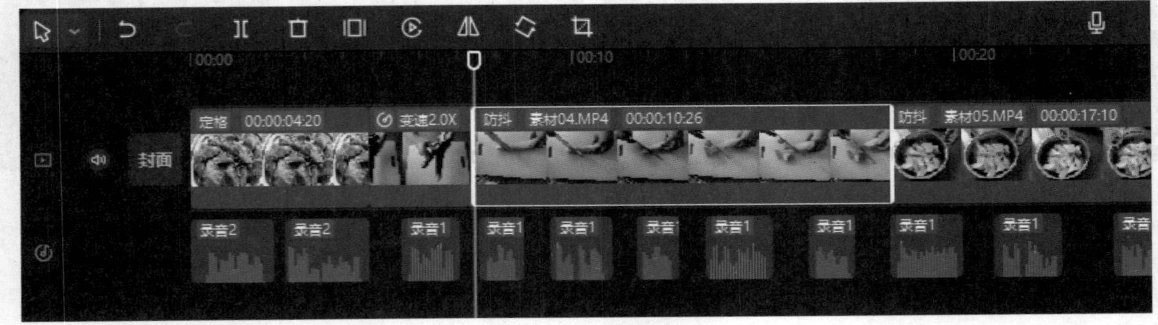

图10-19　**删除片段**

07 使用“选择”工具对“素材04”片段两端进行剪辑，选择“素材04”片段，在功能区调整变速，如图10-20所示。

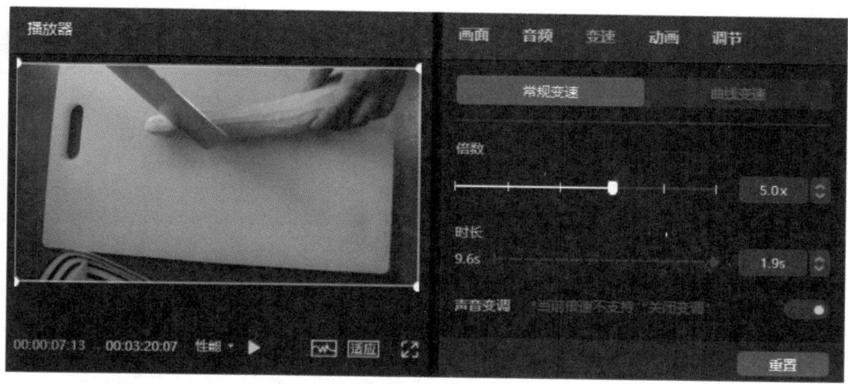

图10-20　**调整变速**

08 调整变速之后，时间线面板如图10-21所示。

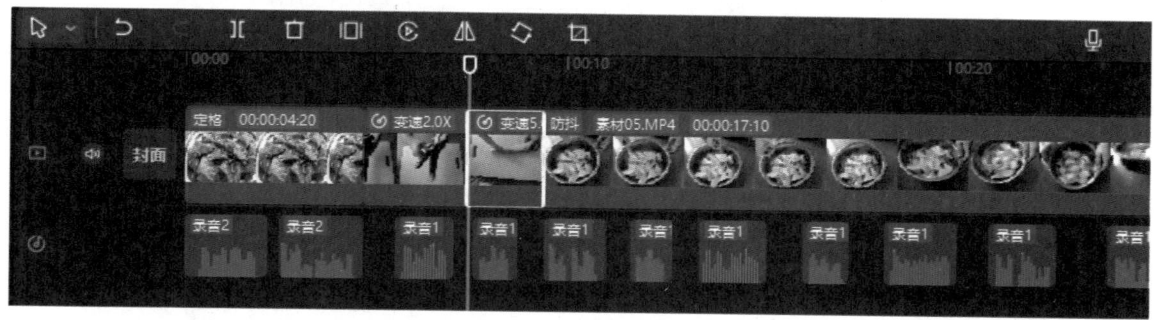

图10-21　**调整变速**

09 用同样的方法，再对后面的音频片段，调整对应的素材，使视频和音频画面统一，调整后视频为50秒左右，如图10-22所示。

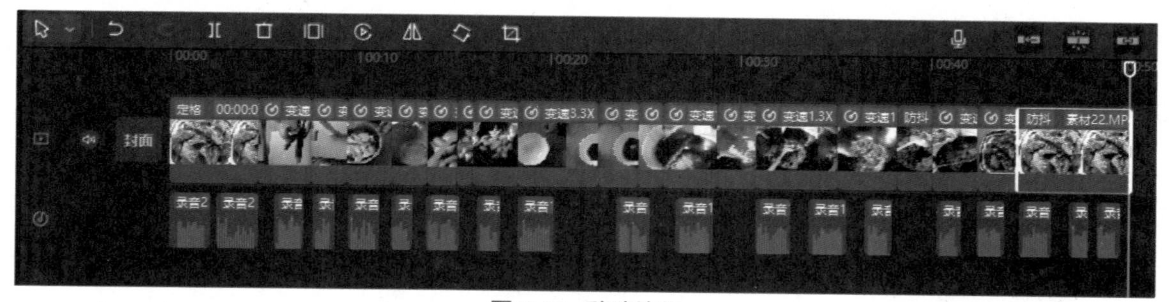

图10-22　**移动片段**

10.2.4　视频转场

本节介绍视频转场的方法。

01 在素材面板中单击“转场”按钮，打开转场面板，如图10-23所示。

02 在“基础转场”中选择“叠化”转场，添加到素材片段上，如图10-24所示。

03 在时间线面板中选择转场，在右侧功能区“转场”面板调整“转场时长”，单击“应用全部”按钮，如图10-25所示。

04 应用转场之后，视频片段时间变短，时间线面板如图10-26所示。

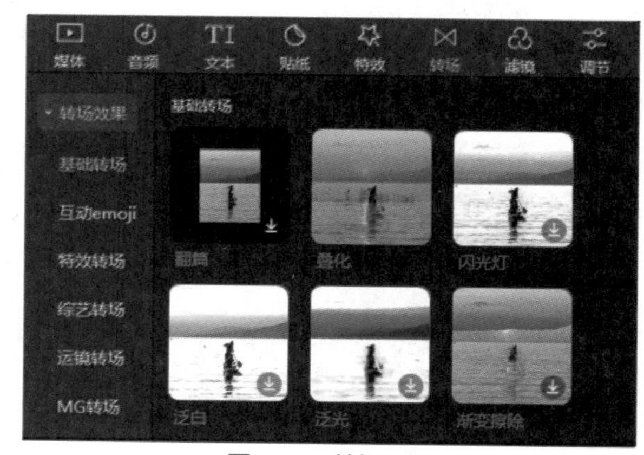

图10-23　**转场面板**

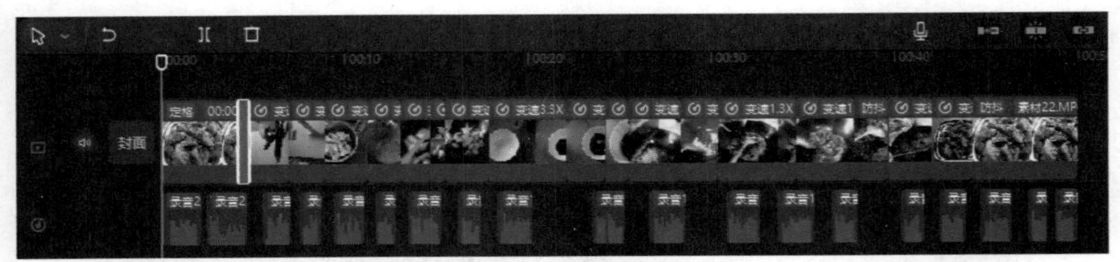

图10-24　叠化转场

图10-25　调整转场参数

图10-26　应用转场

05 在时间线面板中对视频片段进行微调移动，调整视频长度，如图10-27所示。

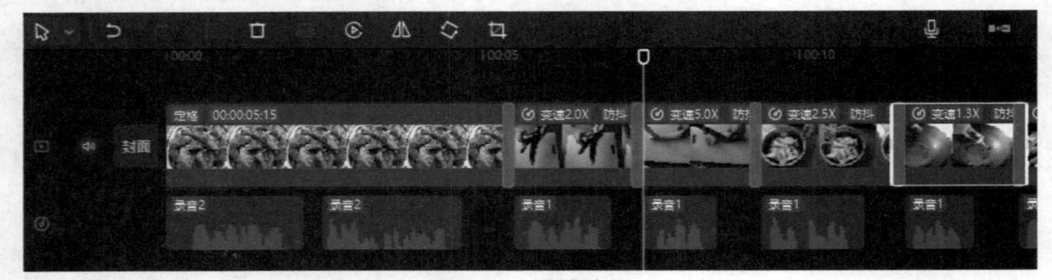

图10-27　移动片段

06 调整片段时长后，使视频片段和音频对应上，时间线面板如图10-28所示。

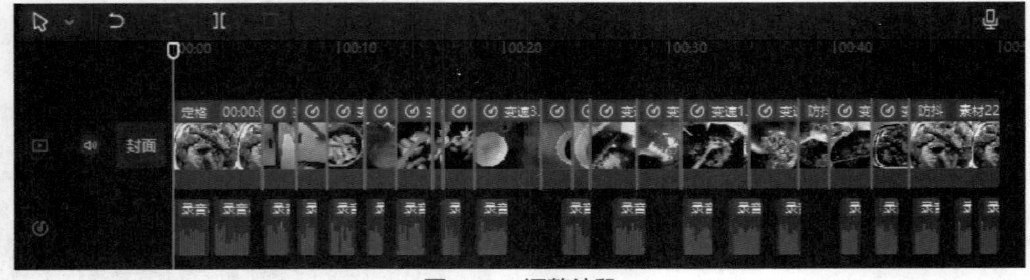

图10-28　调整片段

这样就给视频添加了转场效果。

10.2.5　视频调色

本节介绍视频调色的方法。

01 在“媒体”面板单击“调节”按钮，打开调节面板，如图10-29所示。

02 单击“自定义调节”，将自定义调节添加到时间线面板，拖曳调节时间长度与视频长度一致，如图10-30所示。

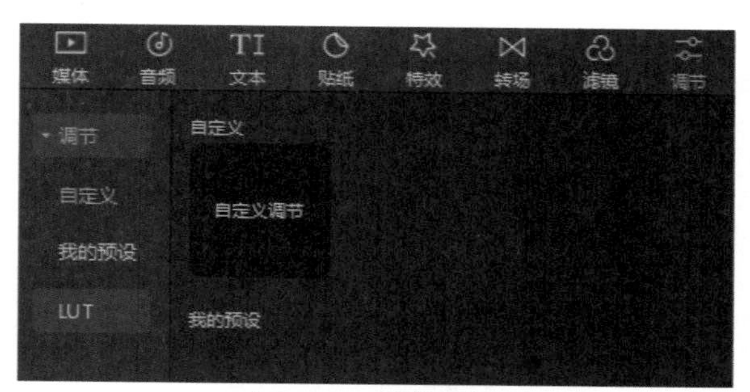

图10-29　**调节面板**

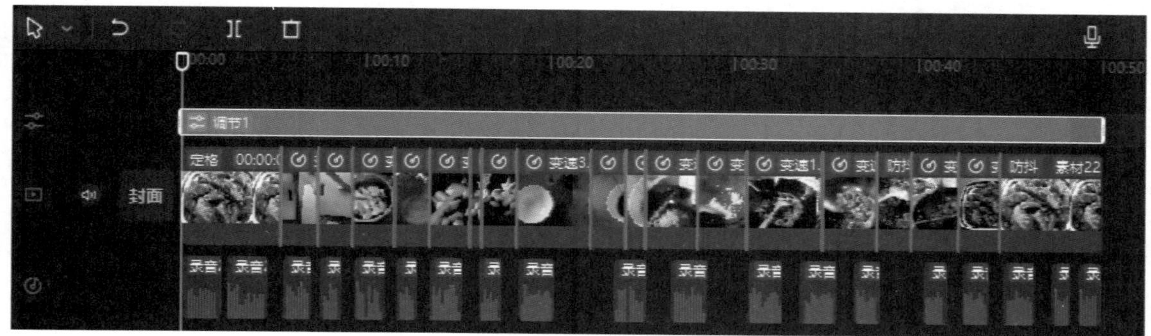

图10-30　**调节轨道**

03 在调节下的“基础”面板中调节色彩参数，即调节色温、色调和饱和度，如图10-31所示。

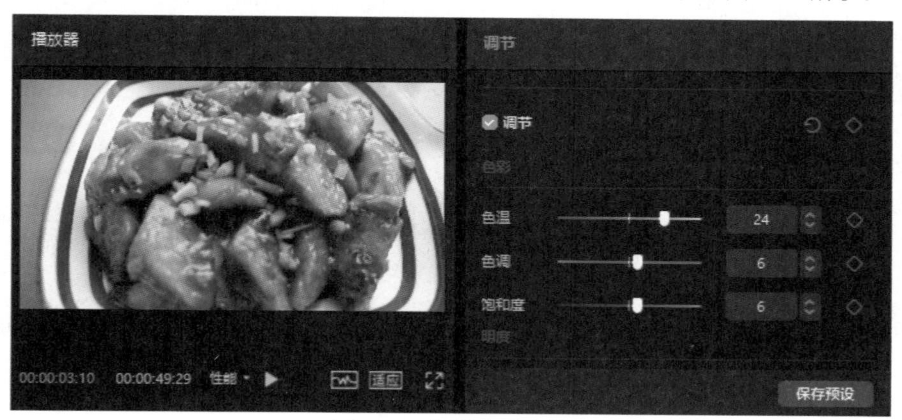

图10-31　**调节色彩参数**

04 调节明度的亮度、对比度、高光、阴影和光感，如图10-32所示。

图10-32　**调节明度参数**

10.2.6 添加字幕

本节介绍将语言转换为字幕的方法。

01 在素材面板中单击“文本”按钮，打开文本面板，如图10-33所示。

02 单击左侧的“智能字幕”打开“智能字幕”选项卡，如图10-34所示。

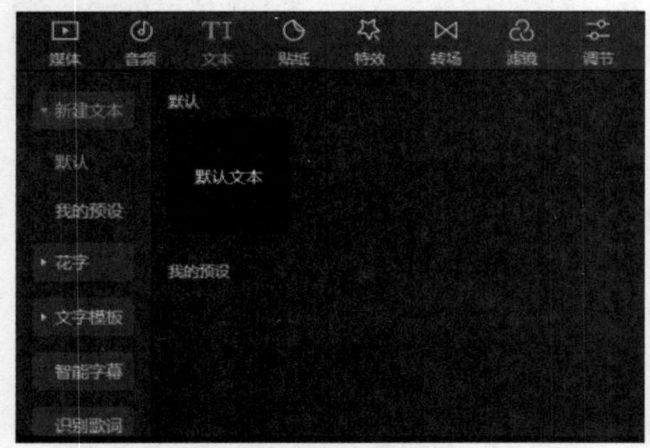

图10-33 文本面板

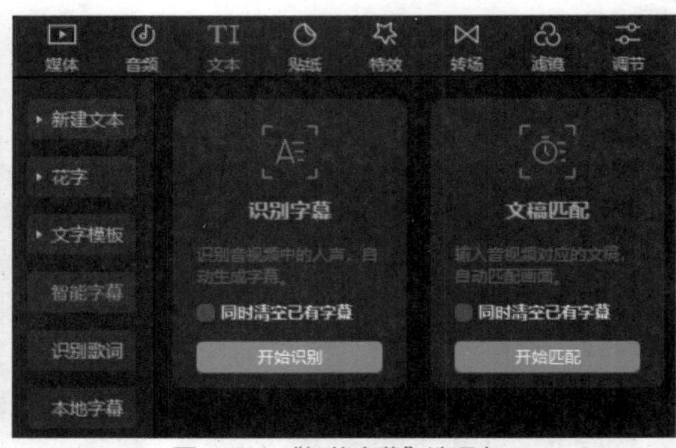

图10-34 “智能字幕”选项卡

03 在“识别字幕”中单击“开始识别”按钮，即可将语音转换成字幕，时间线面板中多了一个字幕轨道，如图10-35所示。

图10-35 字幕轨道

04 在时间线面板中将时间指针移动到字幕上，字幕在播放器的显示效果如图10-36所示。

图10-36 调整字幕

05 在右侧的文本面板中，调整字幕的属性，也可以在“预设样式”中选择文字样式，如图10-37所示。

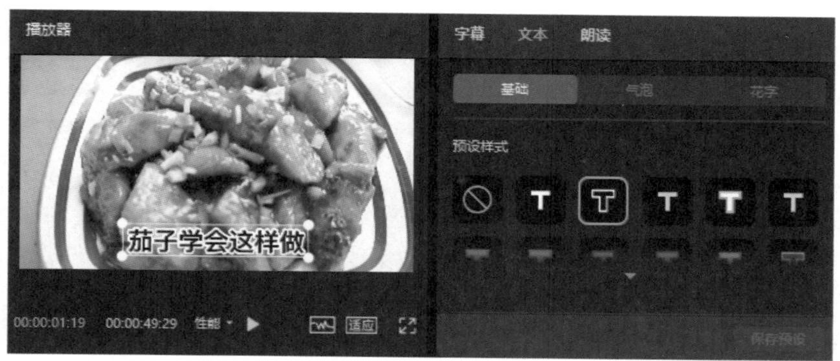

图10-37　预设样式

06 通过语音转文本功能，可以快速添加字幕。

10.2.7　添加背景音乐

本节介绍添加背景音乐的方法。

01 在素材面板中单击“音频”按钮，打开音频面板，如图10-38所示。

02 在“纯音乐”类别中选择一首音乐，如图10-39所示。

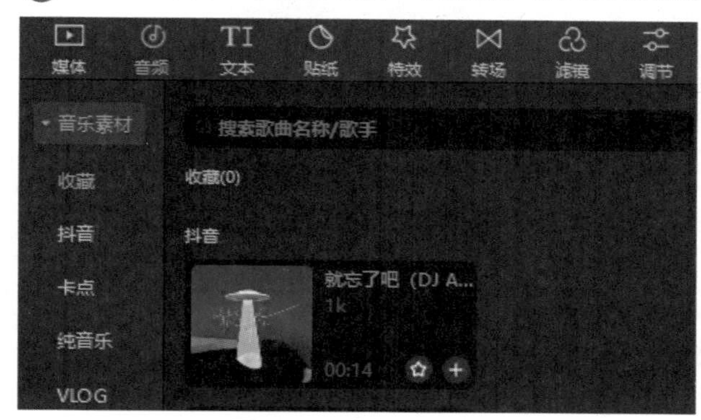

图10-38　音频面板

图10-39　选择音乐

03 将音乐添加到时间线轨道上，如图10-40所示。

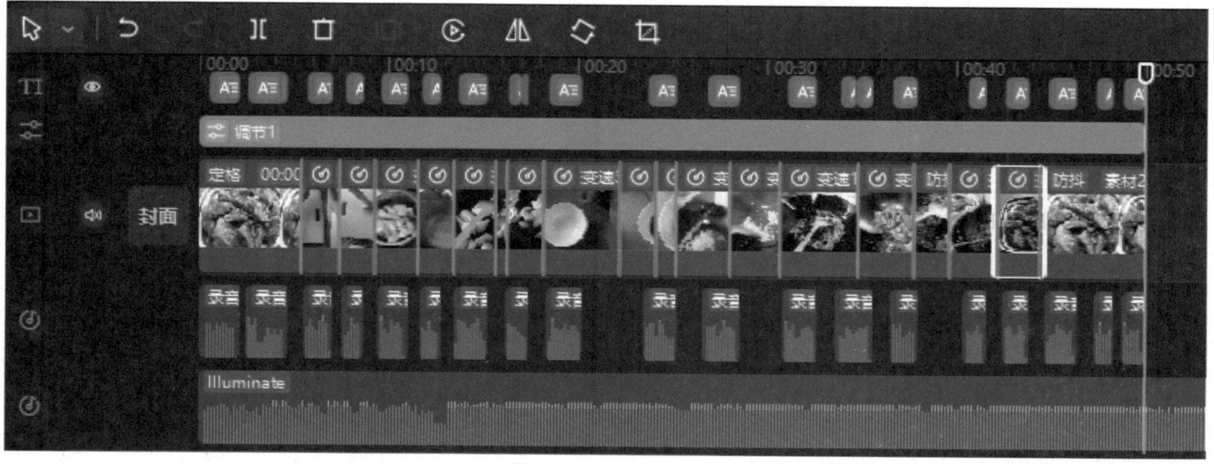

图10-40　添加音乐

04 使用“分割”工具将时间线上的音乐进行剪辑，音乐剪辑和视频时间长度对齐，如图10-41所示。

05 在时间线选择音乐，在音频面板调整音量大小，调整淡入时长和淡出时长，如图10-42所示。

这样就完成了背景音乐的添加。

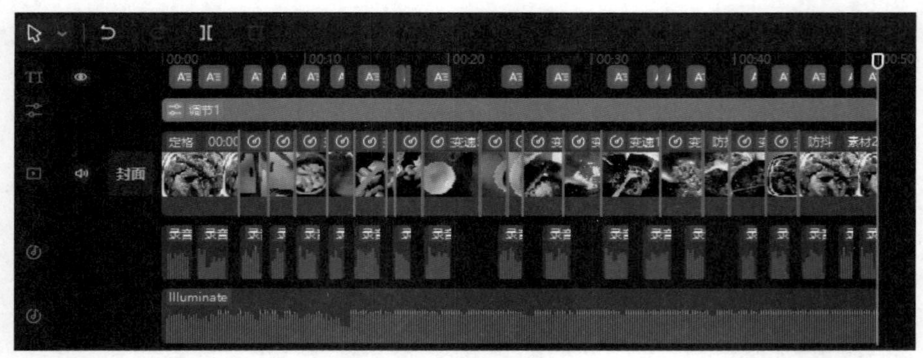

图10-41　剪辑音频

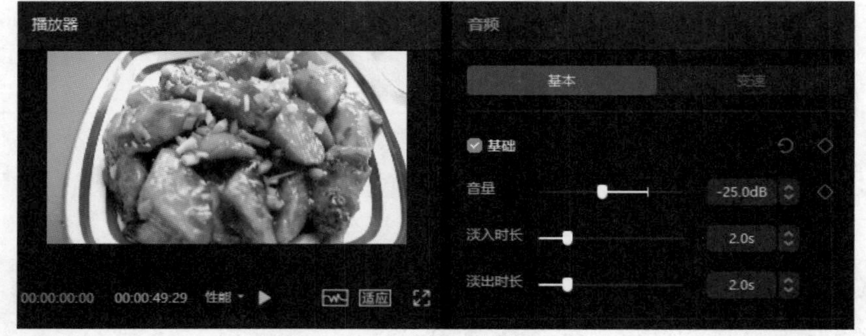

图10-42　调整淡入和淡出时长

10.2.8　导出视频

本节介绍导出视频的方法。

01 单击剪映专业版软件右上角的“导出”按钮，打开“导出”面板，如图10-43所示。

02 在“导出”面板中设置作品名称，编码采用“H.264”，勾选“字幕导出”复选框，可以将字幕单独导出，单击“导出”按钮，视频导出完成如图10-44所示。

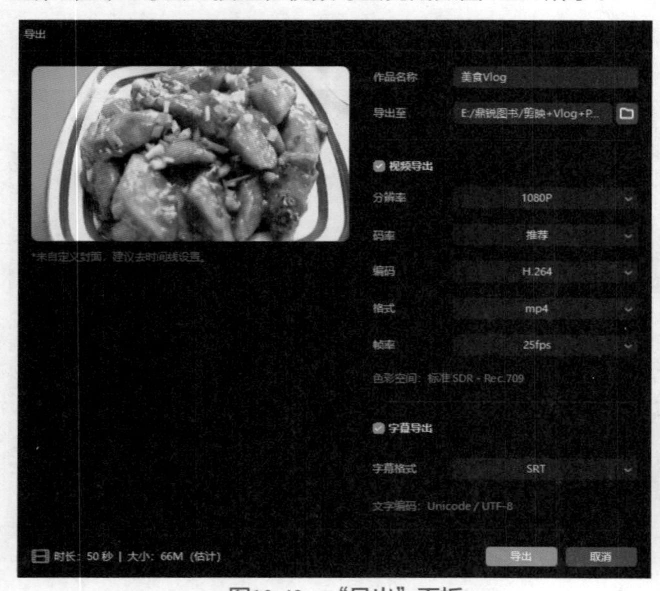

图10-43　“导出”面板

图10-44　导出完成

03 单击“打开文件夹”按钮，可以查看保存的视频文件；单击“西瓜视频”按钮，可以去西瓜视频发布短视频；单击“抖音”按钮，即可到抖音发布短视频。

第 11 章

手机版剪映制作

本章学习手机版剪映软件的使用方法，掌握剪辑视频的技巧，如分割视频、视频变速、替换素材、视频定格、视频倒放、视频比例设置、背景设置，如何添加画中画、蒙版和关键帧，调整美颜美体和调节颜色的运用。

11.1　手机版剪映工作界面

本节介绍手机版剪映的工作界面。

打开手机版剪映APP，剪映的主界面主要由开始创作、功能区、本地草稿和底部菜单4个部分组成，如图11-1所示。

图11-1　**剪辑手机版主界面**

- 开始创作：单击“开始创作”按钮，即可进入剪映的工作界面。
- 功能区：功能区包括一键成片、拍摄、图文成片、录屏、创作脚本和提词器。

- 本地草稿：本地草稿用于管理剪辑制作保存的草稿，也可以将草稿上传到剪映云。
- 底部菜单：底部菜单包括剪辑、剪同款、创作课堂、消息和我的。

单击“开始创作”按钮，进入相机胶卷或素材库界面，如图11-2所示。

图11-2　“素材库”界面

在素材库中选择音轨素材，单击右下角的“添加”按钮，剪映手机版工作界面如图11-3所示。

图11-3　剪映手机版工作界面

- 设置和导出："设置"用于设置视频文件的分辨率、帧率和智能HDR，"导出"按钮用于导出视频文件。
- 预览区：预览当前时间线上的视频画面。
- 时间线：时间线用于视频剪辑编辑，可以添加画中画，还可以添加文本轨道和贴纸轨道。
- 工具栏：工具栏包括剪辑、音频、文本、贴纸、画中画、特效、素材包、滤镜、比例、背景和调节等。

11.2 剪辑视频

手机版剪映APP中视频剪辑包括了很多功能，如分割视频、视频变速、音量调整、动画设置、视频删除、智能抠像、音频分离、编辑、滤镜、调节、美颜美体、蒙版、色调抠图、切换画中画、替换、防抖、不透明度、变声、降噪、复制、倒放和定格。下面介绍在视频剪辑中常用的功能。

11.2.1 分割视频

本小节介绍视频剪辑的方法，使用"分割"工具对视频进行分割剪辑，对不需要的片段使用"删除"工具进行删除。

01 打开手机版剪映APP，单击"开始创作"按钮，在"相册胶卷"中选择视频，如图11-4所示。

02 单击右下角的"添加"按钮，即可进入手机版剪映的工作界面，如图11-5所示。

图11-4 选择视频

图11-5 工作界面

03 单击"播放"按钮▶即可播放视频，在时间线面板使用双指捏合即可缩放时间线上的素材片段，如图11-6所示。

04 在时间线区域中选择素材，单击工具栏中的"剪辑"按钮，打开"剪辑"工具栏，如图11-7所示。

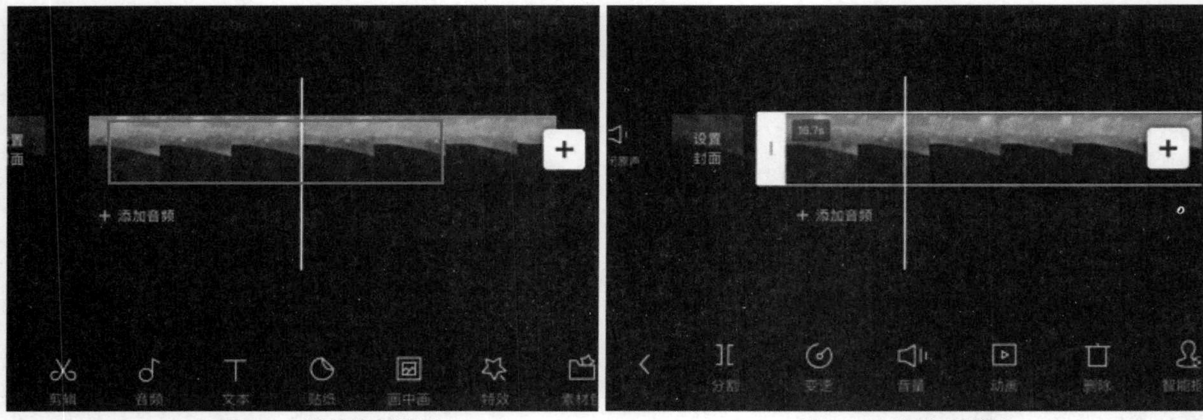

图11-6　缩放素材片段　　　　图11-7　剪辑工具栏

05 单击“分割”按钮，即可将视频分割成两段，如图11-8所示。

06 使用单指在时间线上滑动视频位置，再次单击“分割”按钮，即可将选中的视频再次分割成两段，如图11-9所示。

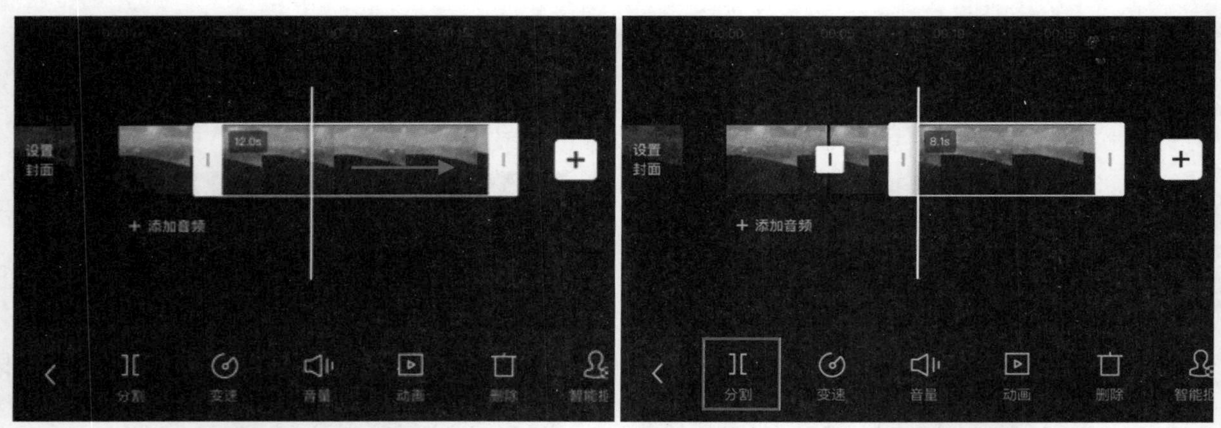

图11-8　分割视频　　　　图11-9　再次分割视频

07 单击中间一段视频，即可选择中间的视频，如图11-10所示。

08 单击工具栏中的“删除”工具，即可将选中的视频删除，删除后只剩下两段视频，如图11-11所示。

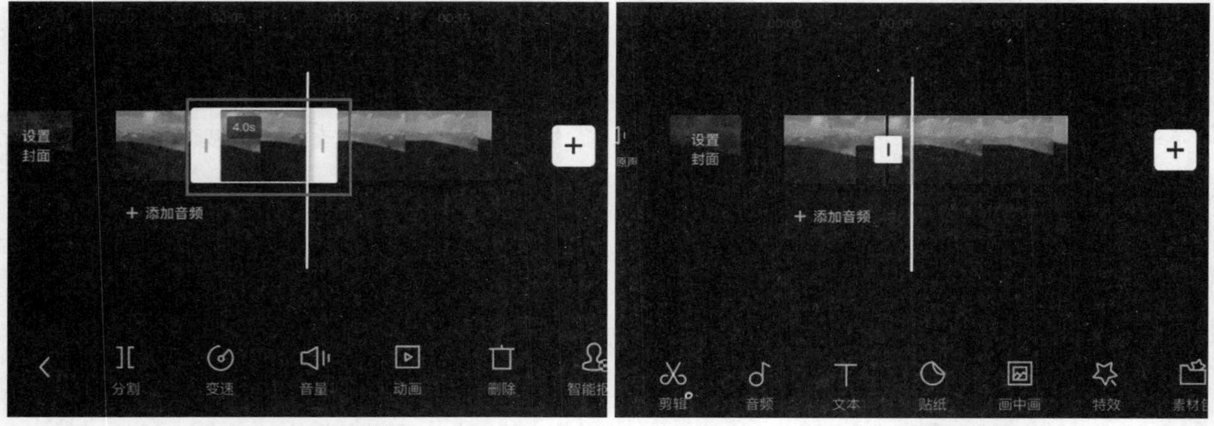

图11-10　选中视频　　　　图11-11　删除视频

09 时间线上两段视频的中间是“转场”按钮▣，单击“转场”按钮，即可打开转场选项栏，如图11-12所示。

10 在基础转场中单击“闪光灯”选项，可以设置转场的时间，如图11-13所示。

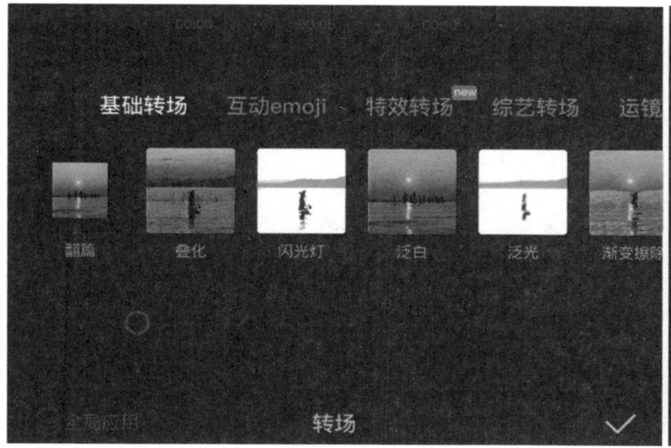

图11-12　**转场选项栏**

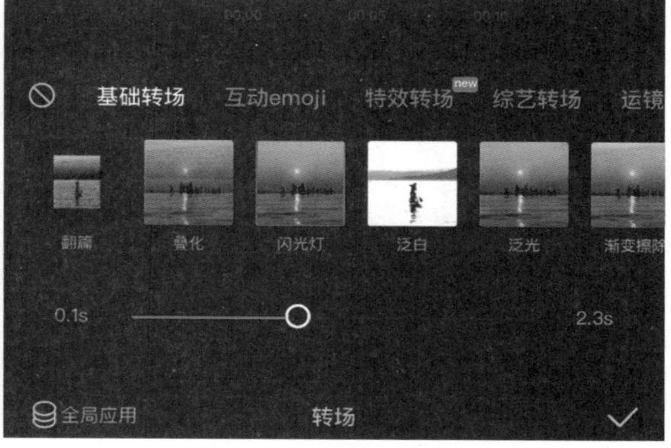

图11-13　**设置转场的时间**

11 单击右下角的“确认”按钮☑，即可给视频添加转场效果，时间线上转场图标如图11-14所示。

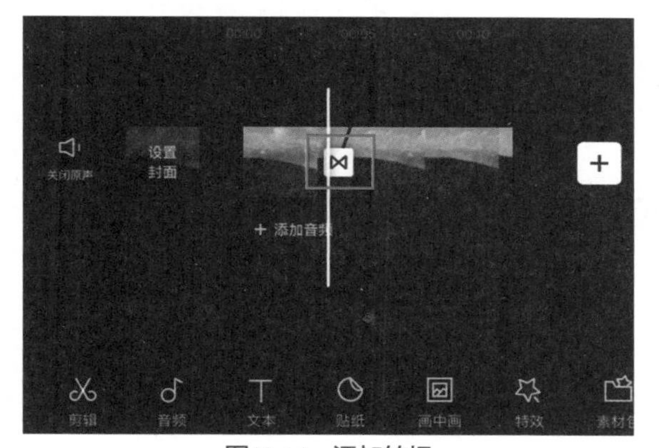

图11-14　**添加转场**

12 单击“播放”按钮▶，即可查看转场效果。

11.2.2　视频变速

本小节介绍手机版剪映中的变速功能，包括常规变速和曲线变速。

01 打开手机版剪映APP，单击“开始创作”按钮，选择视频素材，单击“添加”按钮，进入工作界面，如图11-15所示。

02 单击“剪辑”按钮，打开“剪辑”工具栏，如图11-16所示。

03 单击“变速”按钮，打开“变速”工具栏，变速包括常规变速和曲线变速，如图11-17所示。

04 单击“常规变速”按钮，打开常规变速属性，调整变速，勾选“智能补帧”单选按钮，如图11-18所示。

05 单击右下角的“确认”按钮☑，完成常规变速，单击“播放”按钮▶，播放视频。

06 还可以将视频设置为曲线变速，单击“变速”按钮，打开变速工具栏，如图11-19所示。

07 单击“曲线变速”按钮，打开曲线变速选项栏，如图11-20所示。

08 选择“蒙太奇”变速，如图11-21所示。

09 在蒙太奇变速上单击“单击编辑”按钮，打开曲线编辑，如图11-22所示。

10 曲线编辑可以添加点和删除点，调整曲线编辑点的位置，如图11-23所示。

图11-15　**剪映工作界面**

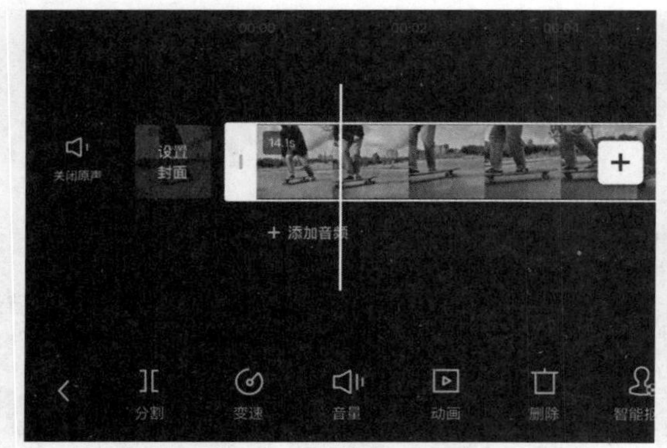

图11-16 “剪辑”工具栏

图11-17 “变速”工具栏

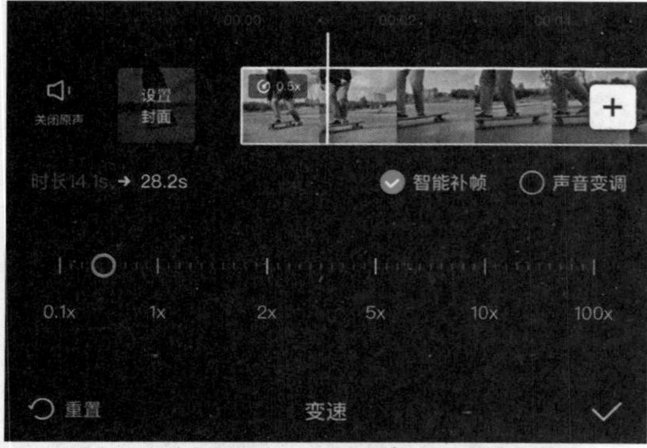

图11-18 调整变速

图11-19 变速工具栏

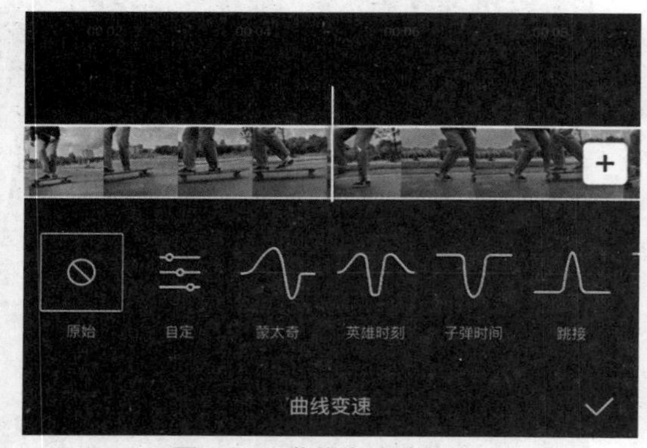

图11-20 曲线变速选项栏

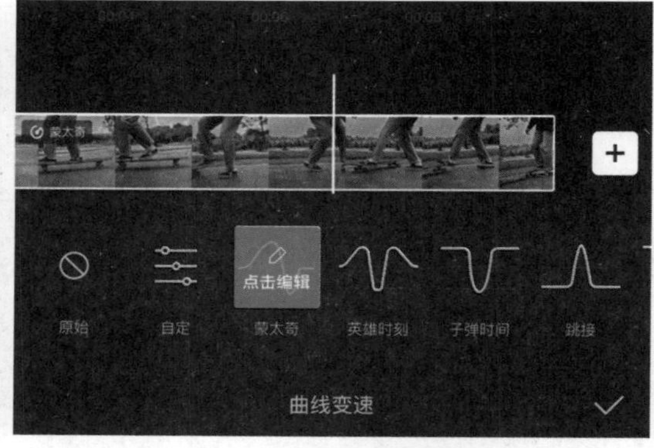

图11-21 蒙太奇变速

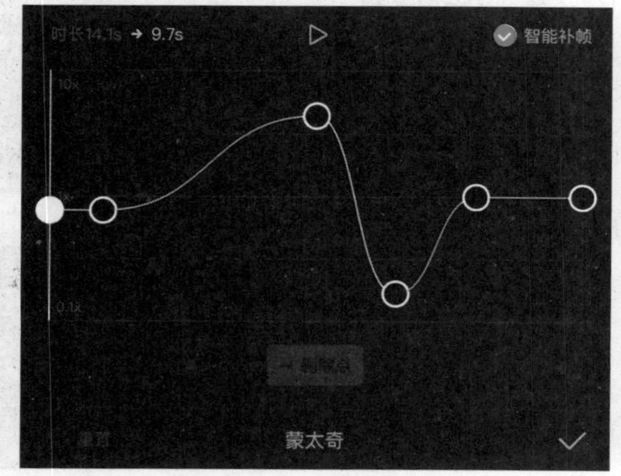

图11-22 曲线编辑

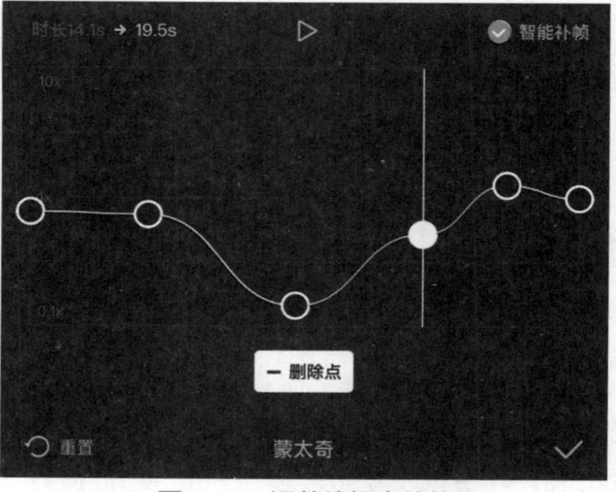

图11-23 调整编辑点的位置

11 选择一个编辑点，单击“删除点”按钮，删除后如图11-24所示。

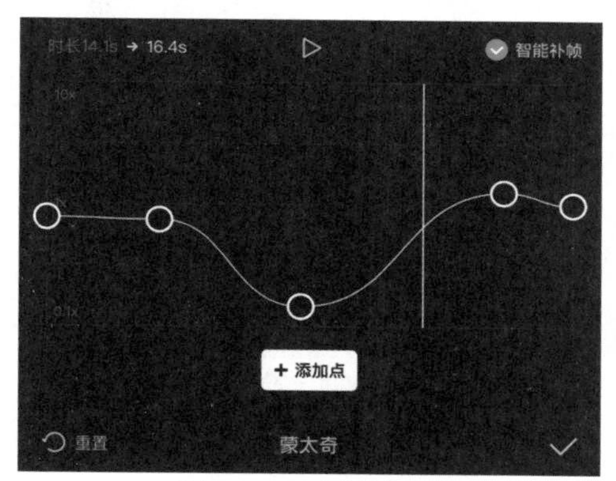

图11-24 删除编辑点

12 单击右下角的“确认”按钮☑，完成视频的曲线变速。

11.2.3 视频替换

本小节介绍手机版剪映中视频替换的方法。

01 打开手机版剪映APP，单击“开始创作”按钮，选择视频素材，单击“添加”按钮，进入工作界面，如图11-25所示。

图11-25 剪映工作界面

02 单击“播放”按钮，播放视频，播放到合适的位置，单击“停止播放”按钮，如图11-26所示。

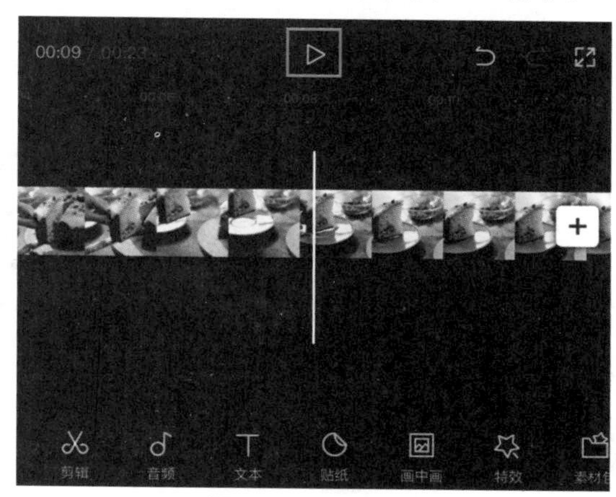

图11-26 播放视频

03 单击“剪辑”按钮，打开剪辑工具栏，如图11-27所示。

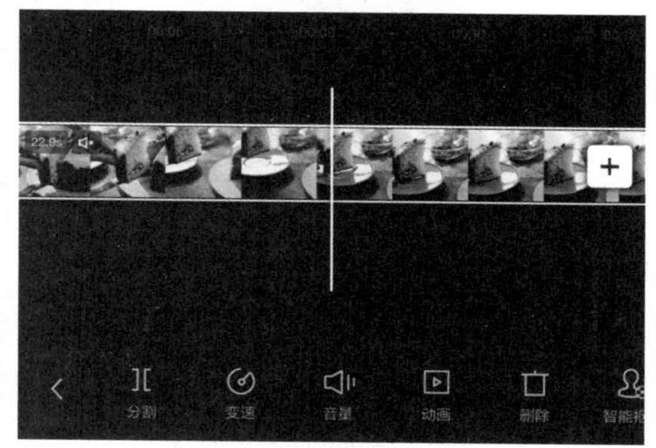

图11-27 剪辑工具栏

04 单击“分割”按钮，将视频分割成两段，在时间线面板上使用单指可以滑动视频轨道，如图11-28所示。

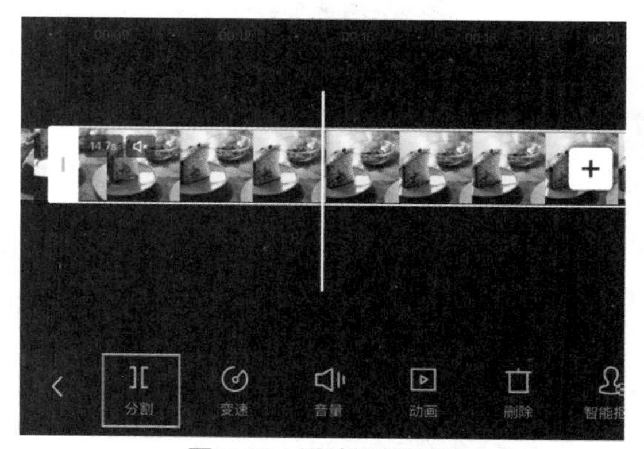

图11-28 滑动视频轨道

05 单击“分割”按钮，再次分割视频，如图11-29所示。

06 在时间线面板中选择中间一段视频，如图11-30所示。

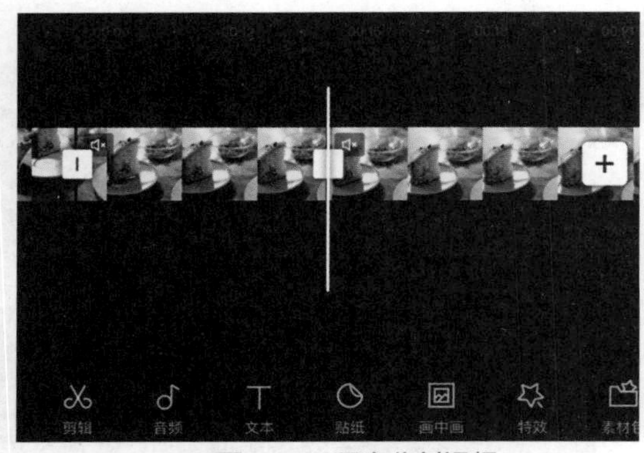

图11-29 再次分割视频

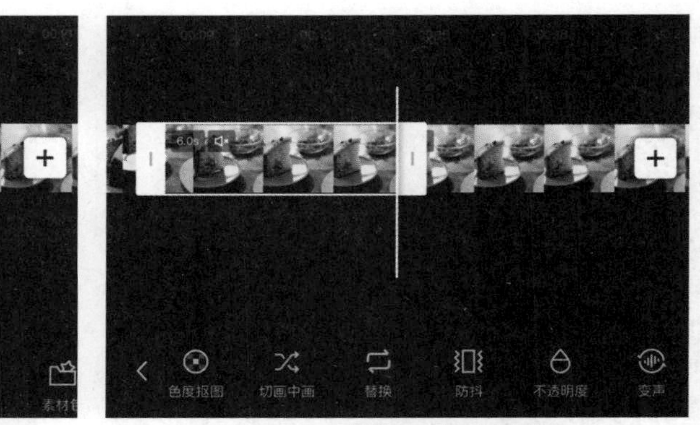

图11-30 选择中间一段视频

07 单击底部工具栏中的“替换”按钮，选择一段视频，如图11-31所示。

08 单击“确认”按钮☑，即可在时间线上替换视频，如图11-32所示。

图11-31 替换

图11-32 替换视频

09 时间线显示3个片段，片段之间显示转场，如图11-33所示。

10 在时间线面板中单击“转场”按钮，打开转场选项栏，选择“叠化”转场，如图11-34所示。

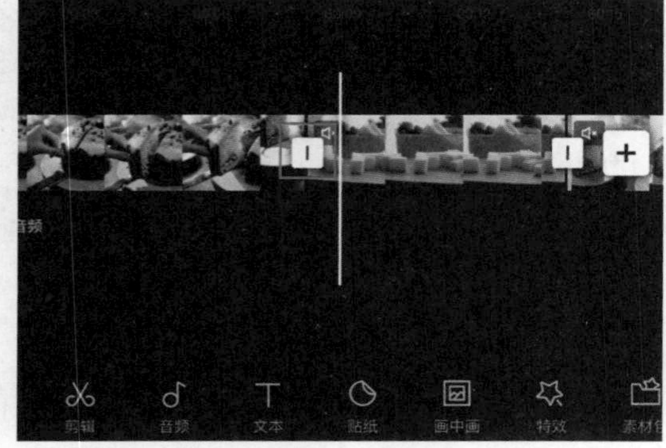

图11-33 转场

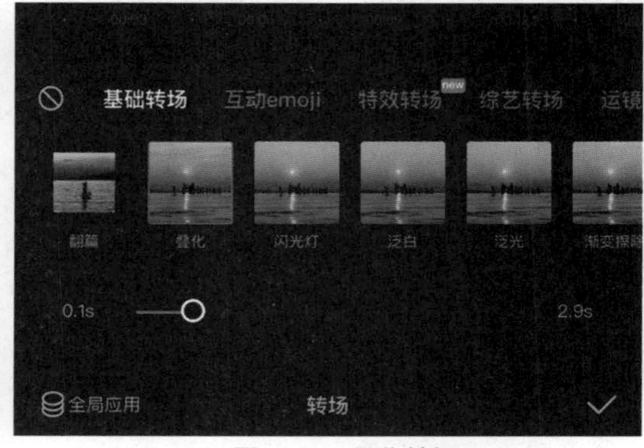

图11-34 叠化转场

11 单击右下角的“确认”按钮☑，添加转场后的效果如图11-35所示。

12 使用同样方法添加另外一个转场，效果如图11-36所示。

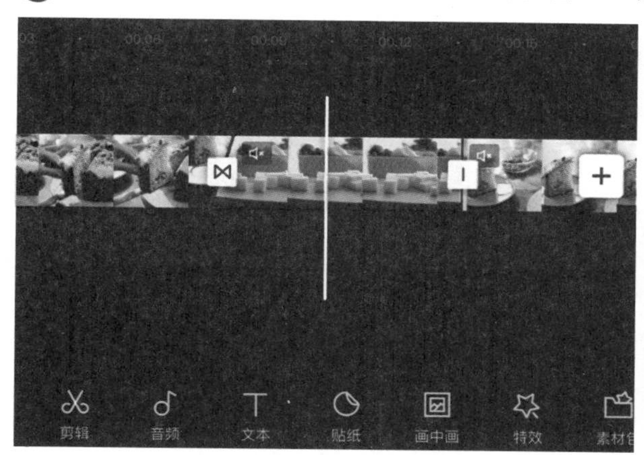

图11-35　添加转场后的效果

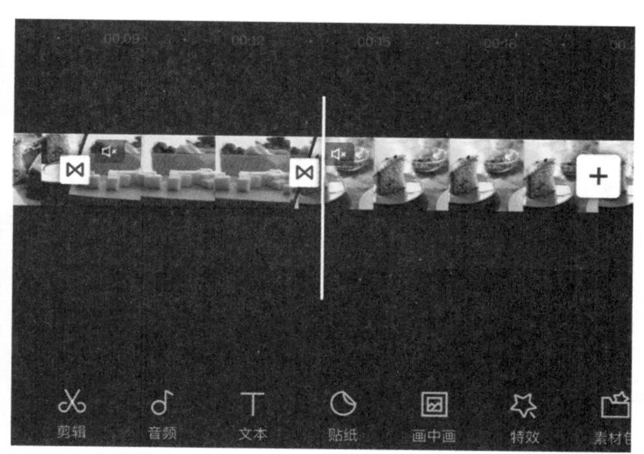

图11-36　添加另一个转场

11.2.4　定格视频

本小节介绍手机版剪映APP中定格视频的运用。

01 打开手机版剪映APP，单击“开始创作”按钮，选择视频素材，单击“添加”按钮，进入工作界面，如图11-37所示。

02 单指在时间线上滑动视频，将视频移动到较好的镜头，如图11-38所示。

图11-37　剪映工作界面

图11-38　移动视频

03 单击“剪辑”按钮，进入剪辑工具栏，如图11-39所示。

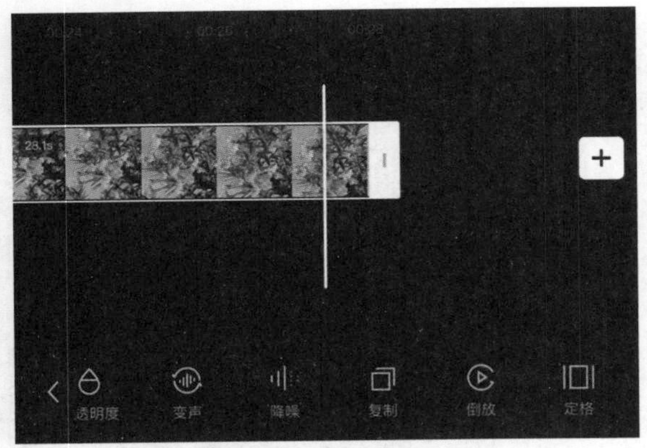

图11-39　剪辑工具栏

04 单击“定格”按钮，时间线上将生成一段3秒的定格视频，如图11-40所示。

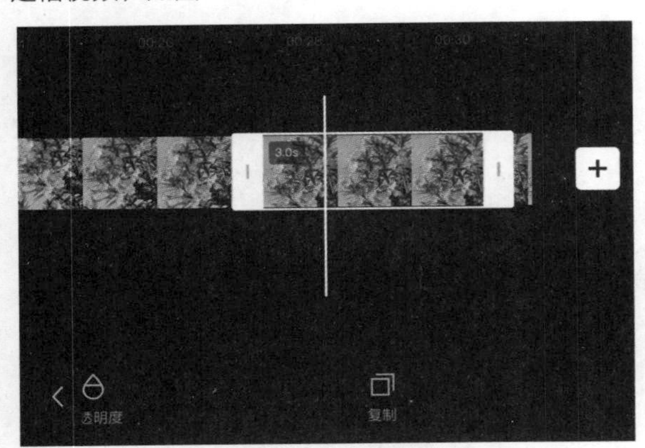

图11-40　定格视频

05 在时间线上单指按住定格视频，将定格视频拖曳到开始位置，如图11-41所示。

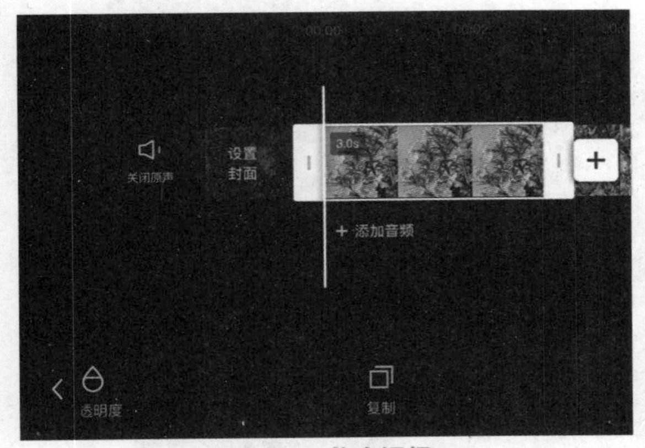

图11-41　拖曳视频

11.2.5　倒放视频

本小节介绍手机版剪映APP中倒放的运用。

01 打开手机版剪映APP，单击“开始创作”按钮，选择视频素材，单击“添加”按钮，进入工作界面，如图11-42所示。

图11-42　工作界面

02 单击“剪辑”按钮，进入剪辑工具栏，在底部选项栏中滑动位置，如图11-43所示。

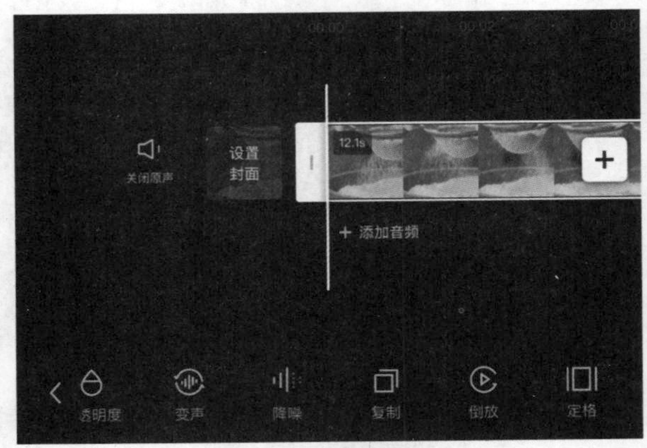

图11-43　剪辑工具栏

03 单击“倒放”按钮，即可对视频进行倒放处理，处理后效果如图11-44所示。

面粉由漏斗漏下来的效果处理成面粉慢慢的飞向漏斗中，这样就完成了倒放视频处理。

图11-44　倒放

11.3　比例和背景

手机版剪映软件中的比例功能用于设置短视频的尺寸，背景功能用于设置短视频中的背景效果。

手机版剪映APP中提供了多种比例尺寸，如9:16、16:9、1:1、4:3、2:1、3:4等，背景包括画布颜色、画布样式和画布模糊3种类型，本节介绍比例尺寸和背景的设置。

01 打开手机版剪映APP，单击“开始创作”按钮，选择视频素材，单击“添加”按钮，进入工作界面，如图11-45所示。

图11-45　剪映工作界面

02 将底部工具栏滑动到“比例”按钮位置，如图11-46所示。

03 单击“比例”按钮，打开比例选项栏，如图11-47所示。

04 在比例选项栏中选择“9:16”选项，预览窗口效果，在预览窗口可以使用双指进行视频缩放，如图11-48所示，使用单指可以移动视频位置。

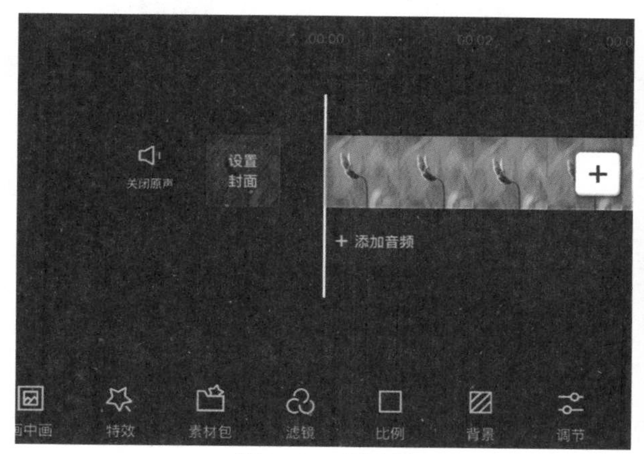

图11-46　工具栏

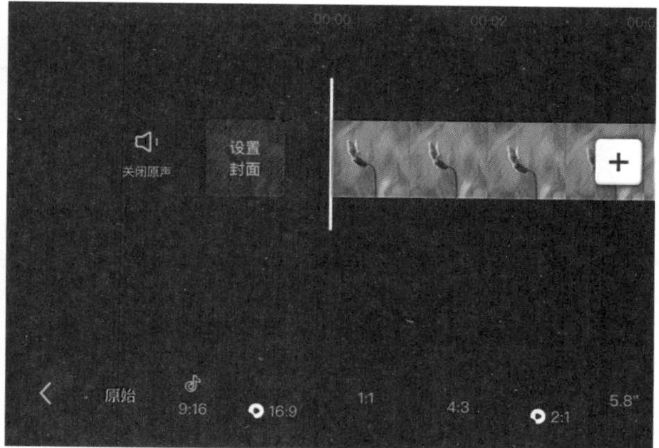

图11-47　比例选项栏

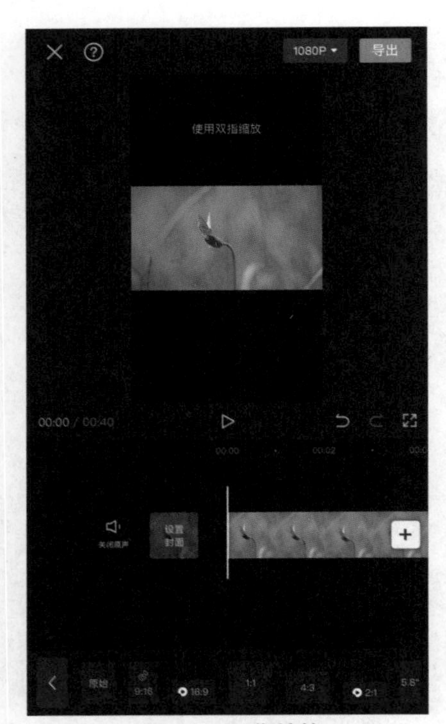

图11-48　双指缩放

05 在底部工具栏单击左侧的返回按钮，返回到主工具栏，如图11-49所示。

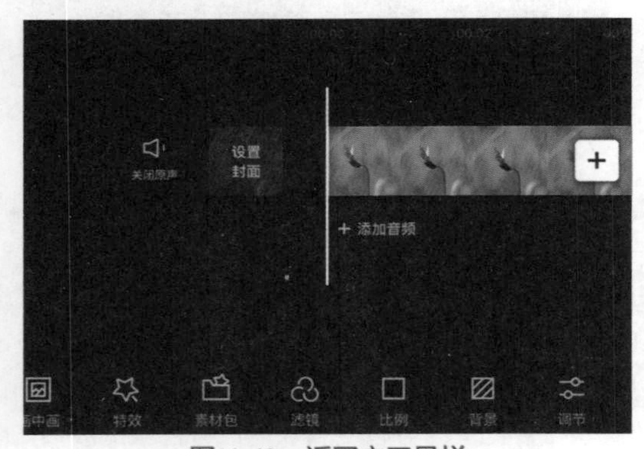

图11-49　返回主工具栏

06 单击底部工具栏中的“背景”按钮，打开背景选项栏，如图11-50所示。

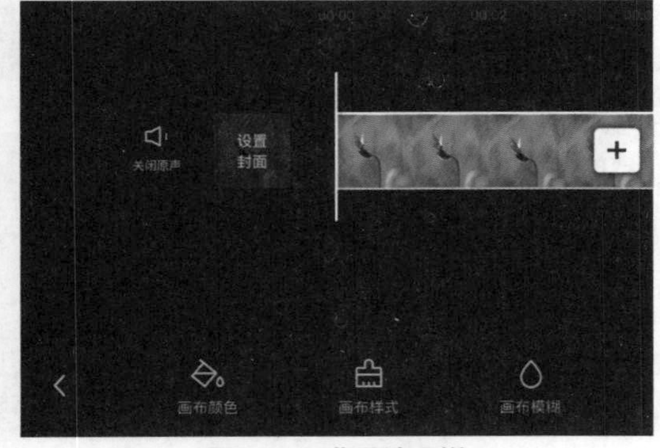

图11-50　背景选项栏

07 背景选项栏包括画布颜色、画布样式和画布模糊，单击“画布颜色”按钮，可以选择背景颜色，如图11-51所示。

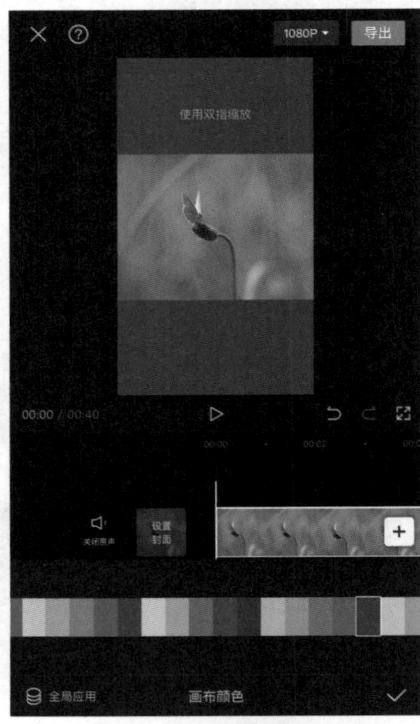

图11-51　画布颜色

08 单击右下角的“确认”按钮，返回到背景选项栏，单击“画布样式”按钮，如图11-52所示。

图11-52　画布样式

09 单击右下角的“确认”按钮☑，返回到背景选项栏，还可以设置画布模糊效果。

11.4　画中画

本节介绍手机版剪映中画中画功能的使用方法。

01 打开手机版剪映APP，单击“开始创作”按钮，选择视频素材，单击“添加”按钮，进入工作界面，如图11-53所示。

图11-53　**剪映工作界面**

02 单击底部工具栏中的“画中画”按钮，打开其选项栏，如图11-54所示。

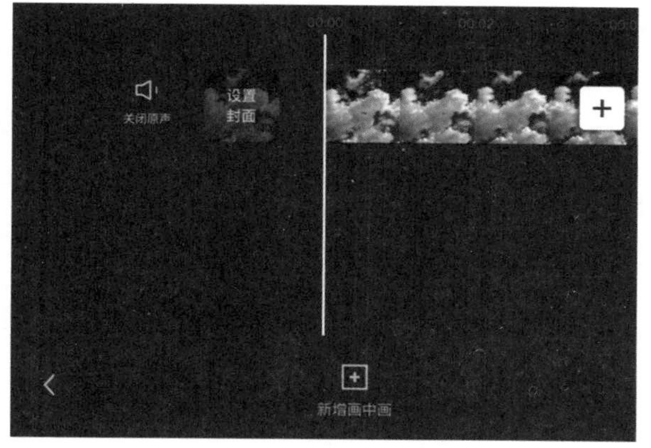

图11-54　**画中画选项栏**

03 单击“新增画中画”按钮，选择视频素材，添加到画面中，如图11-55所示。

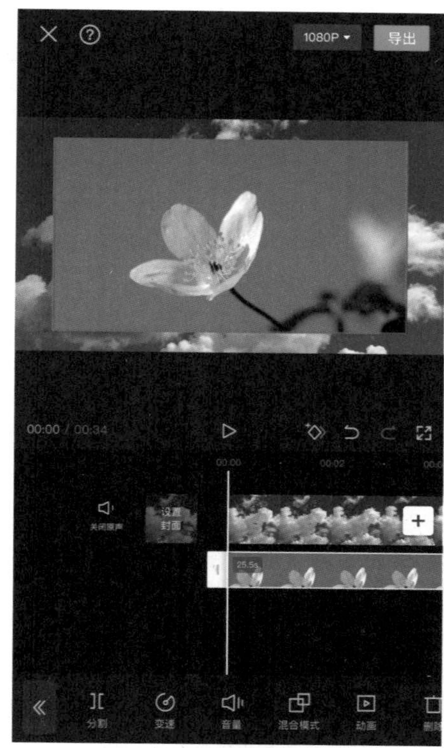

图11-55　**添加到画面中**

04 在预览窗口中，使用双指缩放视频画面，如图11-56所示。

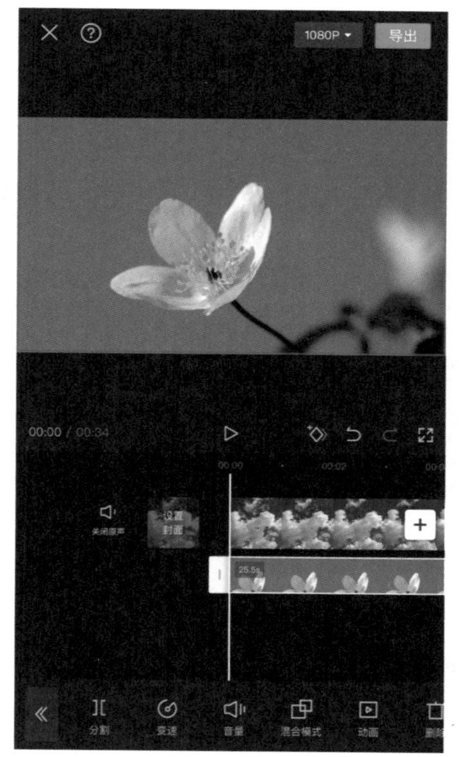

图11-56　**缩放视频**

05 单击底部“混合模式”按钮，打开混合模型选项栏，选择“滤色”选项，如图11-57所示。

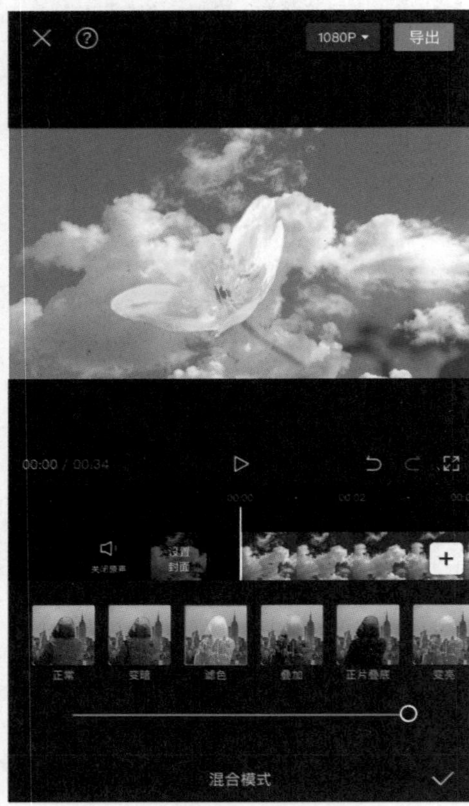

图11-57　滤色

06 单击右下角的“确认”按钮，返回到主工具栏界面，时间线面板画中画将折叠显示，如图11-58所示。

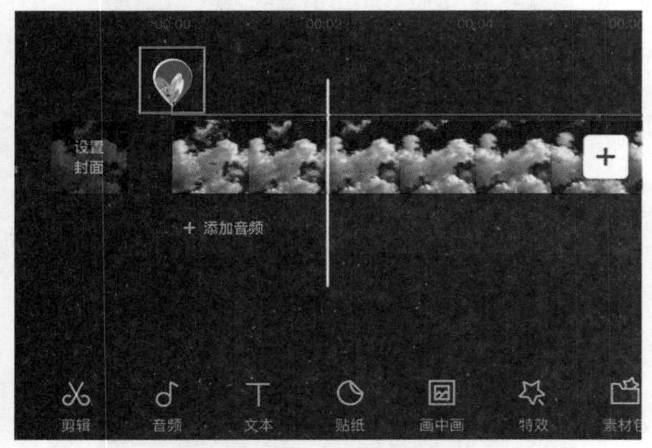

图11-58　折叠显示

单击“折叠”按钮，可以展开画中画时间线轨道。

11.5　蒙版

本节介绍手机版剪映中蒙版的运用。

01 打开手机版剪映APP，单击“开始创作”按钮，选择视频素材，单击“添加”按钮，进入工作界面，如图11-59所示。

图11-59　剪映工作界面

02 单击工具栏中的“剪辑”按钮，打开工具栏选项，单指滑动到“蒙版”位置，如图11-60所示。

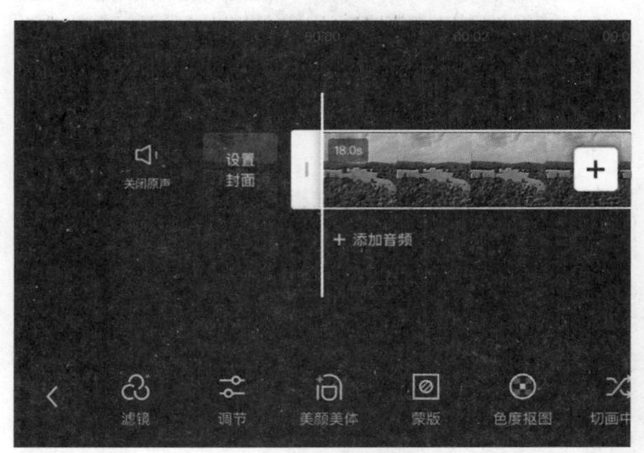

图11-60　蒙版

03 单击“蒙版”按钮，打开蒙版选项栏，如图11-61所示。

04 蒙版包括无、线性、镜面、圆形、矩形、爱心和星形蒙版形状，单击“矩形”按钮，将在预览区域添加“矩形”蒙版，预览窗口如图11-62所示。

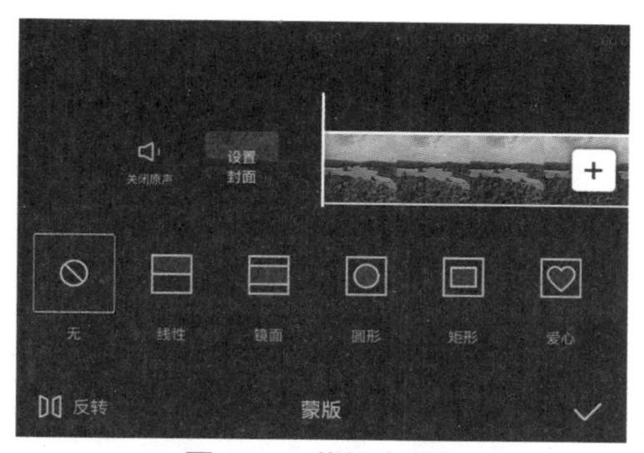

图11-61　蒙版选项栏

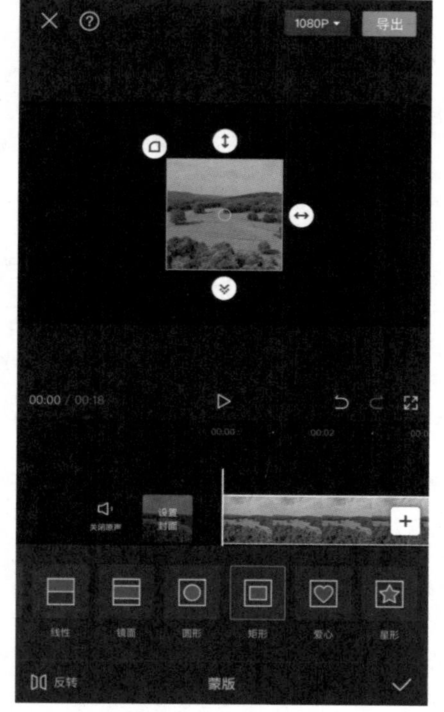

图11-62　矩形蒙版

05 通过拖曳垂直↕和水平↔按钮，对矩形蒙版调整，如图11-63所示。

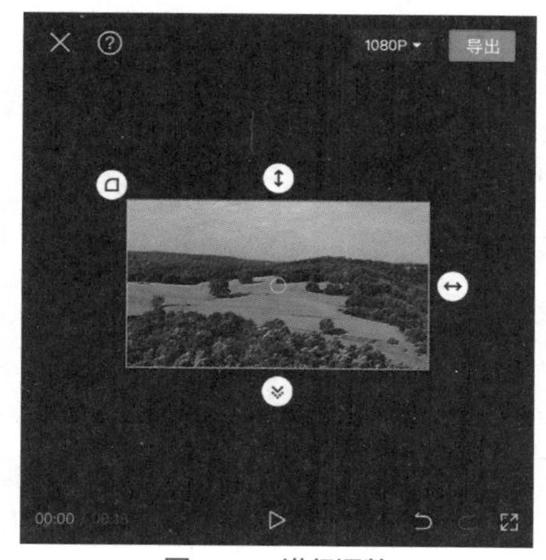

图11-63　进行调整

06 通过拖曳圆角按钮◻，对蒙版进行圆角处理，如图11-64所示。

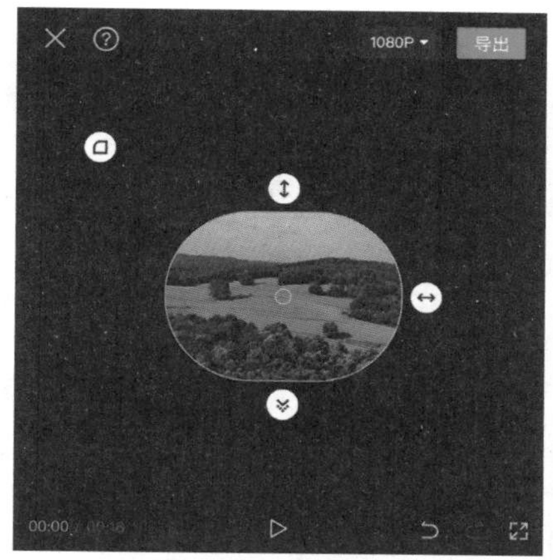

图11-64　圆角处理

07 通过拖曳“羽化”按钮≫，对蒙版进行羽化处理，如图11-65所示。

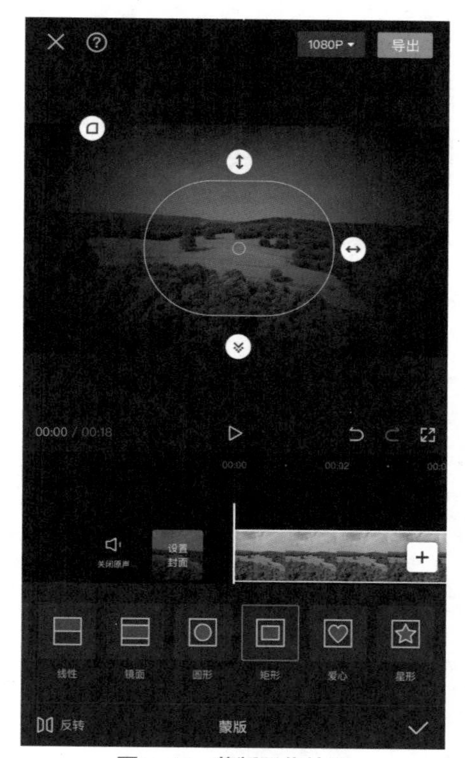

图11-65　蒙版羽化处理

08 单击右下角的“确认”按钮☑，即可完成视频羽化效果。

11.6　关键帧

本节介绍关键帧的运用，可以通过关键帧制作视频动画效果。

01 打开手机版剪映APP，单击“开始创作”按钮，选择视频素材，单击“添加”按钮，进入工作界面，如图11-66所示。

图11-66 剪映工作界面

02 单击工具栏中的“画中画”按钮，打开其选项栏，如图11-67所示。

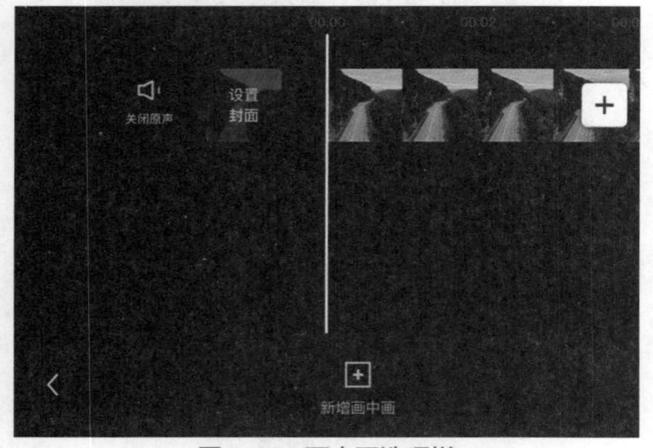

图11-67 画中画选项栏

03 单击“新建画中画”按钮，选择Logo素材，单击“添加”按钮，添加Logo素材后如图11-68所示。

04 可以在时间线区域拖曳Logo素材轨道的时间长度，在预览区域单指滑动调整Logo的位置，单击“添加关键帧”按钮◇，在时间线开始位置添加关键帧，如图11-69所示。

图11-68 添加素材

图11-69 添加关键帧

05 在时间线滑动时间位置，在预览视图调整Logo位置，将自动添加关键帧，如图11-70所示。

06 再次拖曳时间线上时间位置，在预览区域移动logo位置，将再次自动添加关键帧，如图11-71所示。

图11-70　**自动添加关键帧**　　　　图11-71　**再次自动添加关键帧**

07 单击“播放”按钮，播放视频，即可看到关键帧动画效果。

11.7　美颜美体

本节介绍美颜美体的运用技巧，包括智能美颜、智能美体和手动美体等。

01 打开手机版剪映APP，单击“开始创作”按钮，选择视频素材，单击“添加”按钮，进入剪映的工作界面，如图11-72所示。

02 在时间线区域中选择素材，在预览区域使用双指缩放视频，如图11-73所示。

03 在时间线面板中选中素材，在底部工具栏滑动到“美颜美体”位置，如图11-74所示。

04 单击“美颜美体”按钮，打开美颜美体选项栏，如图11-75所示。

05 单击“智能美颜”按钮，打开智能美颜选项栏，调整磨皮滑块，磨皮后效果如图11-76所示。

06 单击“瘦脸”按钮，打开选项栏，调整瘦脸参数滑块，如图11-77所示。

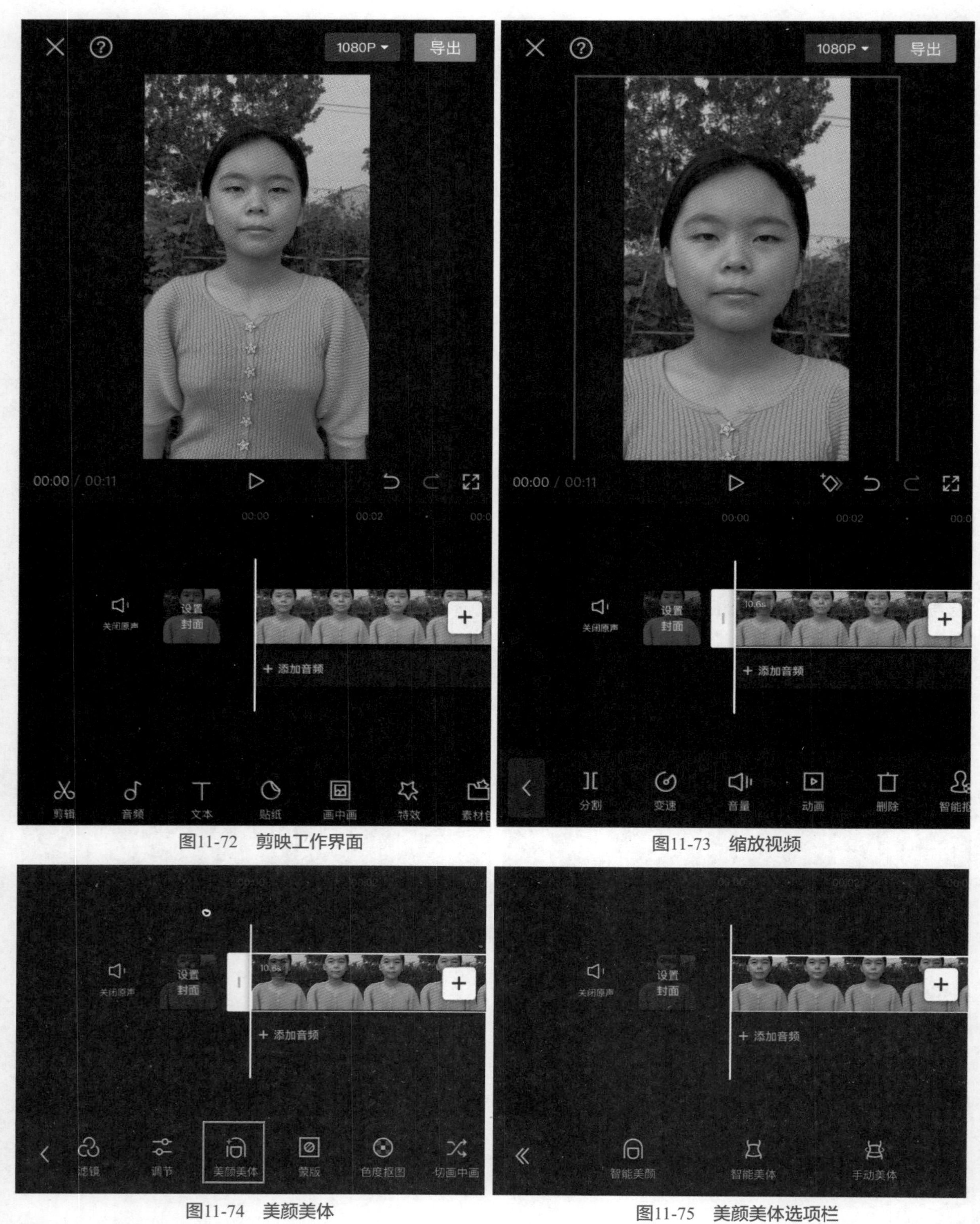

图11-72　剪映工作界面

图11-73　缩放视频

图11-74　美颜美体

图11-75　美颜美体选项栏

07 单击“美白”按钮，调整美白参数滑块，如图11-78所示。

08 单击右下角的“确认”按钮☑，完成人像磨皮美白，调整后的效果如图11-79所示。

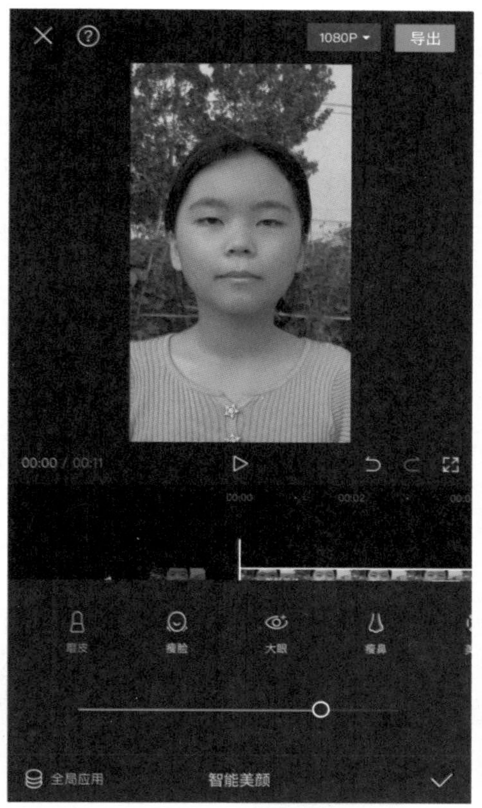

图11-76　调整磨皮

图11-77　调整瘦脸

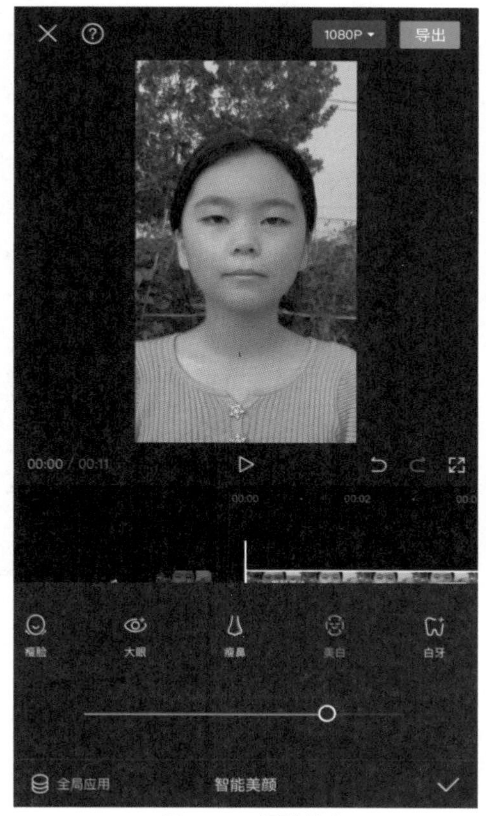

图11-78　调整美白

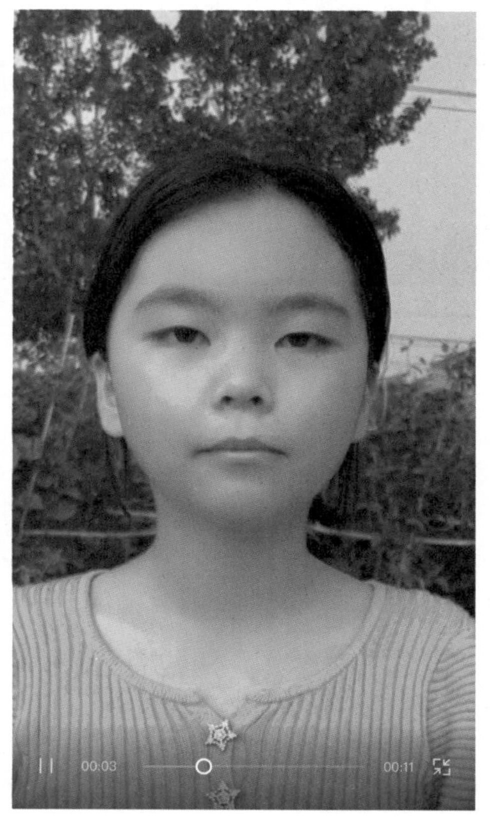

图11-79　调整后的效果

11.8 调节

本节介绍调节的使用方法和技巧，调节包括亮度、对比度、饱和度、光感、锐化、HSL、曲线、高光、阴影、色温、色调、褪色暗角和颗粒等。

01 打开手机版剪映APP，单击“开始创作”按钮，选择视频素材，单击“添加”按钮，进入剪映的工作界面，如图11-80所示。

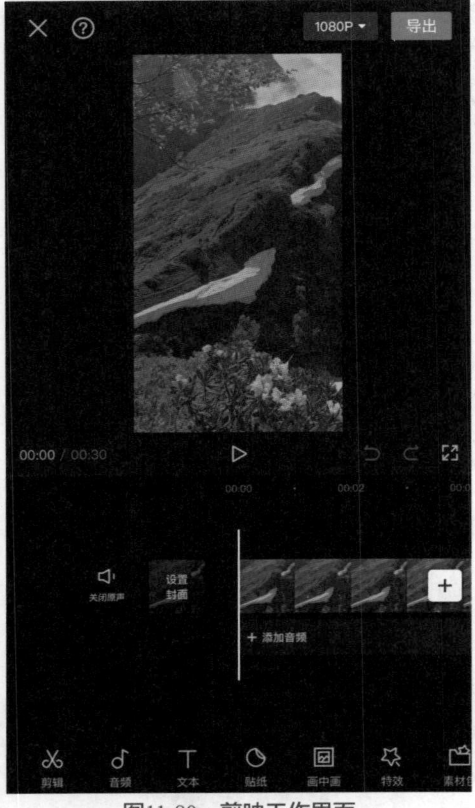

图11-80 剪映工作界面

02 将主工具栏滑动到“调节”按钮的位置，如图11-81所示。

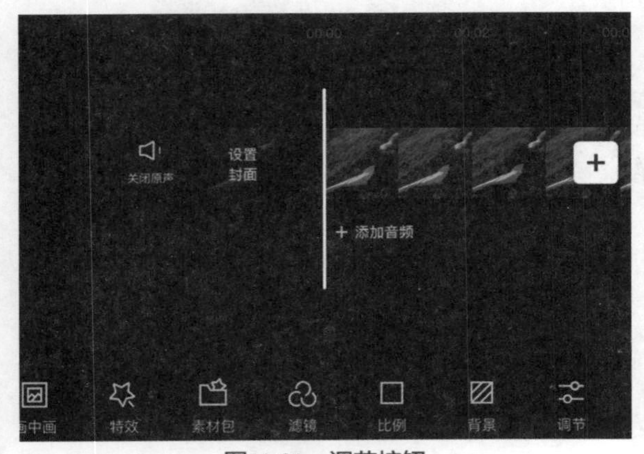

图11-81 调节按钮

03 单击“调节”按钮，打开调节选项栏，如图11-82所示。

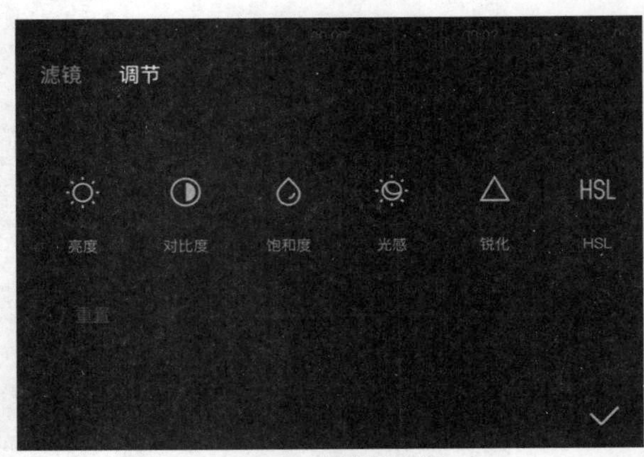

图11-82 调节选项栏

04 单击“亮度”按钮，打开亮度选项栏，调整亮度，如图11-83所示。

图11-83 调整亮度

05 单击“对比度”按钮，打开对比度选项栏，调整对比度滑块，如图11-84所示。

06 单击“饱和度”按钮，打开饱和度按钮，调整饱和度参数，如图11-85所示。

图11-84　调整对比度

图11-85　调整饱和度

07 单击“HSL”按钮，打开HSL选项，单击“绿色”按钮，调整色调、饱和度和亮度，如图11-86所示。

图11-86　调整色调、饱和度和亮度

08 单击“色温”按钮，打开色温选项栏，调整色温，如图11-87所示。

图11-87　调整色温

09 单击右下角的“确认”按钮，时间线区域中增加了“调节1”轨道，调整后的效果如图11-88所示。

图11-88　调整后的效果

第 12 章

热门短视频制作

本章介绍热门短视频制作的方法和技巧，包括视频速度变慢的方法技巧，人物消失视频的制作，镜像视频的制作和照片转视频动画的制作方法。

12.1 视频速度变慢技巧

本节介绍视频变慢速效果的制作方法。

01 打开手机版剪映APP，单击“开始创作”按钮，进入选择素材界面，选择素材，单击右下角的“添加”按钮，添加视频后的工作界面如图12-1所示。

图12-1 添加视频后的工作界面

02 在时间线面板选中素材，单击底部工具栏中的“剪辑”按钮，打开剪辑工具栏，如图12-2所示。

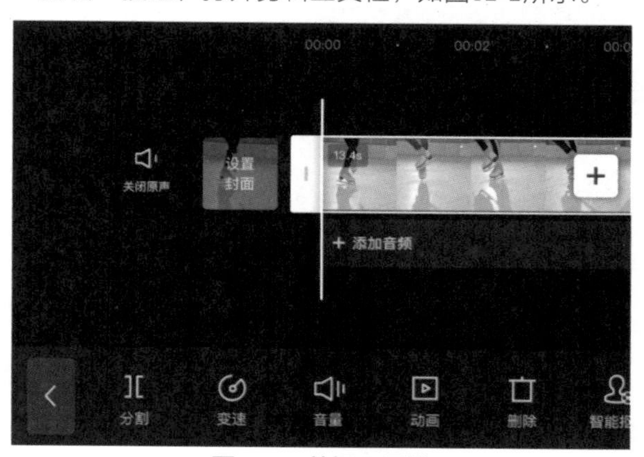

图12-2 剪辑工具栏

03 单击“变速”按钮，打开变速选项栏，如图12-3所示。

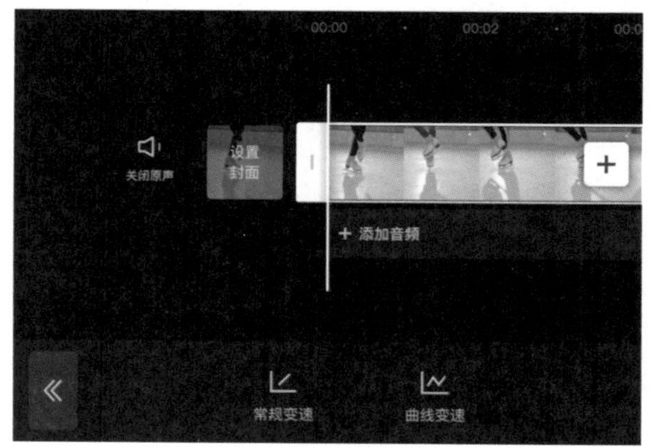

图12-3 变速选项栏

04 单击“曲线变速”按钮，打开曲线变速选项栏，如图12-4所示。

05 单击“自定”按钮，即可选择自定曲线变速，如图12-5所示。

06 单击“单击编辑”按钮，打开曲线变速选项栏，如图12-6所示。

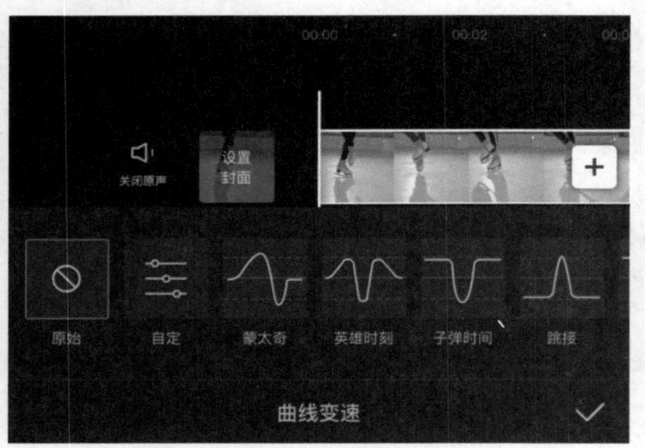

图12-4　曲线变速选项栏

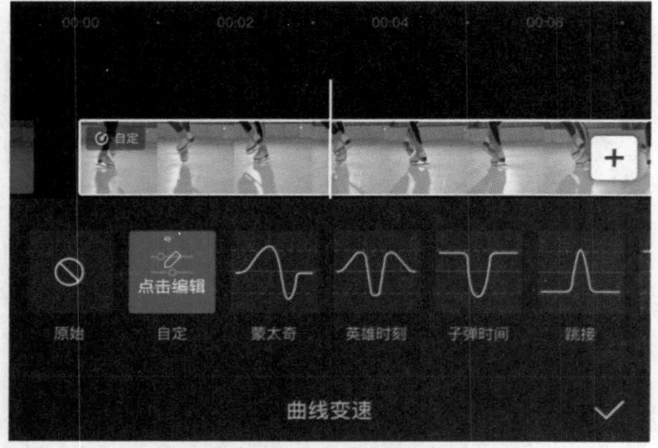

图12-5　自定曲线变速

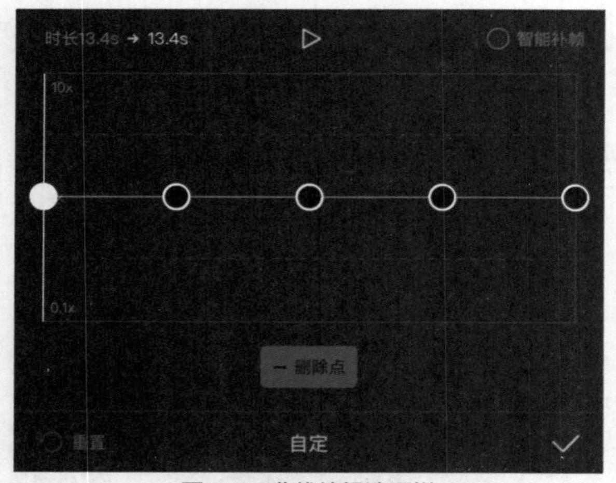

图12-6　曲线编辑选项栏

07 通过调整曲线上的控制点，调整视频的变速效果，如图12-7所示。

08 选择中间的控制点，单击“删除点”按钮，即可将控制点删除，如图12-8所示。

09 删除点之后，可以播放视频查看效果，如果效果不满意，可以再次调整控制点，如图12-9所示。

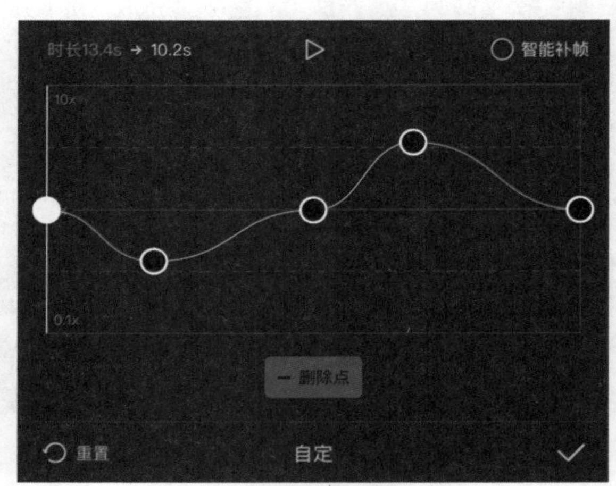

图12-7　调整曲线上的控制点

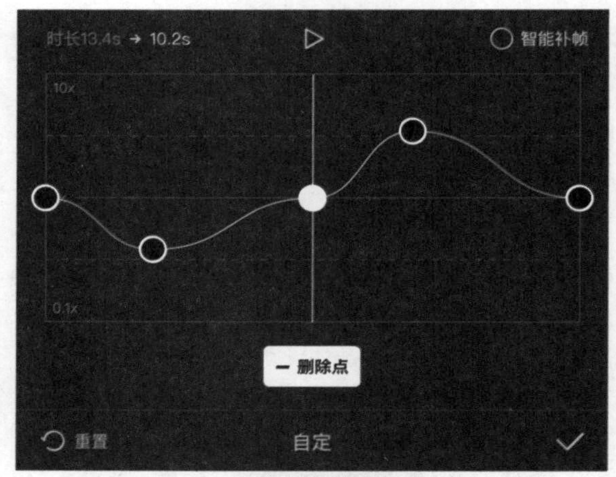

图12-8　删除点

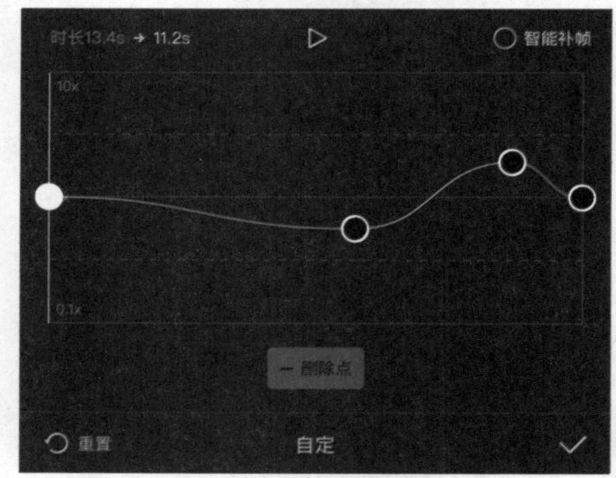

图12-9　再次调整控制点

10 单击右下角的“确认”按钮☑，进入剪映工作界面，单击右上角的“导出”按钮，即可导出视频，如图12-10所示。

导出视频将保存到相册，可以将视频同步到抖音或者西瓜视频。

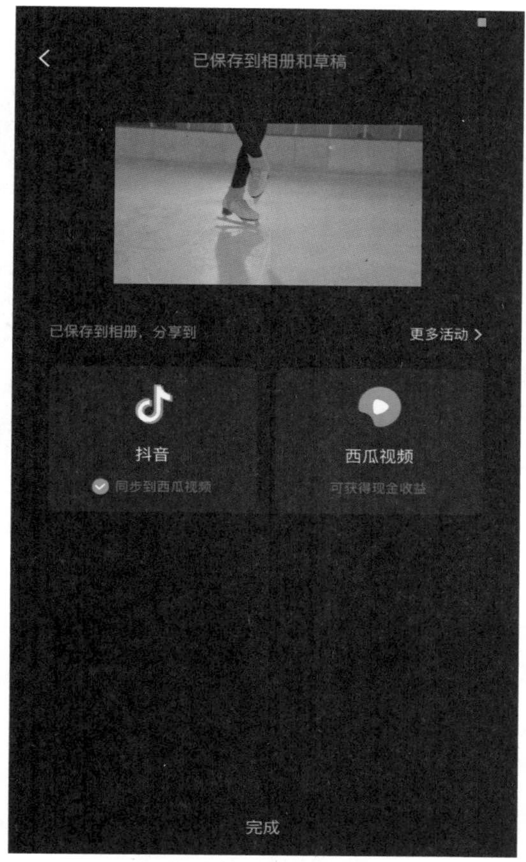

图12-10　**导出视频**

12.2　人物消失视频

本节介绍人物消失的视频制作，先拍摄视频，然后将视频进行定格，通过将定格的视频和原始视频进行合成，制作人物消失的效果。

01 打开手机版剪映APP，单击“开始创作”按钮，进入选择素材界面，选择素材，单击右下角的“添加”按钮，添加视频后的工作界面如图12-11所示。

图12-11　**添加视频后的工作界面**

02 在时间线面板中选中视频，在底部工具栏中单击“剪辑”按钮，进入剪辑选项栏，如图12-12所示。

03 单击“定格”按钮，将在时间线开始位置生成定格片段，定格片段默认时间是3秒，如图12-13所示。

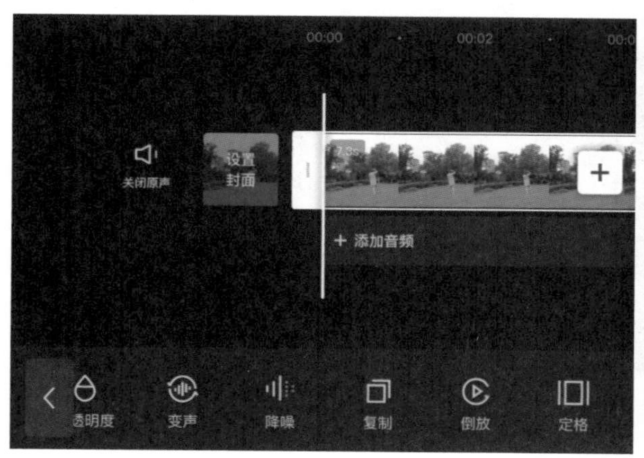

图12-12　**剪辑工具栏**

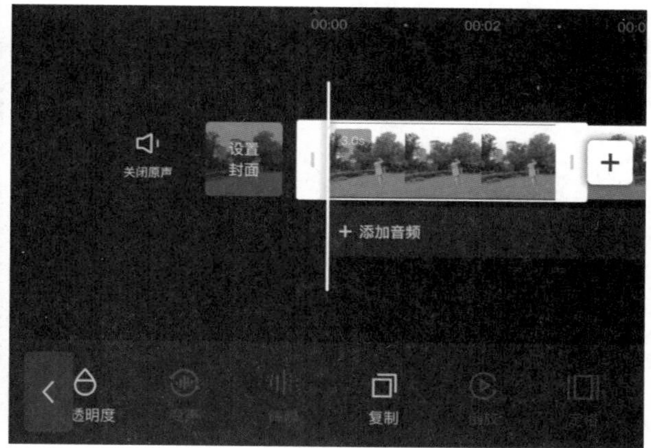

图12-13　**定格片段**

04 在时间线区域将时间移动到8秒的位置，如图12-14所示。

05 在时间线中选择视频，单击底部工具栏中的“定格”按钮，生成定格视频片段，如图12-15所示。

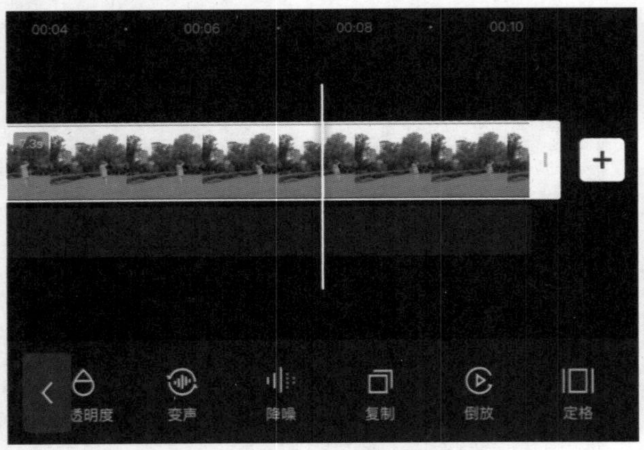

图12-14　移动时间

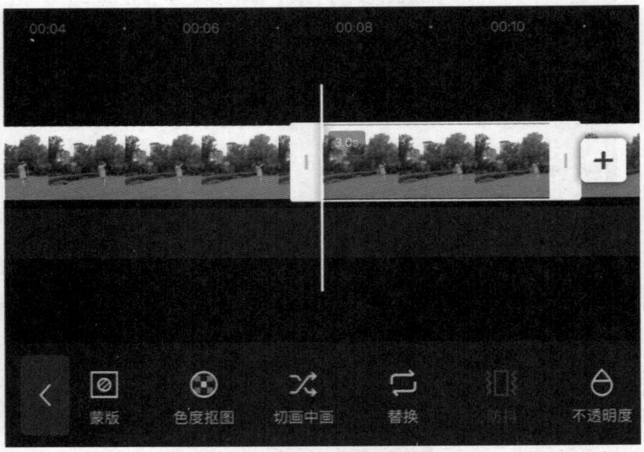

图12-15　生成定格视频片段

06 选中后面一个定格视频片段，单击“切画中画”按钮，如图12-16所示。

07 定格视频将切换到另外一个轨道层级上，如图12-17所示。

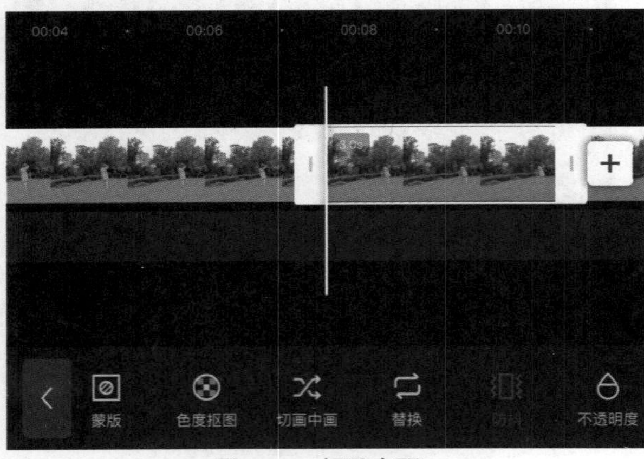

图12-16　切画中画

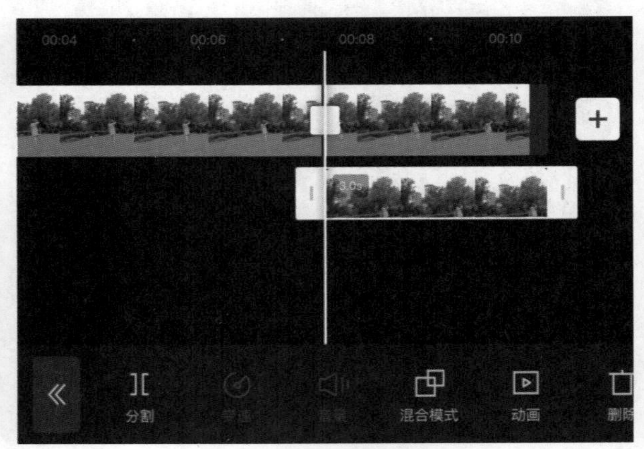

图12-17　切换到另一个轨道

08 将“定格视频”片段移动到时间开始位置，如图12-18所示。

09 选择下面轨道的定格视频片段，将底部工具栏滑动到“蒙版”按钮位置，如图12-19所示。

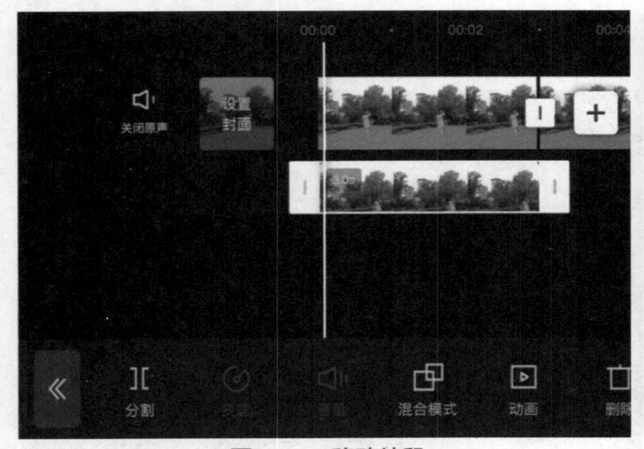

图12-18　移动片段

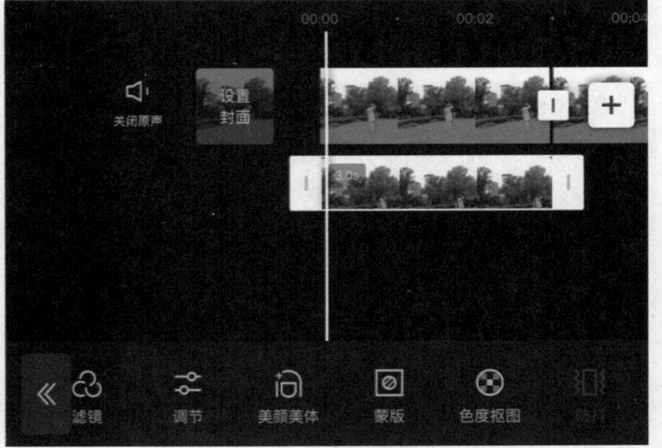

图12-19　“蒙版”按钮位置

10 单击“蒙版”按钮，打开蒙版选项栏，如图12-20所示。

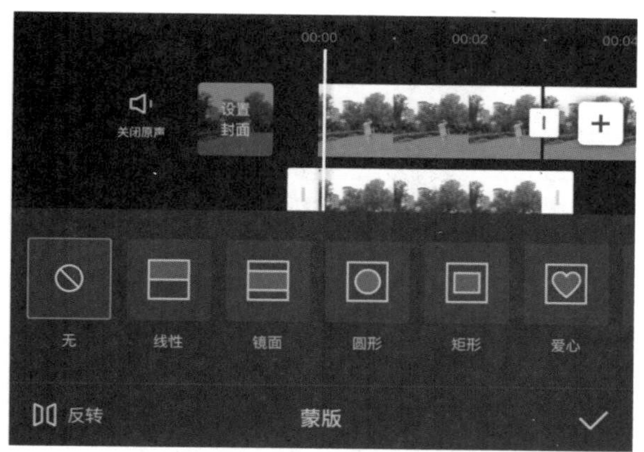

图12-20　蒙版选项栏

11 选择“矩形”蒙版，单击左下角的“反转”按钮，给定格视频添加蒙版效果，在预览窗口调整蒙版的位置，如图12-21所示。

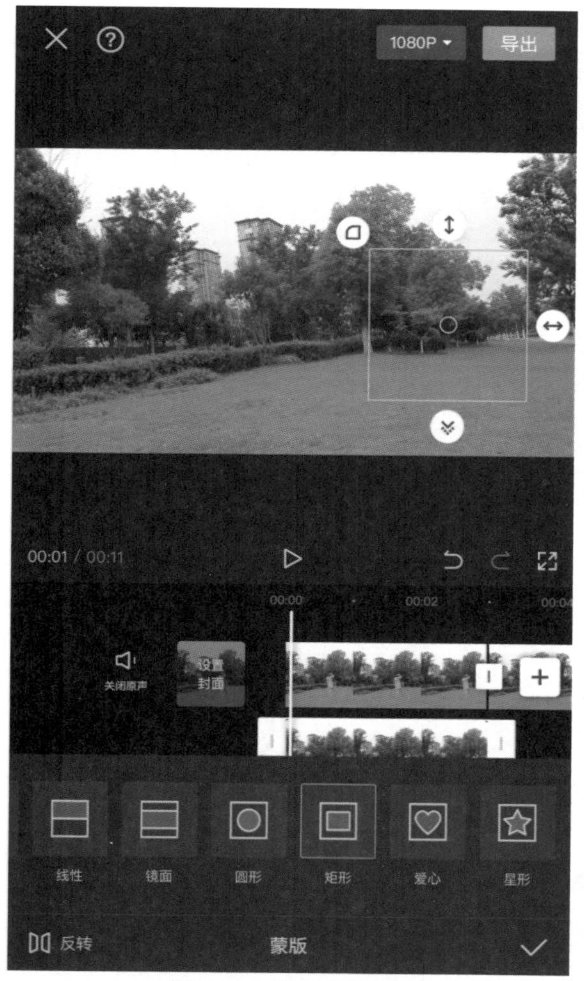

图12-21　调整蒙版位置

12 通过画中画和蒙版工具即可将视频画面中的人像消除，在时间线面板中选中开始导入的视频片段，如图12-22所示。

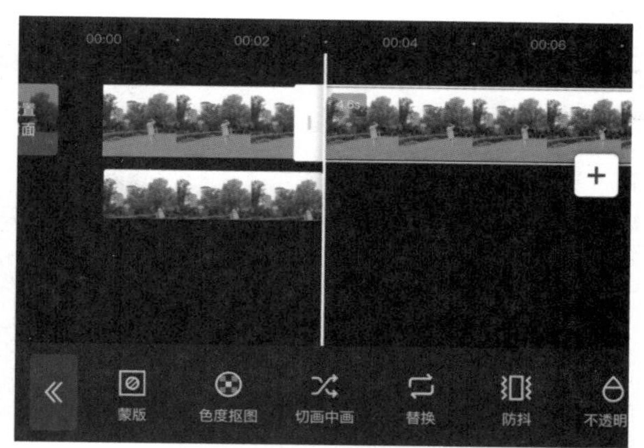

图12-22　选中视频片段

13 单击底部工具栏中的“删除”按钮，将选中的视频进行删除，删除后在时间线中不选择视频，底部工具栏将显示“新增画中画”按钮，如图12-23所示。

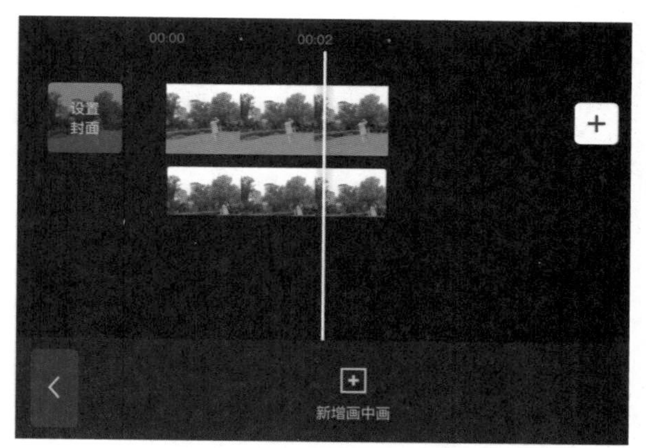

图12-23　“新增画中画”按钮

14 单击“新增画中画”按钮，打开素材文件，选择视频文件，单击右下角的“添加”按钮，添加视频后如图12-24所示。

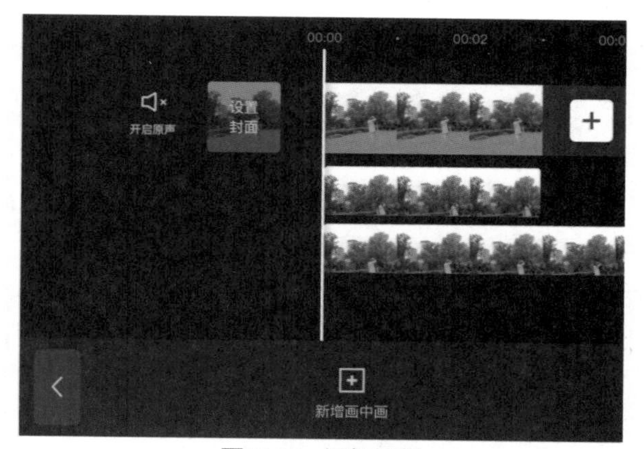

图12-24　添加视频

15 分别选择上面的两个定格视频片段，在视频的右端拖曳调整视频的时间相等，如图12-25所示。

16 选择最下面的视频片段，将时间线滑动到5秒位置，如图12-26所示。

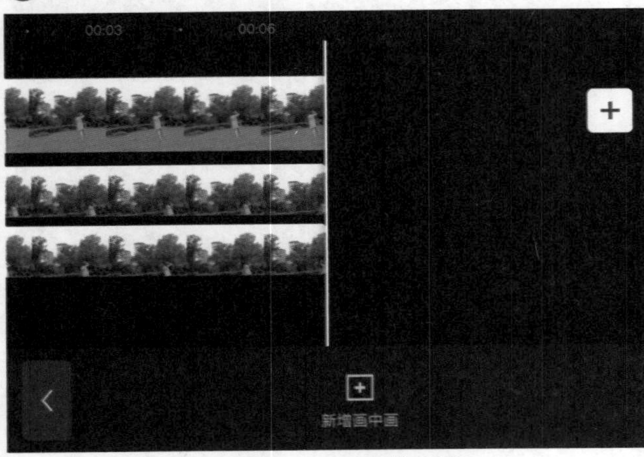

图12-25　**调整时间相等**

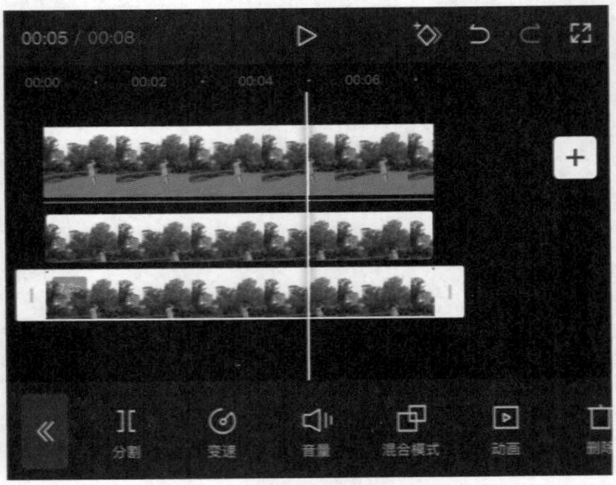

图12-26　**滑动时间线到5秒的位置**

17 单击“添加关键帧”按钮，在时间线上添加一个关键帧，如图12-27所示。

18 在时间线上将时间移动到7秒位置，如图12-28所示。

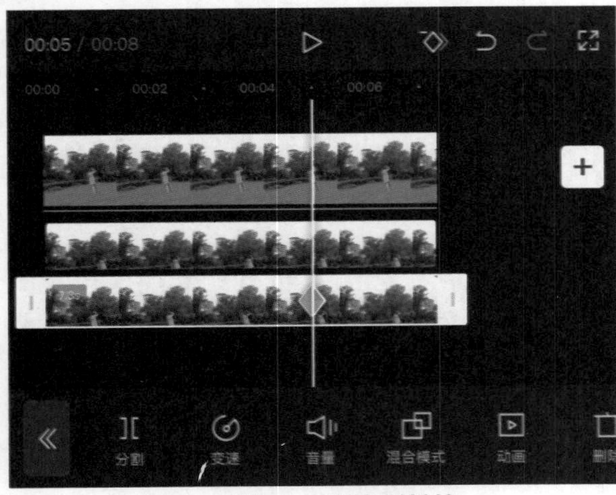

图12-27　**添加关键帧**

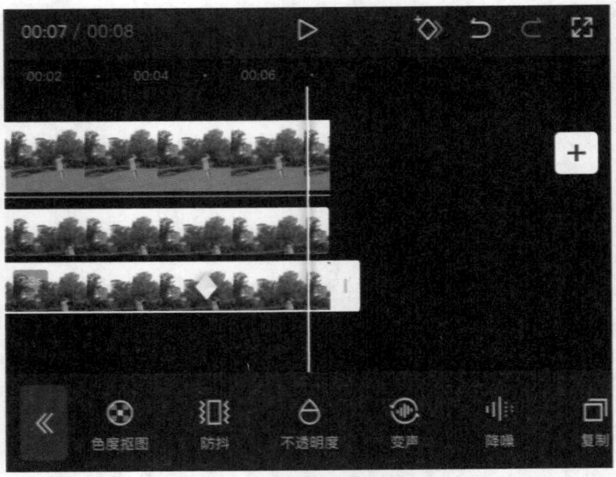

图12-28　**移动时间线到7秒的位置**

19 单击底部工具栏中的“不透明度”按钮，打开不透明度选项栏，将不透明度调整为0，如图12-29所示。

20 时间线上将自动添加关键帧，如图12-30所示。

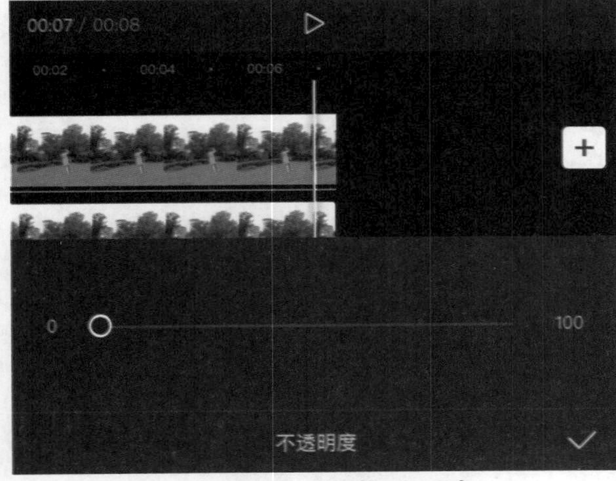

图12-29　**调整不透明度**

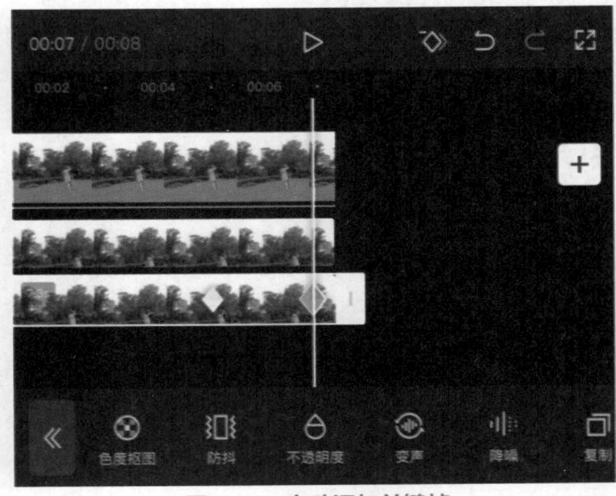

图12-30　**自动添加关键帧**

21 单击“返回”按钮◀，返回底部工具栏，单击“音频”按钮，打开音频选项栏，如图12-31所示。

22 单击“音乐”按钮，打开音乐选项栏，选择一首音乐，单击“使用”按钮，即可将音乐添加到时间线面板，如图12-32所示。

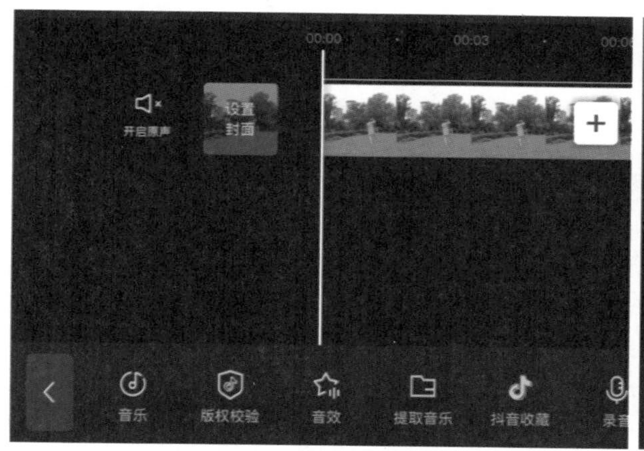

图12-31 音乐选项栏

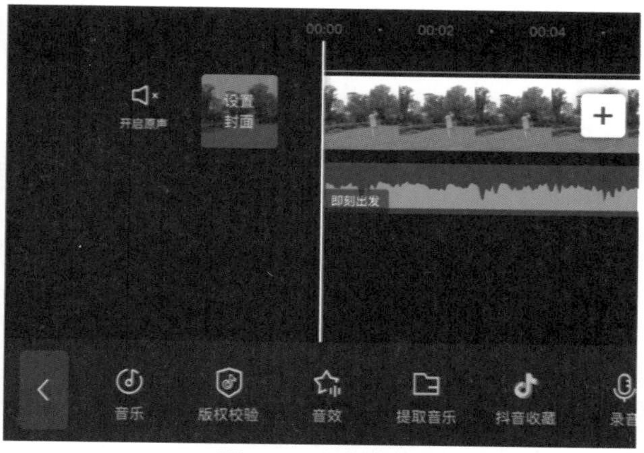

图12-32 添加音乐

23 选择音乐轨道，对音乐进行剪辑，使音乐和视频时间相等，如图12-33所示。

24 选中音频，单击“淡化”按钮，调整淡入时长和淡出时长，如图12-34所示。

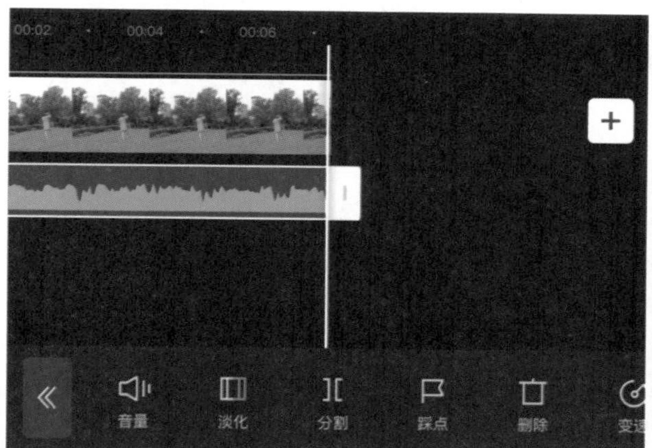

图12-33 剪辑音频

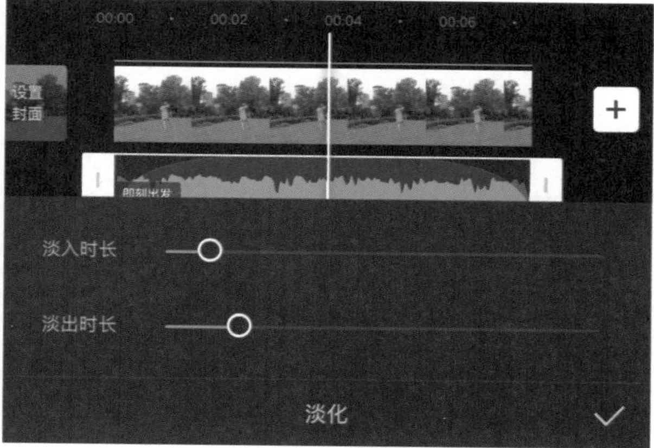

图12-34 调整淡入时长和淡出时长

25 单击右下角的“确认”按钮✓，完成音乐的调整，调整后的效果如图12-35所示。

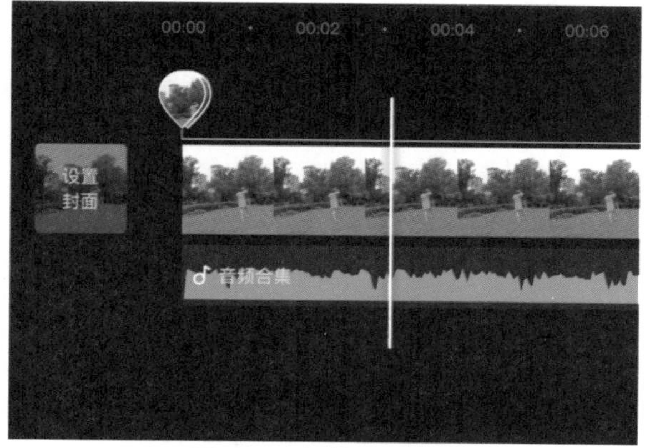

图12-35 调整后的效果

26 单击“播放”按钮▶，可以播放视频效果，单击右上角的“导出”按钮，即可导出视频。

12.3 镜像视频制作

本节介绍镜像视频的制作方法。

01 打开手机版剪映APP，单击“开始创作”按钮，进入选择素材界面，选择素材，单击右下角的“添加”按钮，添加视频后工作界面如图12-36所示。

02 单击底部工具栏中的“画中画”按钮，打开画中画选项栏，如图12-37所示。

03 单击“新增画中画”按钮，选择同一个视频进行添加，添加后如图12-38所示。

04 在预览区使用双指对视频进行缩放，使其与原始视频大小一致，缩放后的效果如图12-39所示。

05 在时间线区域中选中下面轨道的视频，在底部工具栏中单击“编辑”按钮，如图12-40所示。

06 打开编辑选项栏，单击“镜像”按钮，如图12-41所示。

07 返回工具栏，将工具栏滑动到“蒙版”位置，如图12-42所示。

图12-36 添加素材后的工作界面

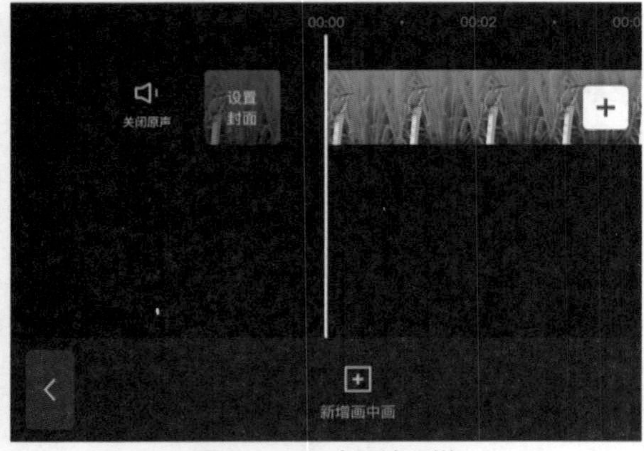

图12-37 画中画选项栏

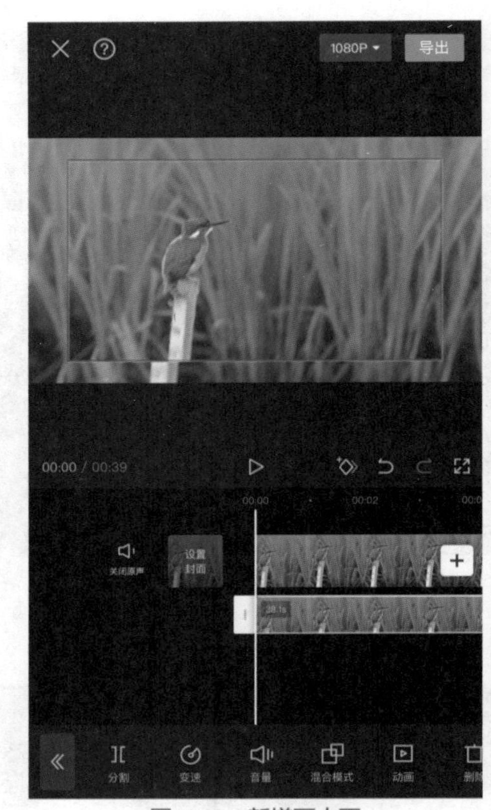

图12-38 新增画中画

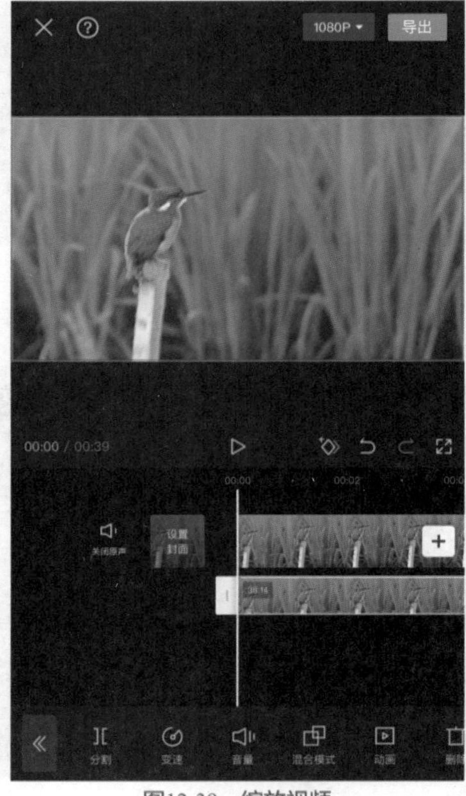

图12-39 缩放视频

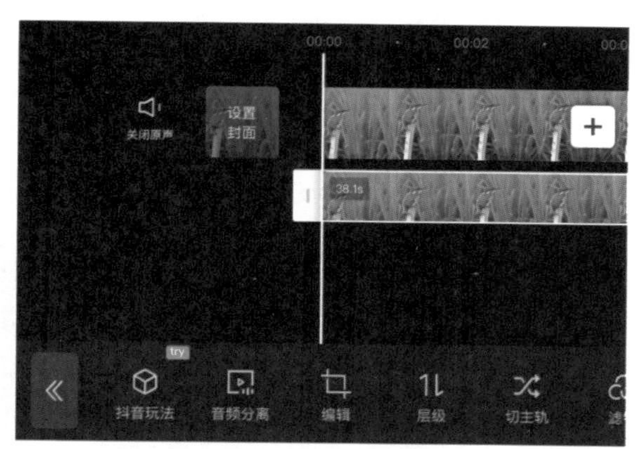

图12-40　编辑选项栏

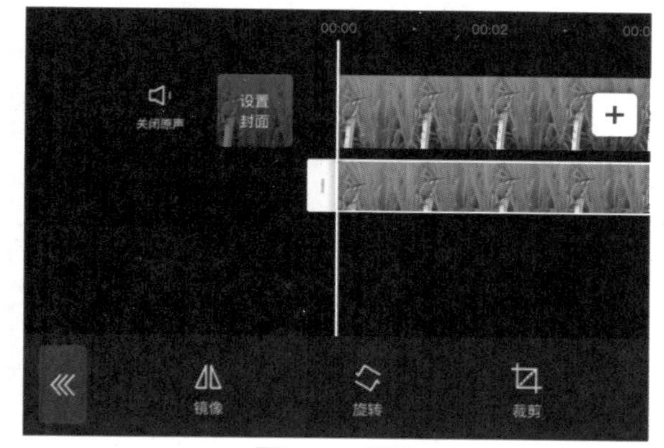

图12-41　镜像

图12-42　蒙版

08 单击“蒙版”按钮，打开蒙版选项栏，如图12-43所示。

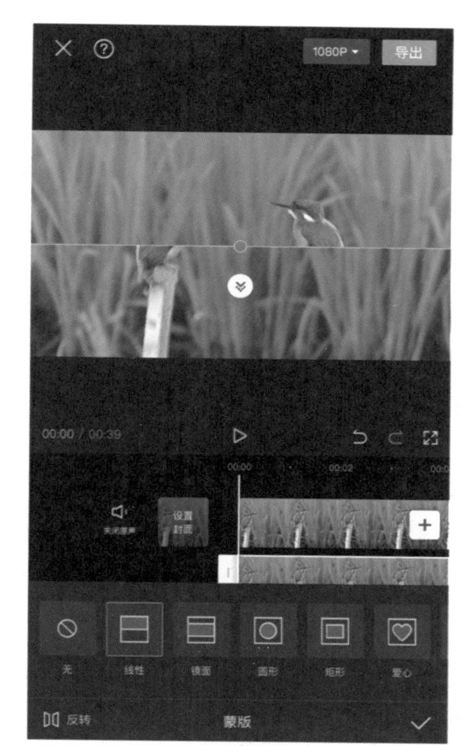

图12-43　蒙版选项栏

09 在蒙版中选择“线性”按钮，在预览区使用双指进行旋转，旋转为垂直方向，然后再拖曳羽化按钮，如图12-44所示。

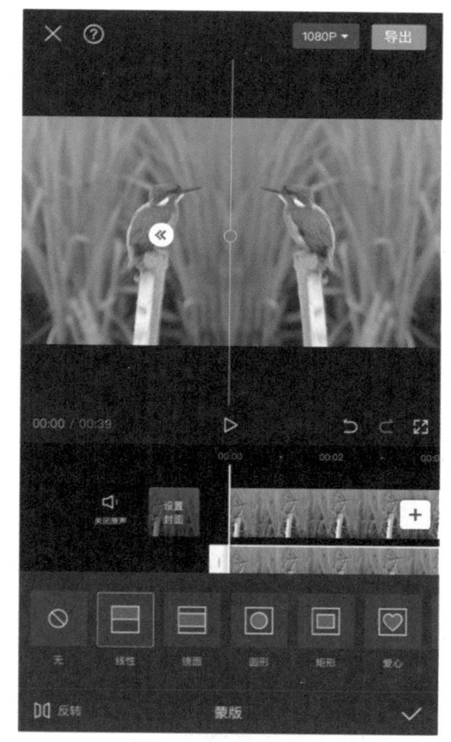

图12-44　调整蒙版

10 单击右下角的“确认”按钮☑，完成视频合成，如图12-45所示。

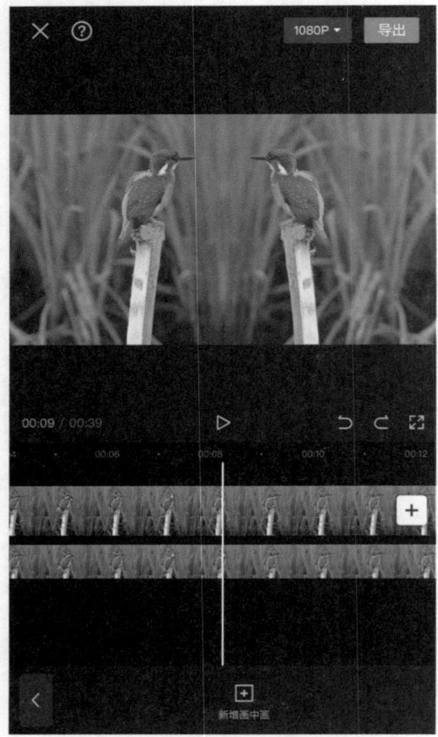

图12-45 调整后的效果

11 单击右上角的“导出”按钮，完成视频保存，可以将视频同步到抖音和西瓜视频，如图12-46所示。

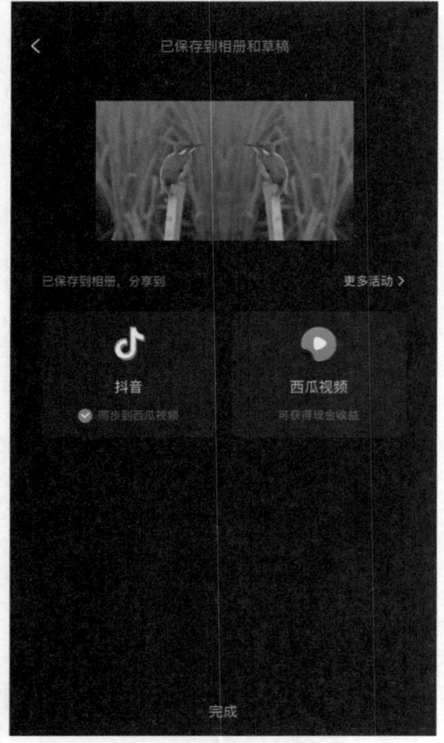

图12-46 导出视频

12.4 照片转视频动画

本节介绍将照片转换成视频动画的方法和技巧。

01 打开手机版剪映APP，工作界面如图12-47所示。

图12-47 工作界面

02 单击“一键成片”按钮，进入选择素材界面，选择素材，单击右下角的“下一步”按钮，添加后进入合成状态，工作界面如图12-48所示。

03 在底部工具栏选择一个模板后单击“编辑”按钮，进入编辑状态，编辑包括视频编辑和文本编辑，如图12-49所示。

04 在“视频编辑”下的视频片段上单击“单击编辑”按钮，可以对素材进行拍摄、替换和裁剪操作，如图12-50所示。

05 单击“文本编辑”按钮，打开文本编辑选项栏，如图12-51所示。

图12-48　一键成片工作界面

图12-49　进入编辑状态

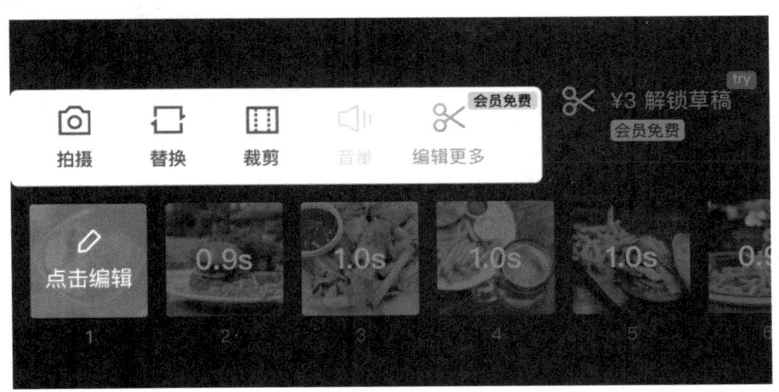

图12-50　视频编辑

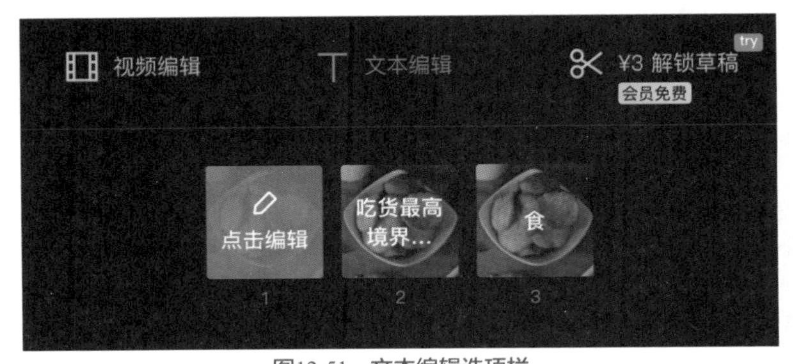

图12-51　文本编辑选项栏

06 在“文本编辑”下的视频片段上单击“单击编辑”按钮，可以为素材进行文本编辑，如图12-52所示。

图12-52　文本编辑

07 单击“完成”按钮，可以对其他文本进行设置，单击右上角的“导出”按钮，打开导出设置面板，如图12-53所示。

图12-53　导出设置面板

08 单击“无水印保存并分享”按钮，完成视频导出，视频导出成功后可以将视频分享到抖音平台，如图12-54所示。

图12-54　导出成功

第 13 章

Premiere Pro 快速入门

Premiere Pro是短视频制作者和专业人士必不可少的视频编辑工具，是易学、高效、精确的视频剪辑软件。Premiere Pro提供了视频导入、剪辑、调色、音频、字幕添加和导出等功能。

13.1 Premiere Pro 软件介绍

Premiere Pro可以编辑和剪辑各种素材，无论是专业相机还是手机的素材，分辨率都可高达8K，可以使用专业模板创建动画图形和字幕，使用音频工具和音轨为故事添加独特的声音；使用Adobe Sensei的自动转录功能，将对话转换为字幕；使用Lumetri Color工具轻松、精确地进行有选择的色彩分级。本节介绍Premiere Pro软件的基本运用。

13.1.1 Premiere Pro 2022 工作界面

本小节介绍Premiere Pro 2022软件的工作界面。

 打开Premiere Pro 2022软件，启动界面如图13-1所示。

图13-1 启动界面

02 打开软件之后，进入软件的工作界面，如图13-2所示。

图13-2 软件的工作界面

03 单击“新建项目”按钮，打开新建项目窗口，在“项目名”文本框中输入项目的名称，在“项目位置”中可以选择项目的存储位置，在“创建新序列”选项的“名称”文本框中输入序列名称，如图13-3所示。

图13-3 新建项目窗口

04 单击“创建”按钮，即可创建项目，进入到Premiere Pro 2022工作界面，如图13-4所示。

菜单栏包括文件、编辑、剪辑、序列、标记、图形和标题、视图、窗口和帮助菜单。

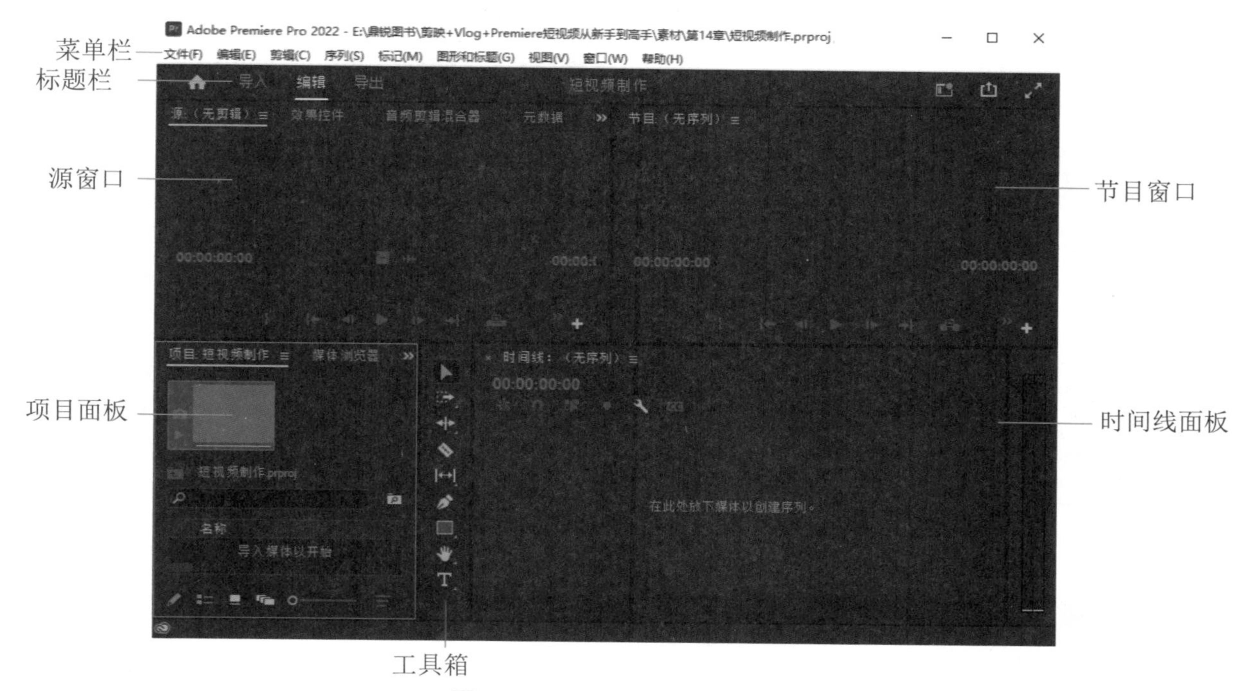

图13-4 Premiere Pro 2022工作界面

13.1.2 项目面板

本小节介绍项目面板，项目面板用于存放管理素材和其他媒体文件。

01 打开Premiere Pro软件，项目面板在工作界面的左下角，如图13-5所示。

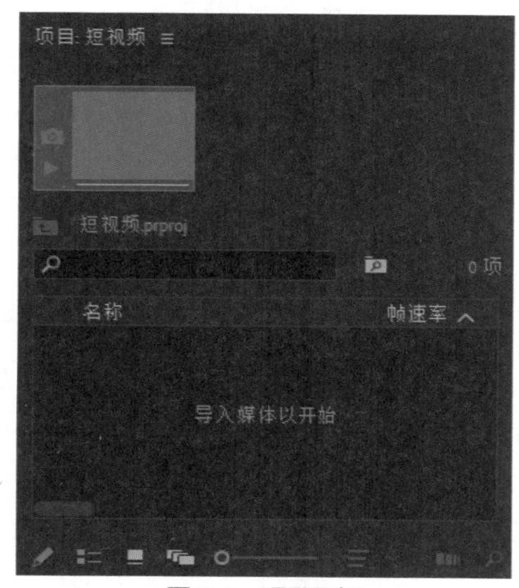

图13-5 项目面板

02 素材可以直接导入到项目面板，素材包括视频、音频和图片，在项目面板右击，在弹出的快捷菜单中选择“导入”选项，在出现的对话框中选择素材即可导入到项目面板，如图13-6所示。

图13-6 导入素材

03 在项目面板的左下角位置，单击“切换视图功能”按钮，可以切换素材的显示形式，如图13-7所示。

04 单击项目面板的右下角的“新建项”按钮，“新建项”中包括“序列”“项目快捷方式”“脱机文件”“调整图层”“彩条”“黑场视频”“颜色遮罩”“通用倒计时片头”“透明视频”，如图13-8所示。

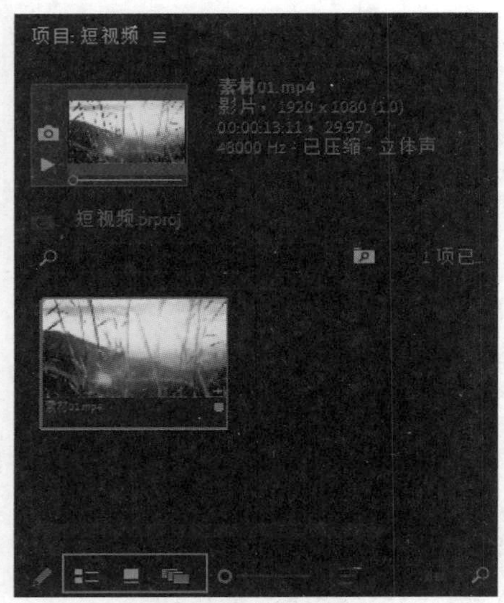

图13-7　**切换视图功能**

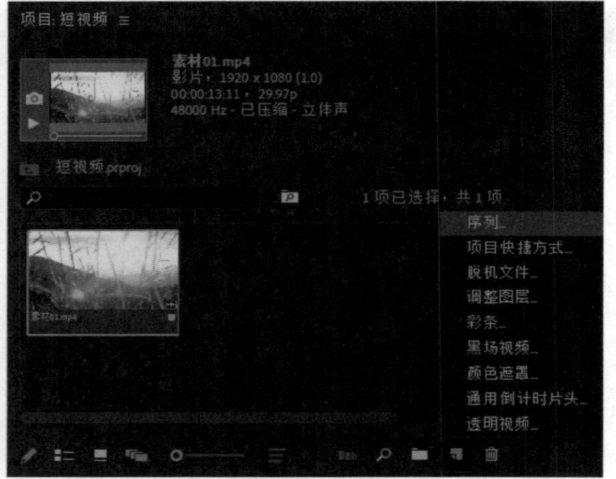

图13-8　**新建项**

13.1.3　源窗口

源窗口是原始视频素材的预览窗口。本小节介绍源窗口面板。

01 在项目面板双击视频素材，视频素材即显示在“源”窗口，如图13-9所示。

图13-9　**“源”窗口**

02 在“源”窗口中单击“选择缩放级别”按钮，会弹出不同等级的放大或者缩小，如图13-10所示。

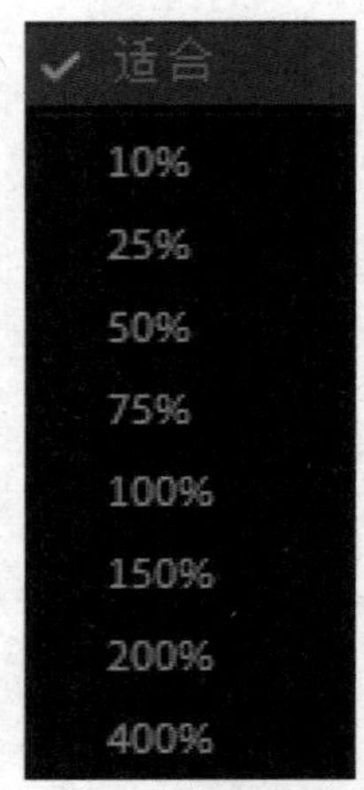

图13-10　**选择缩放级别**

03 选择“适合”选项可以看到整个画面的预览效果。单击“选择回放分辨率”按钮，会弹出不同等级的分辨率，调整数值的下拉菜单，降低分辨率可以流畅地预览视频，如图13-11所示。

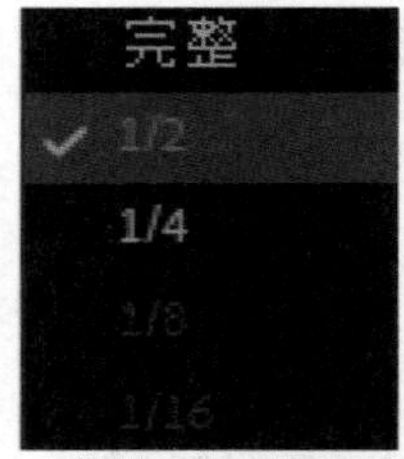

图13-11　**分辨率**

04 视频预览之后，可以对视频的范围进行选择，将时间指针移动到合适的位置，单击“入点”按钮，给视频标记选择范围的开始点，然后移动时间到另外一个位置，单击“出点”按钮，可以给视频标记选择范围的结束点，如图13-12所示。

图13-12　**入点和出点**

05 确定好范围之后，在“源”窗口将视频拖曳到时间线面板，如图13-13所示。

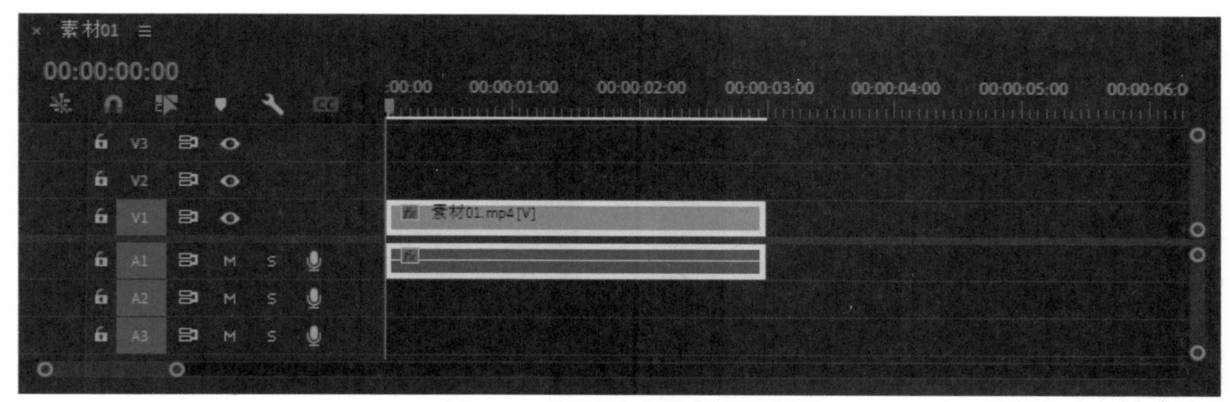

图13-13　将视频拖曳到时间线面板

13.1.4　时间线面板

时间线面板用于剪辑素材。本小节介绍时间线面板的运用。

01 时间线面板上的剪辑轨道分为视频轨道和音频轨道，如图13-14所示。

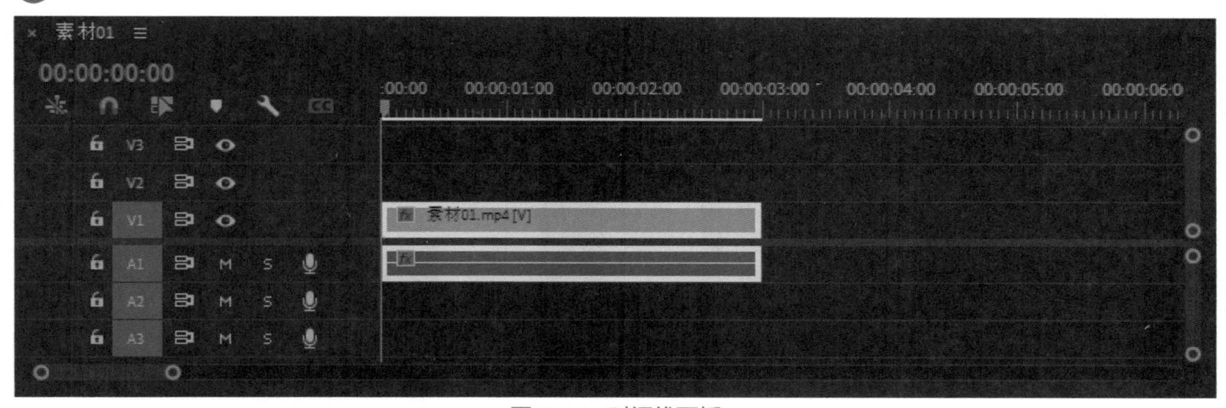

图13-14　时间线面板

02 视频轨道的表示方式是V1、V2、V3，可以添加多个轨道的视频，如需要增加轨道数量可以在轨道端上方空白处右击，然后在弹出的快捷菜单中选择“添加轨道”选项，如图13-15所示。

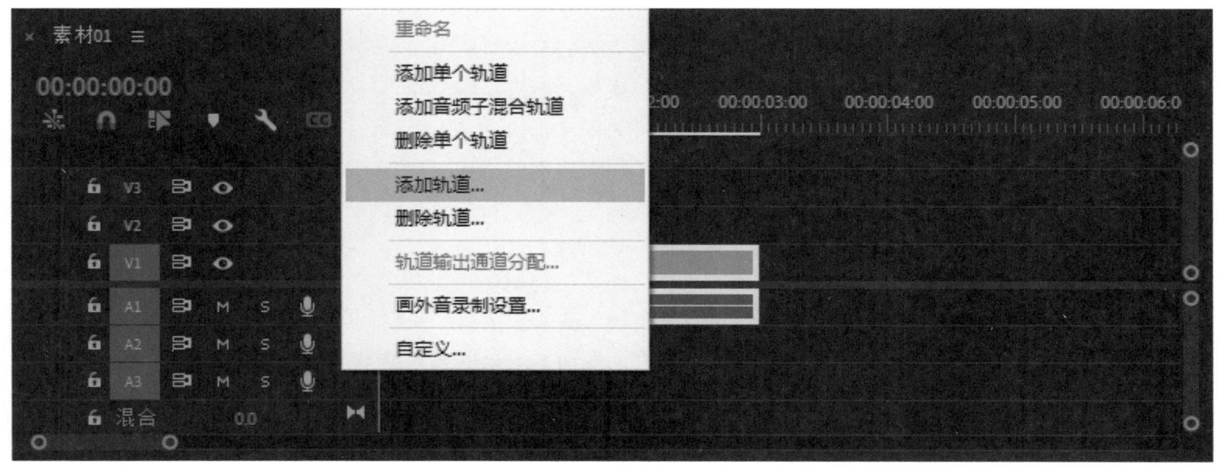

图13-15　添加轨道

03 在弹出的窗口中输入添加视频轨道的数量即可，如图13-16所示。

04 音频轨道的添加方法和视频轨道的添加方式相同，当音频轨道有多条音频时，声音将会同时播放。

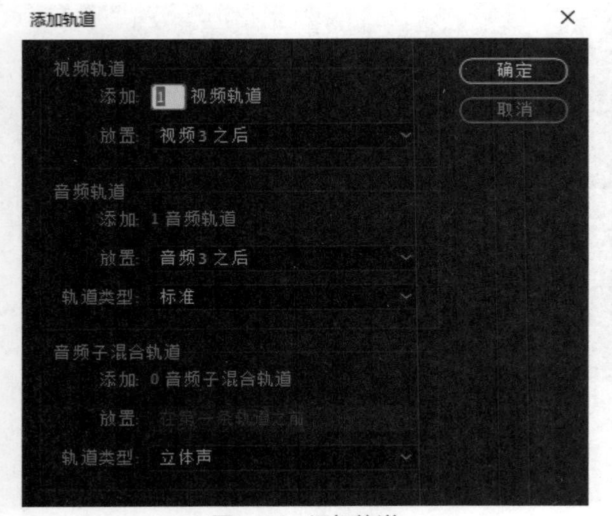

图13-16　**添加轨道**

13.1.5　节目窗口

节目窗口是最终成片效果的预览窗口，移动节目窗口底部时间指针或者移动时间线上的时间指针即可预览成片效果，如图13-17所示。

图13-17　**节目窗口**

13.1.6　工具箱

Premiere Pro工具箱主要包括选择工具、向前选择轨道工具、波纹编辑工具、剃刀工具、外滑工具、钢笔工具、矩形工具、手形工具和文字工具等。工具箱如图13-18所示。

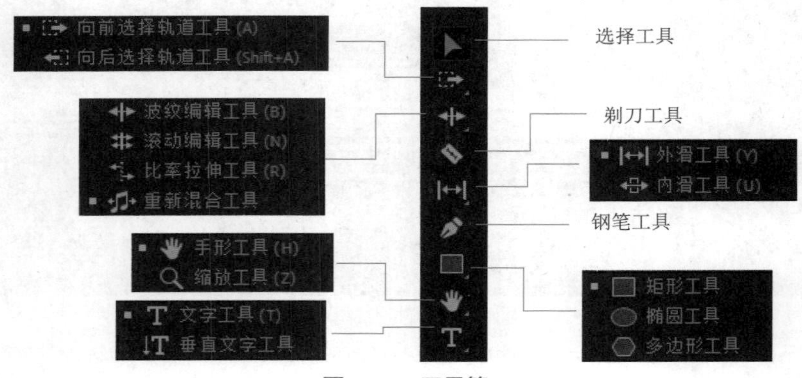

图13-18　**工具箱**

- 选择工具：用于时间线面板上素材的选择和素材位置的调整。
- 向前选择轨道工具：用于选择序列中位于光标右侧的所有剪辑轨道。
- 向后选择轨道工具：用于选择序列中位于光标左侧的所有剪辑轨道。
- 波纹编辑工具：用于修剪“时间线”内某剪辑的入点或出点。
- 滚动编辑工具：用于“时间线”内两个剪辑之间编辑点的滚动。
- 比率拉伸工具：用于加速视频片段的回放速度。
- 重新混合工具：用于混合音乐视频，重新定义时间长度。
- 剃刀工具：在“时间线”内的剪辑中进行一次或多次切割操作。
- 外滑工具：用于同时更改“时间线”内某剪辑的入点和出点。
- 内滑工具：用于将“时间线”内的某个剪辑向左或向右移动，同时修剪其周围的两个剪辑。
- 钢笔工具：用于设置或选择关键帧，或调整“时间线”内的连接线。
- 矩形工具：用于在节目窗口绘制矩形形状。
- 椭圆工具：用于在节目窗口绘制椭圆形状。
- 多边形工具：用于在节目窗口绘制多边形形状。
- 手形工具：用于将时间线区域向左或向右移动。

- 缩放工具：放大或缩小“时间线”的查看区域。
- 文字工具：用于在节目窗口输入文本。
- 垂直文字工具：用于在节目窗口输入垂直文本。

13.1.7　导入

Premiere Pro 2022版本添加了新的标题栏，提供了视频编辑流程中的核心功能，包括导入、编辑、导出、工作区、快速导出和最大化输出视频等功能，如图13-19所示。

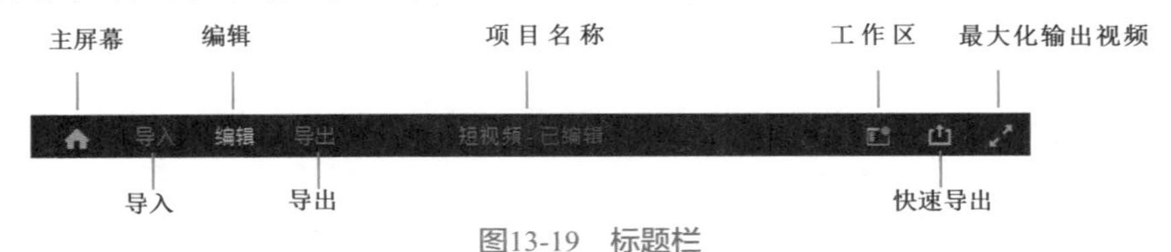

图13-19　标题栏

在标题栏的左侧，可以通过导入、编辑和导出选项卡访问视频创建流程的主要区域。

01 单击标题栏中的“导入”按钮，在文件夹中选择素材，右侧默认选择“创建新序列”选项，如图13-20所示。

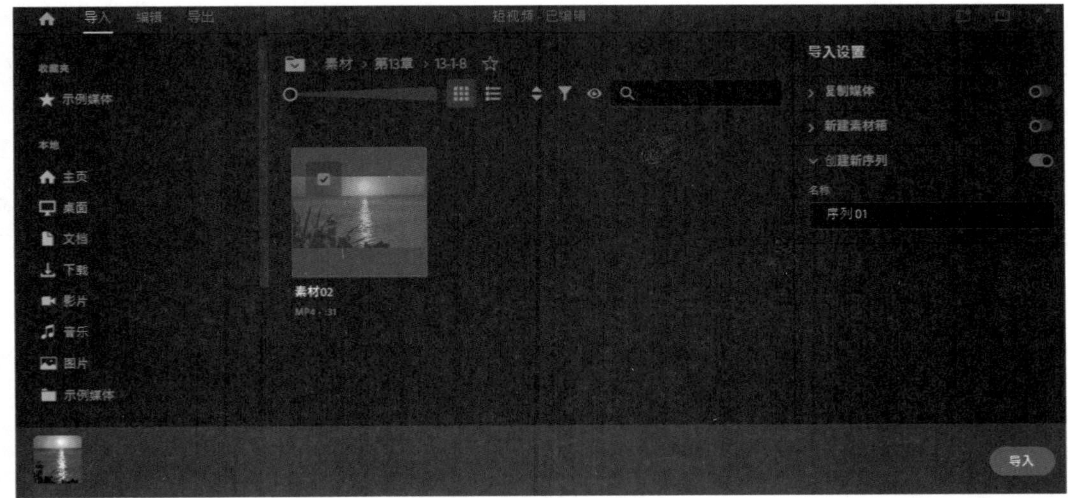

图13-20　导入标题栏

02 单击“导入”按钮，将素材导入到项目面板，并且创建了“序列01”，如图13-21所示。

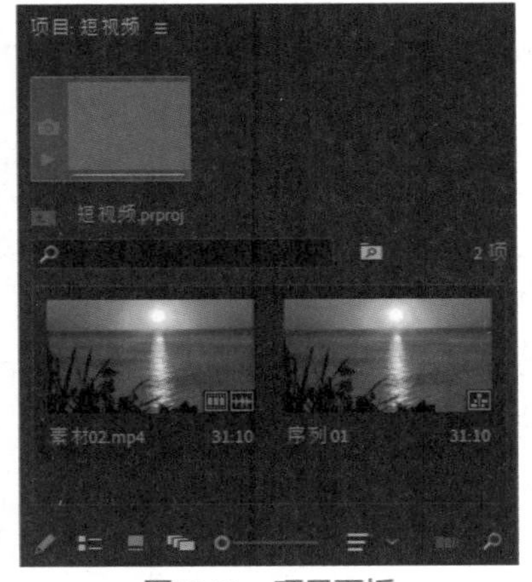

图13-21　项目面板

导入标题栏中可以导入的视频和音频文件。

13.1.8 编辑工作区

Premiere Pro软件默认情况下使用“编辑”工作区，本小节介绍“编辑”工作区。

01 单击“工作区”展开软件自带的工作区下拉列表，如图13-22所示。

图13-22 工作区

02 在下拉列表中选择“颜色”选项，即可打开颜色工作区面板，如图13-23所示。

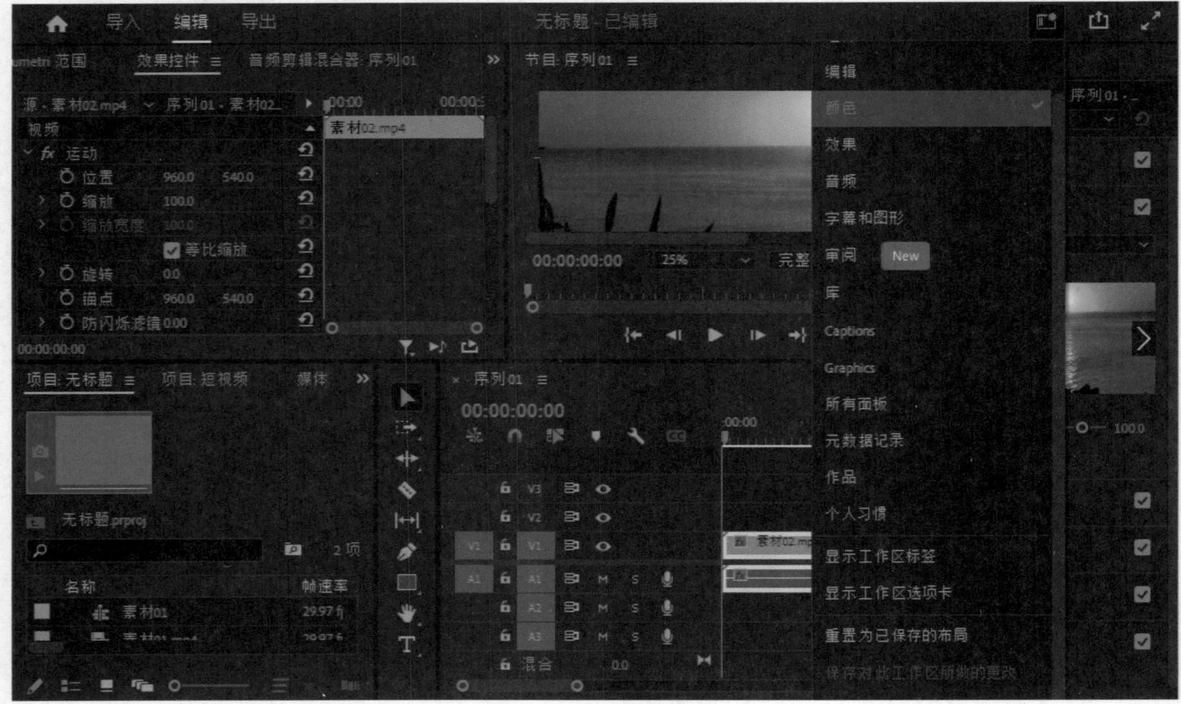

图13-23 颜色工作区

03 也可以从“窗口”菜单打开工作区，执行“窗口”|“工作区”命令，然后选择所需的工作区。

04 选择工作区菜单底部的编辑工作区，此时将显示“编辑工作区”对话框，如图13-24所示。

05 可以通过拖曳改变工作区的顺序，还可以对自定义的工作区进行删除。

06 在操作过程中，可以改变面板的位置，或者关闭部分面板，修改布局后，Premiere Pro会记住新的布局。可以将调整好的布局另存为自定义工作区，打开“工作区”下拉菜单并选择“另存为新工作区”选项即可，如图13-25所示。

07 如果要恢复为原面板布局，打开“工作区”下拉菜单并选择“重置为已保存的布局”选项即可。

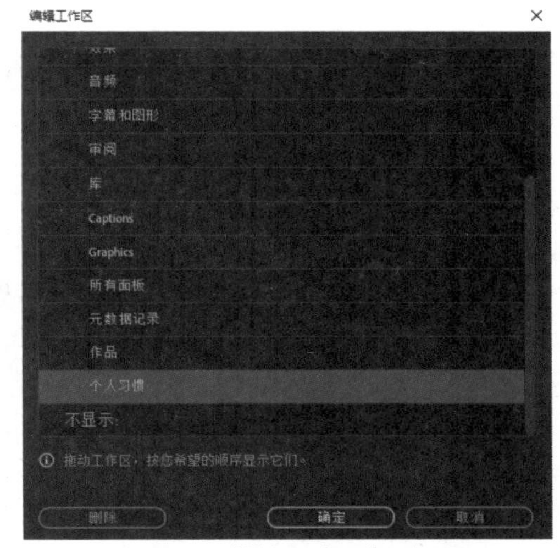

图13-24　“编辑工作区”对话框

图13-25　另存为新工作区

13.1.9　导出

编辑完成的视频可以通过发布内容的目标位置进行有针对性的处理，快速、轻松地导出。可以针对流行的社交平台（如抖音、快手、小红书以及微信视频号）使用经优化的渲染设置，还可以使用高级设置来自定义导出。

01 单击标题栏中的“导出”按钮，打开导出面板，如图13-26所示。

02 在左侧可以设置导出目标，如图13-27所示。

03 单击“添加媒体文件目标”按钮，导出设置中将添加“媒体文件”，如图13-28所示。

04 选择媒体文件，单击“设置”按钮…，选择“重命名”选项，如图13-29所示。

05 将媒体文件重命名为“西瓜视频”，命名后如图13-30所示。

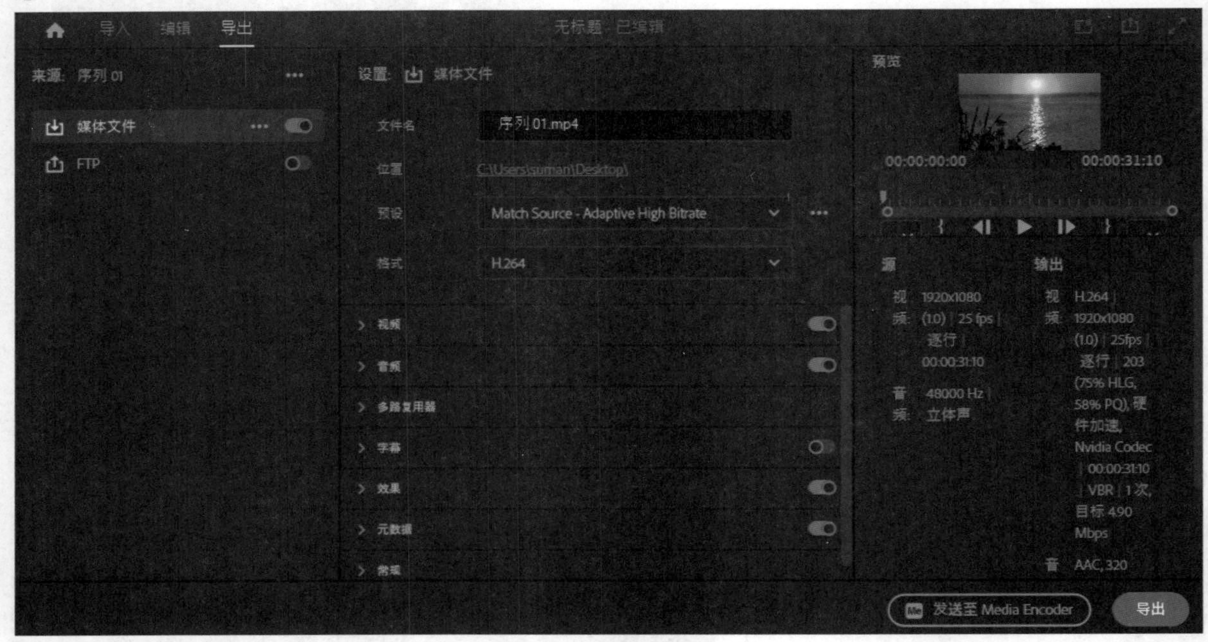

图13-26　导出面板

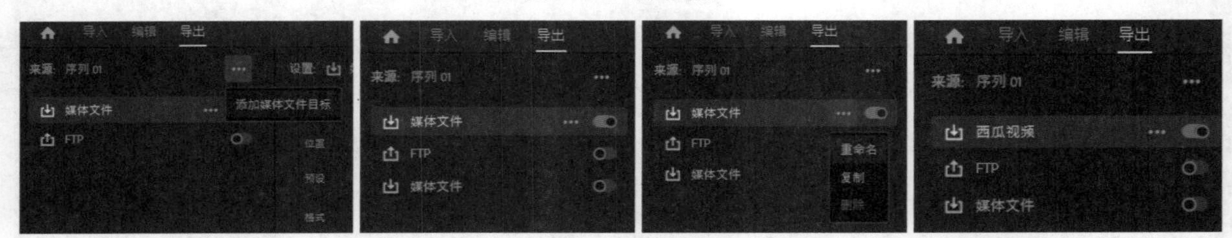

图13-27　导出目标　　图13-28　媒体文件　　图13-29　重命名选项　　图13-30　重命名

06 在设置面板中选择预设，可以设置文件名称和位置，如图13-31所示。

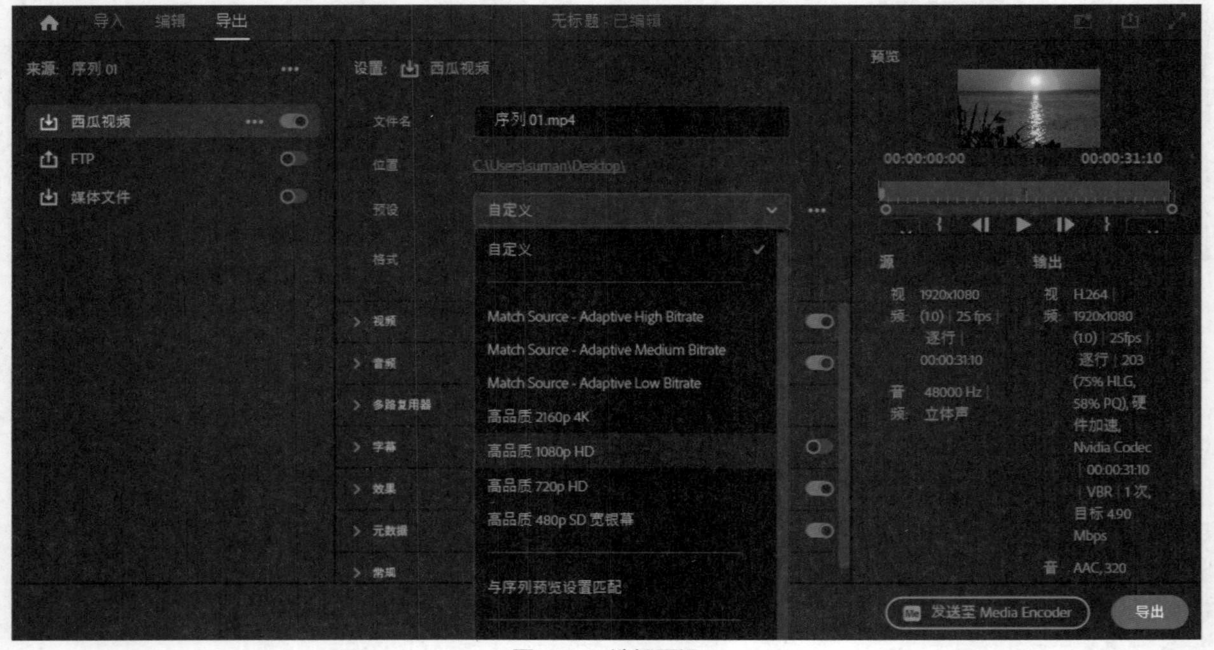

图13-31　选择预设

07 设置完成后，在预览窗口预览视频，如图13-32所示。

08 预览之后，单击右下角的“导出”按钮，可以导出视频，如图13-33所示。

图13-32　预览视频

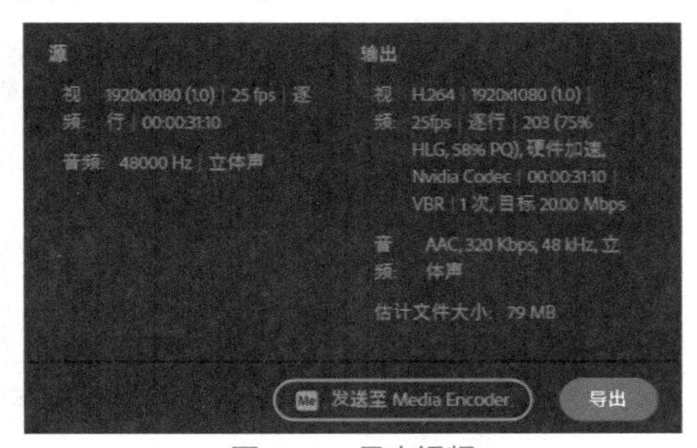

图13-33　导出视频

13.2　剪辑视频

在Premiere Pro软件中，可以使用选择工具、剃刀工具或者波纹编辑等进行视频剪辑。

13.2.1　使用选择工具剪辑视频

“选择工具”是时间线中的默认工具，使用选择工具可以单击编辑点，修剪“入点”以及修剪“出点”等。

01 在时间线面板中选择编辑点，拖曳编辑点即可对视频进行剪辑，如图13-34所示。

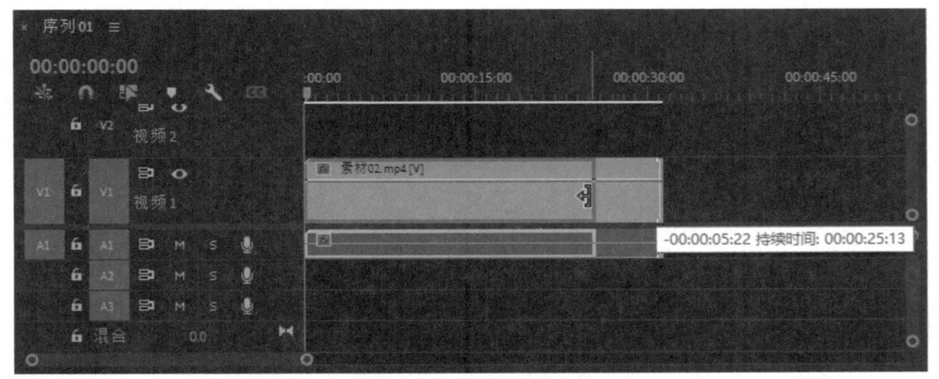

图13-34　选择编辑点后剪辑视频

02 在视频开始的位置拖曳编辑点也可以对视频进行剪辑，如图13-35所示。

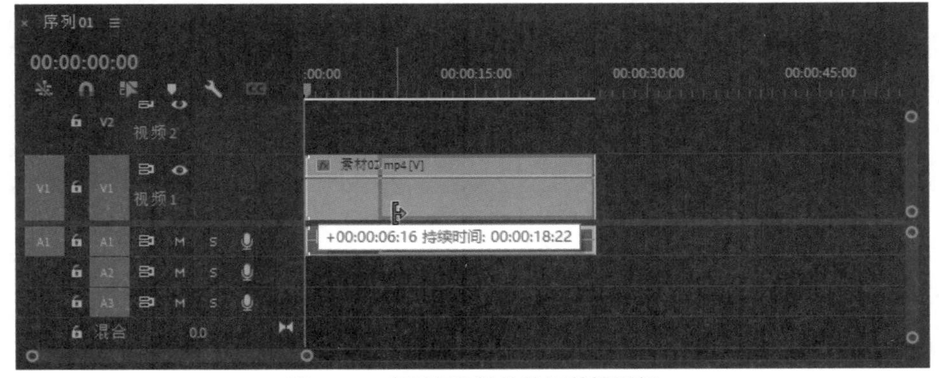

图13-35　在视频开始的位置剪辑视频

03 对时间线轨道上的视频进行前后两端的剪辑，剪辑后的视频如图13-36所示。

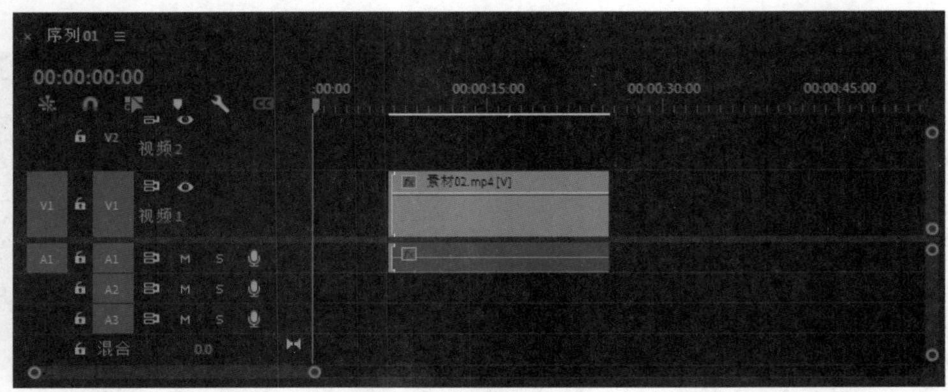

图13-36　剪辑后的视频

13.2.2　剃刀工具

使用剃刀工具可以将一个视频片段剪切成两个片段或者多个片段。

01 在工具栏中选择“剃刀工具”，在时间线面板中单击视频即可进行剪辑，如图13-37所示。

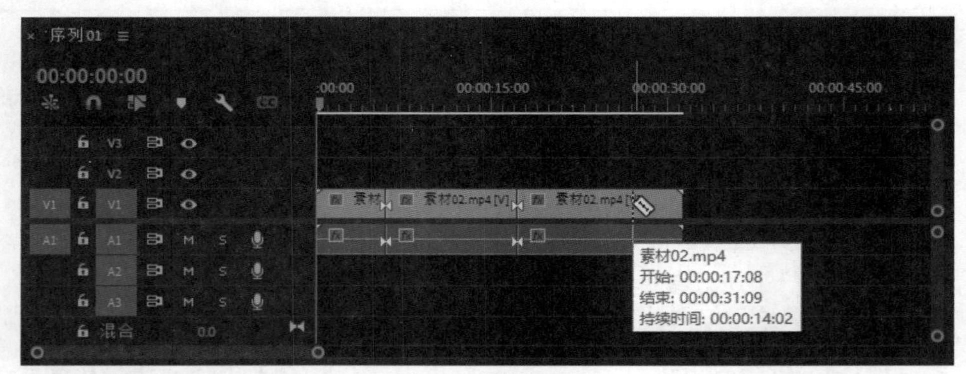

图13-37　剃刀工具

02 剪辑后选择不需要的片段，右击，在弹出的快捷菜单中选择“波纹删除”选项，即可删除片段，后面的视频片段将移动到前面片段末端的位置，如图13-38所示。

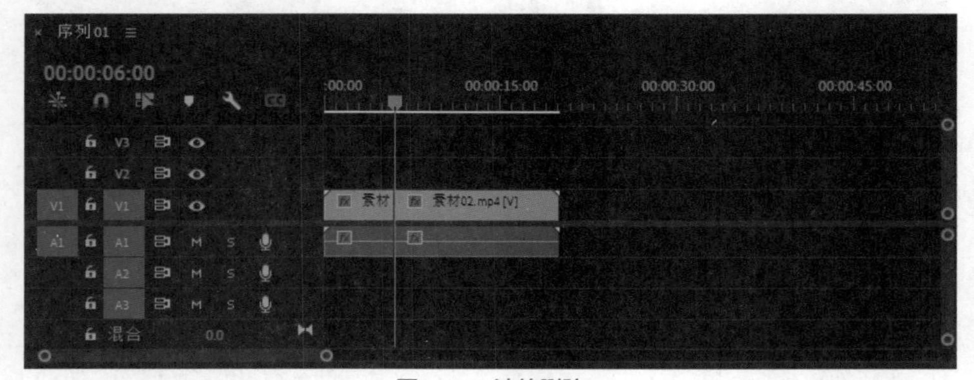

图13-38　波纹删除

13.2.3　波纹编辑工具

“波纹编辑工具”可弥合由编辑导致的间隙，并对已修剪的视频进行剪辑。

01 使用“波纹编辑工具”单击编辑点，如图13-39所示。

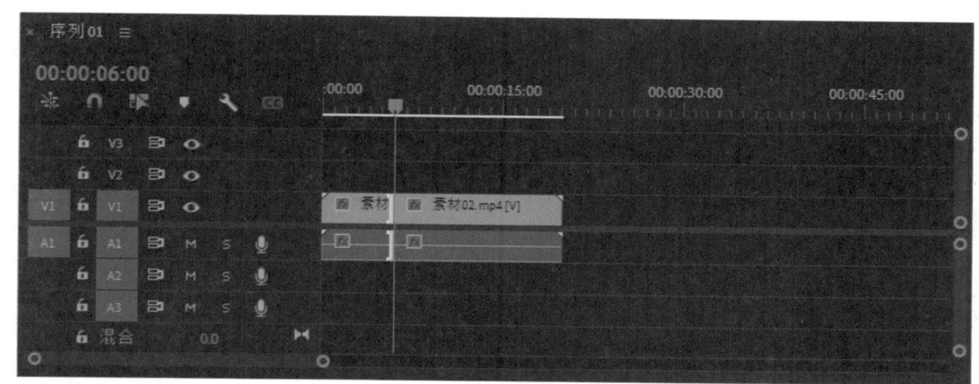

图13-39　**使用波纹编辑工具**

02 在时间线面板中拖曳编辑点，如图13-40所示。

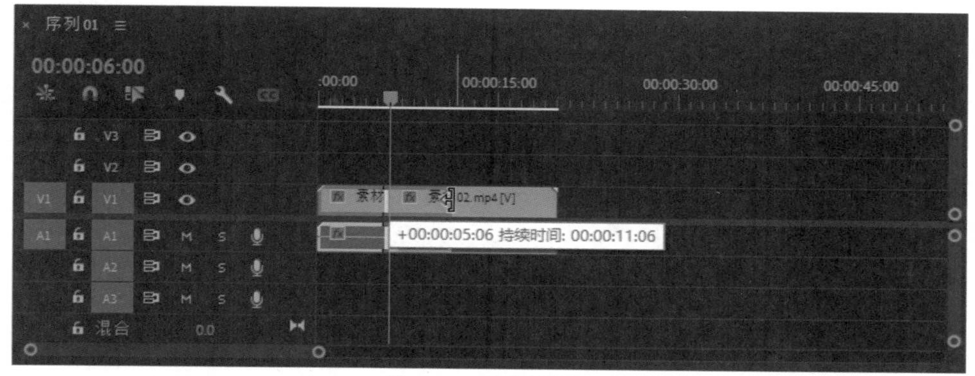

图13-40　**拖曳编辑点**

03 通过波纹编辑之后，后面的视频片段跟着移动，时间线轨道如图13-41所示。

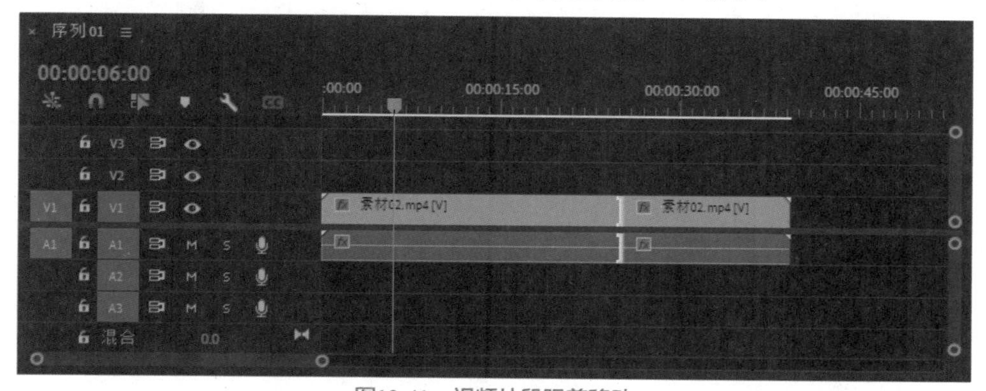

图13-41　**视频片段跟着移动**

13.3　添加字幕

“字幕”工作区包含文本面板，可以在其中编辑字幕文本。可以在节目监视器上看到显示的字幕；可以在基本图形面板中编辑字幕的外观；可以在轨道中编辑字幕轨道。

13.3.1　字幕

本小节介绍字幕工作区的运用。

01 执行“窗口”|“文本”命令，打开文本面板，如图13-42所示。

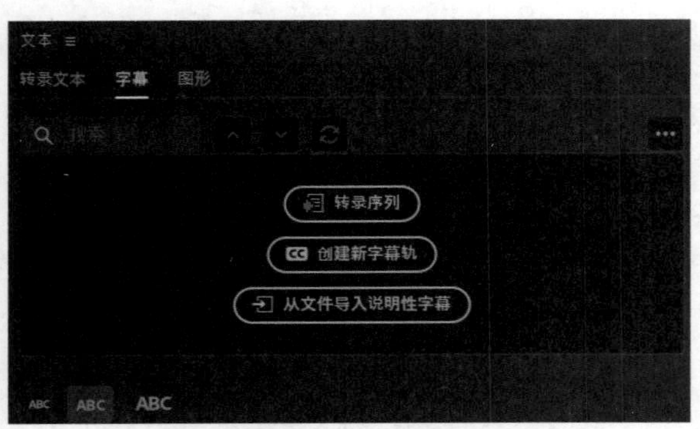

图13-42　文本面板

02 在文本面板中，单击“创建新字幕轨”，打开“新字幕轨道”对话框，可以选择字幕轨道格式和样式。如图13-43所示。

03 默认格式选项为“字幕”，这项格式可创建美观的风格化字幕，单击“确定”按钮以创建轨道。

04 Premiere Pro会将新的字幕轨道添加到当前序列，将播放指示器放置在第一段对话的开头，如图13-44所示。

图13-43　“新字幕轨道”对话框

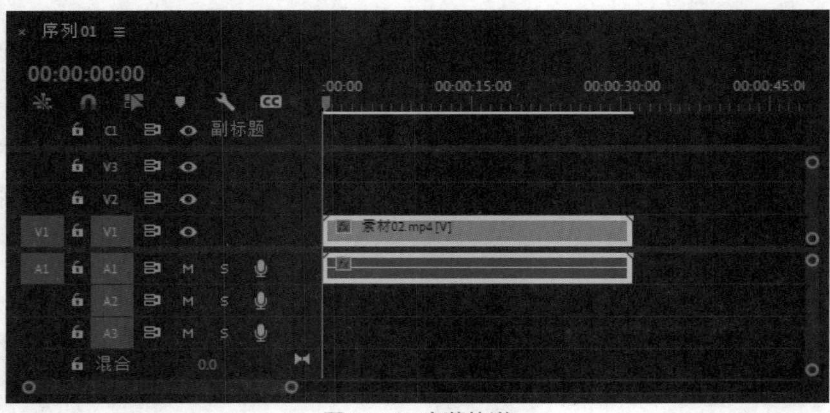

图13-44　字幕轨道

05 打开文本面板，单击“字幕”按钮，如图13-45所示。

图13-45　文本面板

06 单击文本面板中的图标添加空白字幕。双击文本面板或节目监视器中的“新建字幕”以开始编辑字幕，键入字幕文本，如图13-46所示。

07 在时间线中修剪字幕的终点，以便与对话的结尾对齐，如图13-47所示。

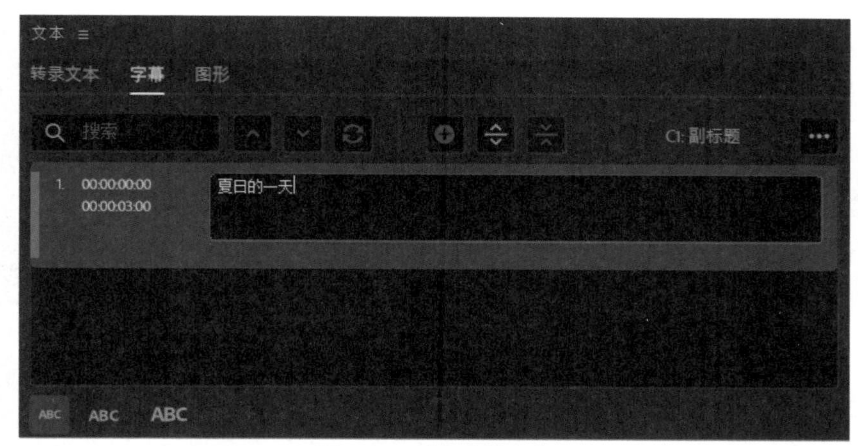

图13-46　键入字幕文本

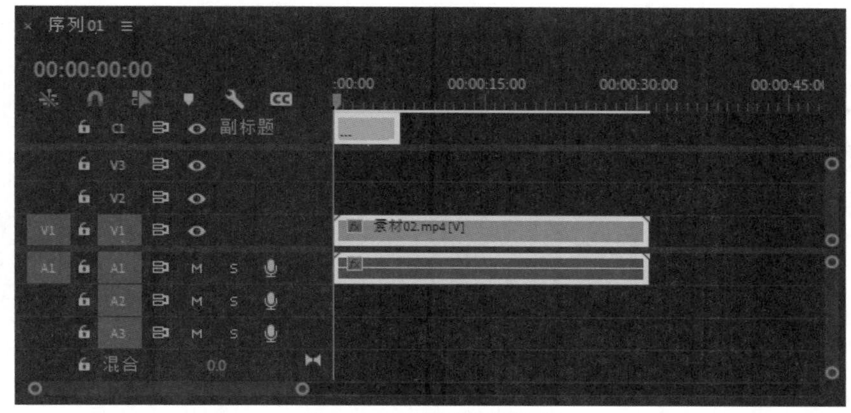

图13-47　修剪字幕的终点

13.3.2　语音转字幕

使用语音转文本功能为视频添加字幕，不但可以自动转录和添加字幕，还能对结果进行调整。字幕工作区包含文本面板，转录文本和字幕选项卡，可在转录文本选项卡中自动转录视频，然后生成字幕，在字幕选项卡以及节目监视器中进行编辑。字幕在时间线上有自己的轨道，可以使用基本图形面板中的设计工具设置字幕样式。

01 在项目面板中导入视频和音频，如图13-48所示。

02 将项目面板中的“素材01”拖曳到时间线面板，再将“音频素材”拖曳到音频轨道上，如图13-49所示。

03 执行“窗口”|“文本”命令，打开文本面板，单击“转录文本”选项卡，如图13-50所示。

04 在“转录文本”选项卡中，单击“创建转录”按钮，打开“创建转录文本”对话框，在“语言”下拉列表中选择“简体中文”选项，如图13-51所示。

05 单击“转录”按钮，Premiere Pro开始转录过程并在“转录文本”选项卡中显示结果，如图13-52所示。

06 可以在“转录”文本框中对文字进行替换。在“搜索”文本字段中输入搜索的文本，在“替换为”文本框中输入要替换的文本，单击“替换”按钮，如图13-53所示。

图13-48　项目面板

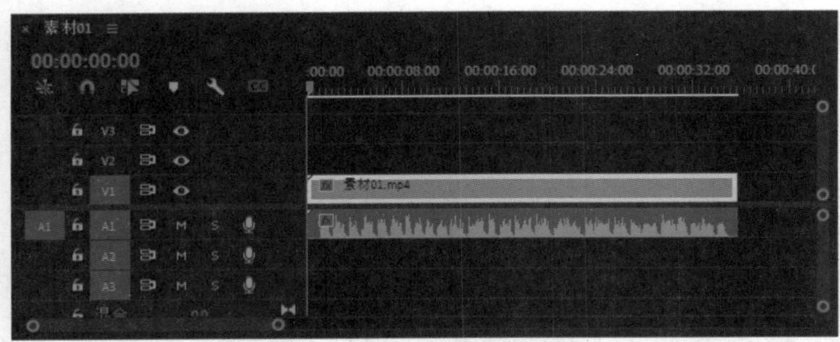

图13-49　音频轨道

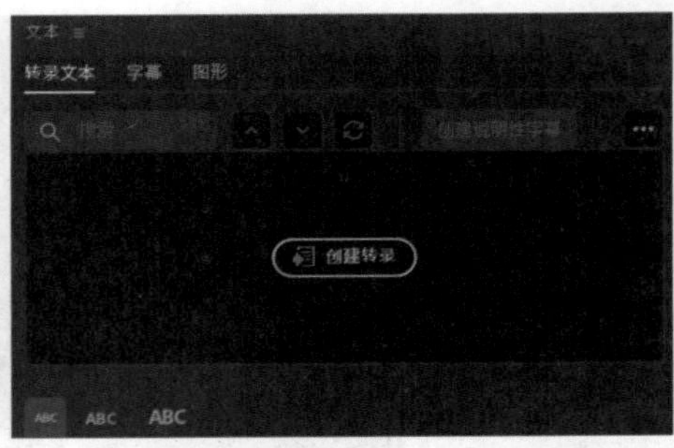

图13-50　单击“转录文本”选项卡

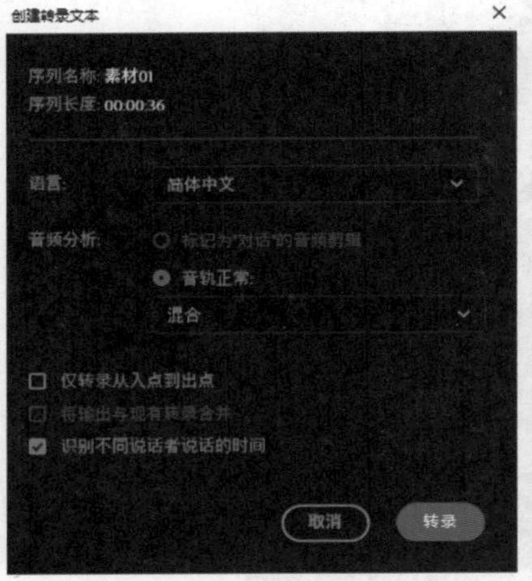

图13-51　“创建转录文本”对话框

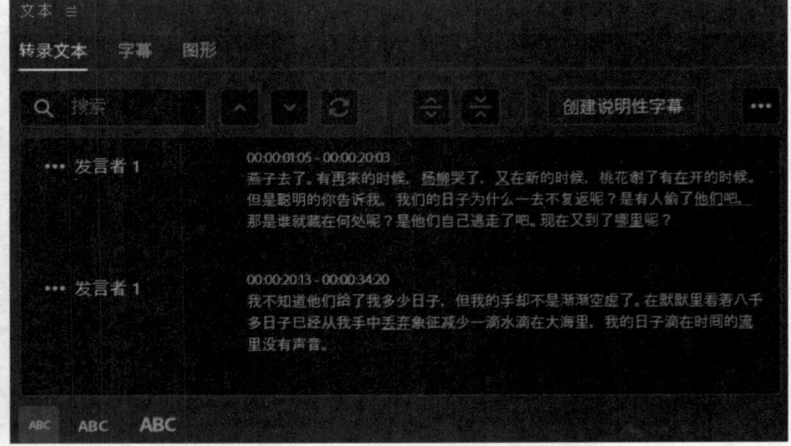

图13-52　转录文本

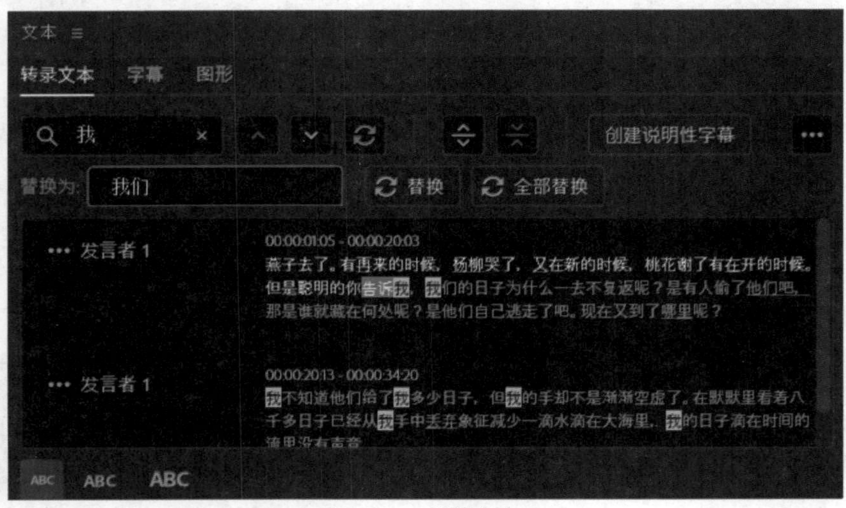

图13-53　替换文本

07 单击“全部替换”按钮即可将转录的文字全部替换，如图13-54所示。

对转录文本感到满意后，即可将其转换为时间线上的字幕。

01 单击“创建说明性字幕”按钮，打开“创建字幕”对话框，如图13-55所示。

02 选中“从序列转录创建”单选按钮，设置最大长度，选中“单行”单选按钮，单击“创建”按钮，字幕将添加到时间线上的字幕轨道中，与视频中的对话节奏保持一致，如图13-56所示。

03 创建的字幕在文本框中显示，如图13-57所示。

04 在“字幕”选项卡中双击字幕，即可打开基本图形面板，可以对字幕进行设置，如图13-58所示。

05 在“基本图形”面板中可以选择字体、字号大小和颜色等内容。

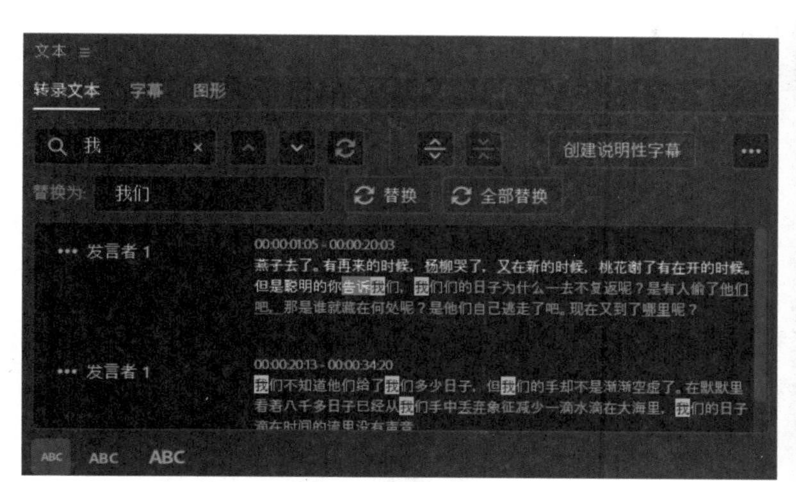

图13-54　全部替换文本

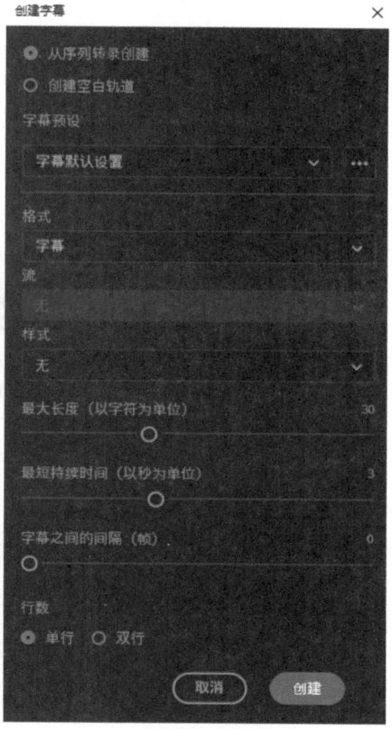

创建字幕
从序列转录创建
创建空白轨道
字幕预设
字幕默认设置
格式
字幕
流
样式
无
最大长度（以字符为单位）30
最短持续时间（以秒为单位）3
字幕之间的间隔（帧）0
行数
单行　双行
取消　创建

图13-55　“创建字幕”对话框

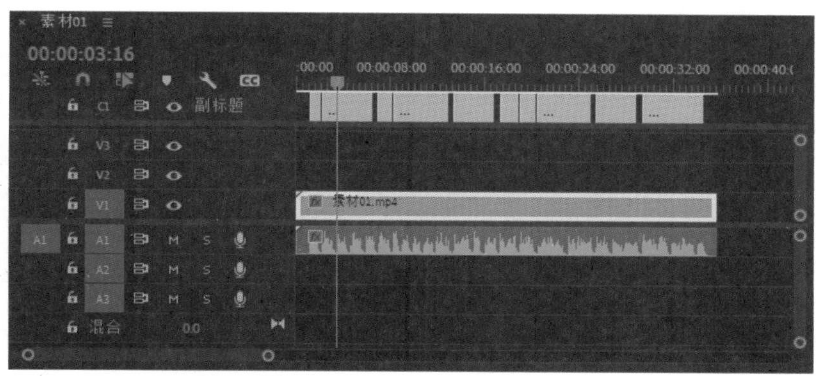

图13-56　时间线上的字幕轨道

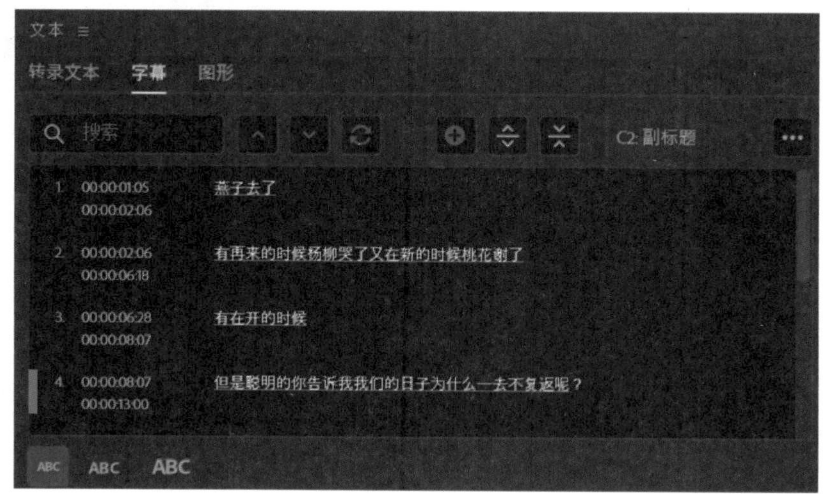

图13-57　字幕在文本框中显示

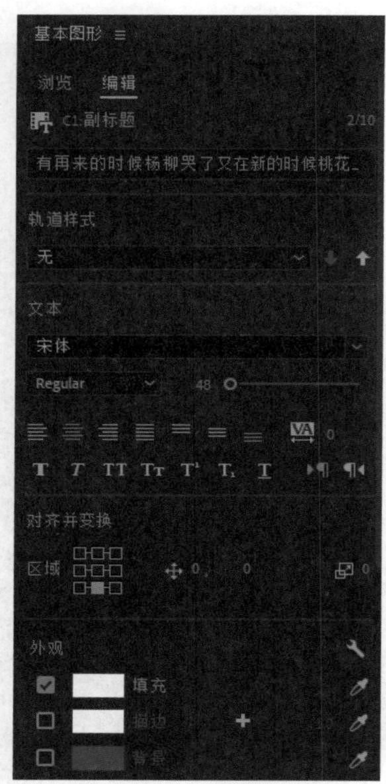

图13-58　**对字幕进行设置**

13.4　视频过渡

过渡是添加在视频片段之间的效果，用于让视频片段之间的切换形成动画效果，过渡用于将场景从一个镜头移动到下一个镜头。Premiere Pro软件中的视频过渡包括内滑、划像、擦除、沉浸式视频、溶解、缩放、过时和页面剥落，如图13-59所示。

内滑包括中心拆分、内滑、带状内滑、急摇、拆分和推过渡效果。

划像包括盒形划像过渡、交叉划像过渡、菱形划像过渡和圆划像过渡。

擦除包括双侧平推门擦除过渡、渐变擦除过渡、插入擦除过渡和擦除等过渡。

沉浸式视频包括VR光圈擦除、VR光线、VR渐变擦除、VR漏光、VR球形模糊等过渡。

溶解包括叠加溶解、交叉溶解、渐隐为黑色、渐隐为白色、胶片溶解、非叠加溶解过渡。

缩放只包括交叉缩放一个过渡效果。

过时包括渐变擦除、立方体旋转和翻转过渡。

页面剥落包括页面剥落过渡和翻页过渡。

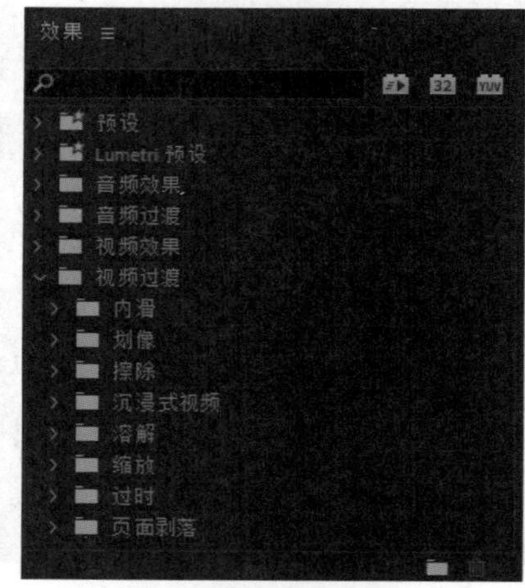

图13-59　**视频过渡**

下面介绍过渡效果的使用方法。

01 打开Premiere Pro软件，在项目面板中导入素材，如图13-60所示。

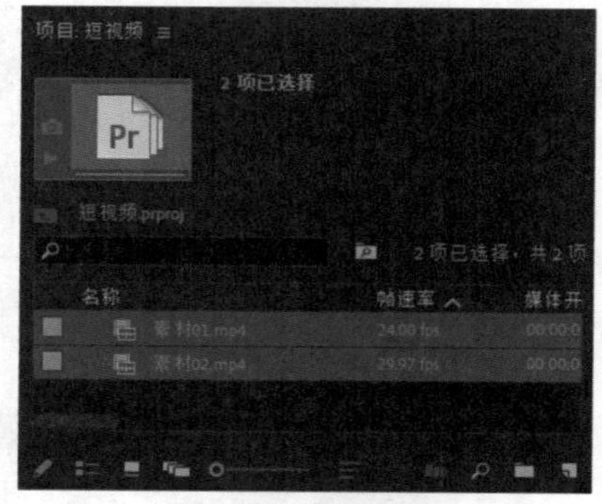

图13-60　**项目面板**

02 将“素材01”和“素材02”拖曳到时间线面板，时间线面板如图13-61所示。

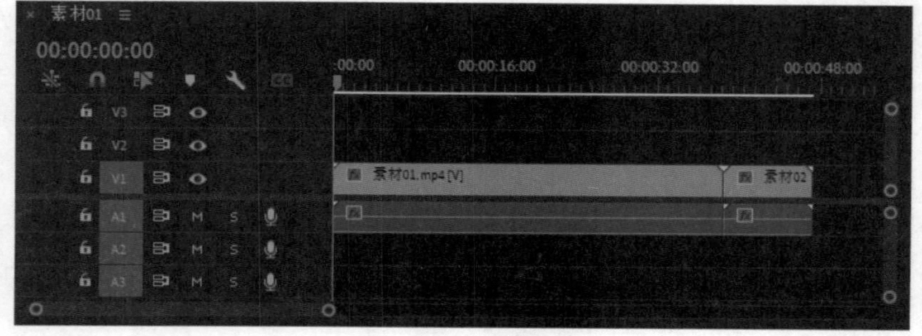

图13-61　**时间线面板**

03 在“效果”面板展开视频过渡，如图13-62所示。

04 展开“溶解”，选择“交叉溶解”过渡，将过渡拖曳到时间线面板两个片段之间，如图13-63所示。

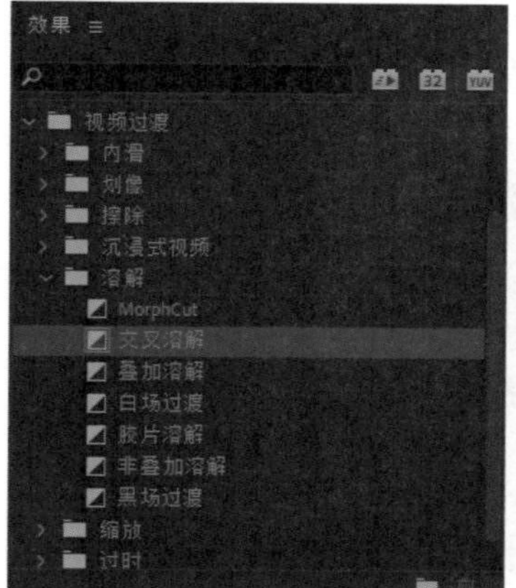

图13-62　视频过渡

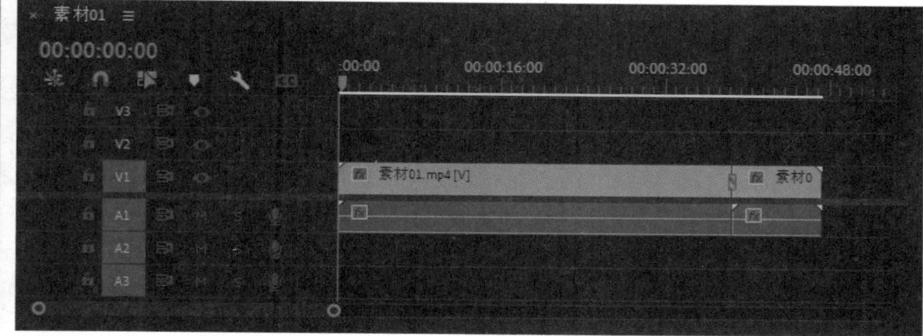

图13-63　添加过渡效果

05 在时间线面板中选择过渡，在“效果控件”面板中设置过渡的时长，如图13-64所示。

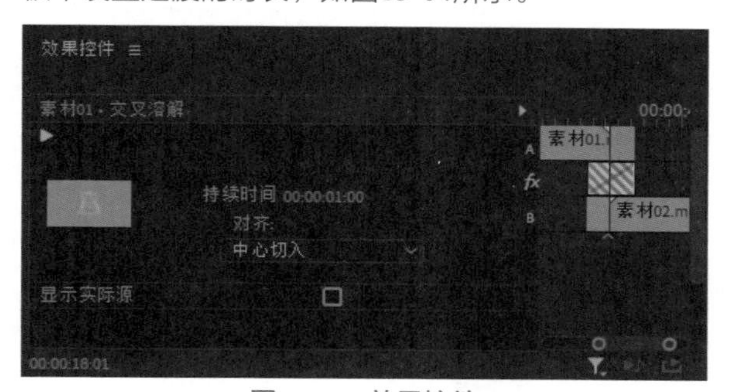

图13-64　效果控件

可以使用同样的方法，在制作视频时添加其他过渡效果。

13.5　视频效果

Premiere Pro包括各种各样的音频与视频效果，可将其应用于视频剪辑中。通过效果可以增添特别的视频及音频特性，或提供与众不同的功能属性。视频效果包括变换、图像控制、实用程序、扭曲、时间、杂色与颗粒、模糊与锐化、沉浸式视频、生成、视频、调整、过时、过渡、透视、通道、键控、颜色校正和风格化，如图13-65所示。

通过效果可以改变素材曝光度或颜色、扭曲图像或增添艺术效果。下面介绍视频效果的运用。

01 打开Premiere Pro软件，在项目面板中导入素材，如图13-66所示。

02 将“素材01”拖曳到时间线面板，如图13-67所示。

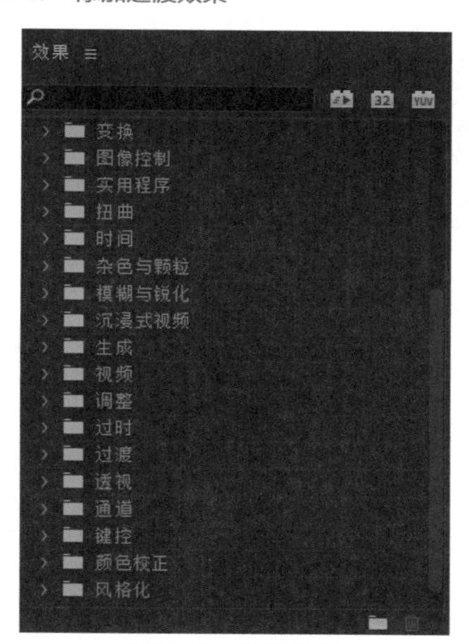

图13-65　视频效果

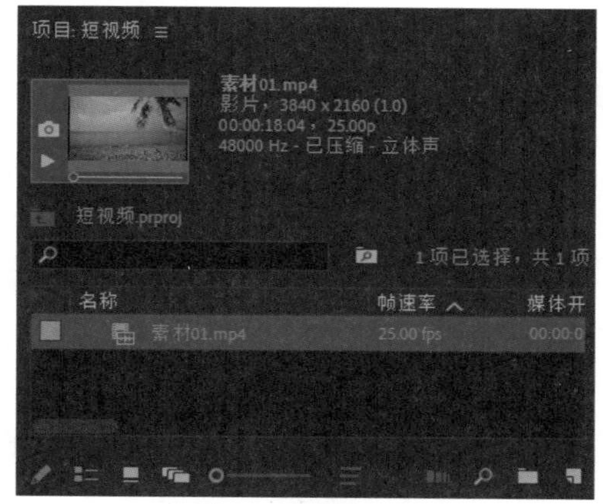

图13-66　项目面板

03 打开“效果”面板，在视频效果下展开“颜色校正”选项栏，如图13-68所示。

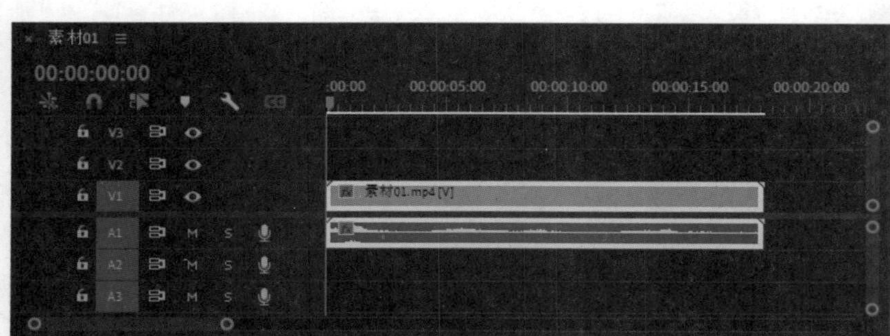

图13-67　时间线面板

效果
透视
通道
键控
颜色校正
ASC CDL
Brightness & Contrast
Lumetri 颜色
色彩
视频限制器
颜色平衡
风格化
视频过渡

图13-68　颜色校正选项栏

04 将“颜色校正”选项栏下的“Lumetri颜色”效果拖曳到时间线素材上，如图13-69所示。

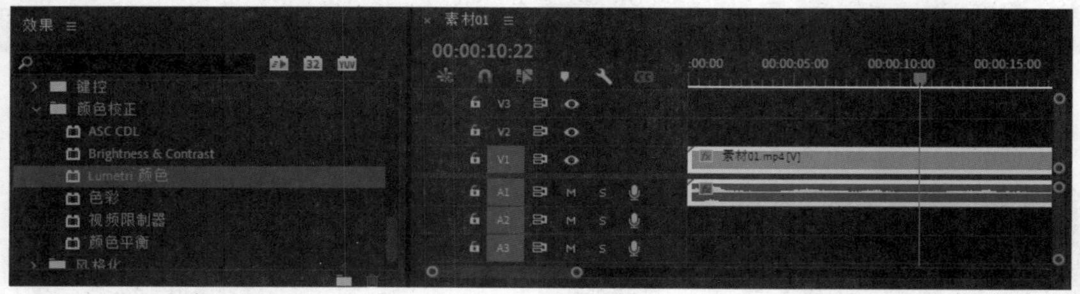

图13-69　添加视频效果

05 在时间线面板中选择素材，打开“效果控件”面板，如图13-70所示。

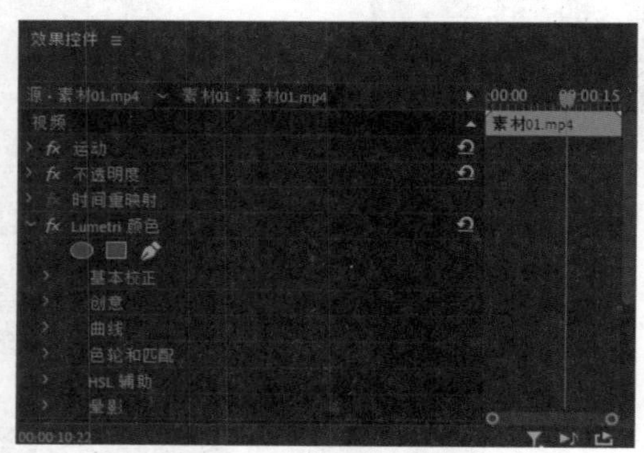

图13-70　效果控件面板

06 展开“Lumetri颜色”下的“基本校正”效果，如图13-71所示。

图13-71　基本校正效果

07 对色温、色彩、饱和度、曝光、对比度、高光、阴影和黑色参数进行调整，如图13-72所示。

图13-72　**调整参数**

使用同样的方法，可以为视频素材添加更多的视频效果。

13.6　重新混合音频

Premiere Pro新增了重新混合功能，使用重新混合功能可以找到音频的理想剪切点或循环。应用重新混合功能时，Premiere Pro需要先执行分析，测量音频中每个节拍的特质，并将它们与其他节拍进行比较，根据这些特质查找最高置信度的路径，创建连贯且无缝衔接的重新混合音频，并自动添加剪切和交叉淡化。

下面介绍重新混合音频功能的使用方法。

01 在项目面板中导入视频和音频素材，如图13-73所示。

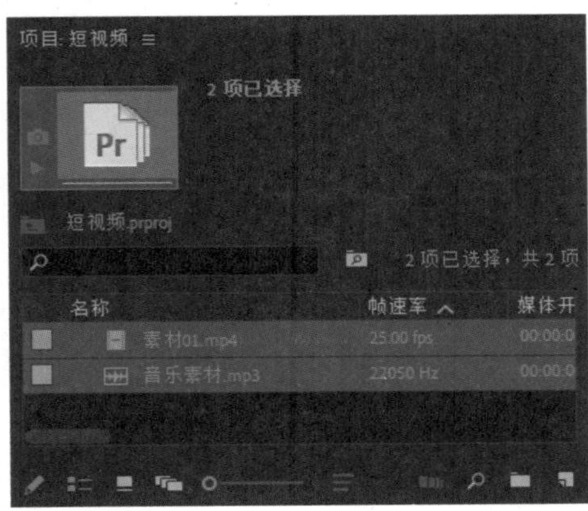

图13-73　**项目面板**

02 将视频“素材01”拖曳到时间线面板，再将“音乐素材”拖曳到时间线音频轨道上，如图13-74所示。

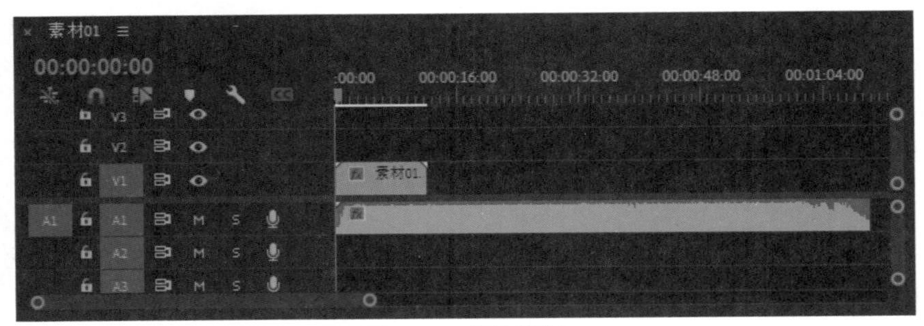

图13-74　**拖曳素材**

03 在时间线面板中选择音乐素材，在工具栏面板选择“波形编辑工具”下的“重新混合工具”，如图13-75所示。

04 在时间线中拖动音乐剪辑的右边缘，使音频素材的时长和视频的时长一致，如图13-76所示。

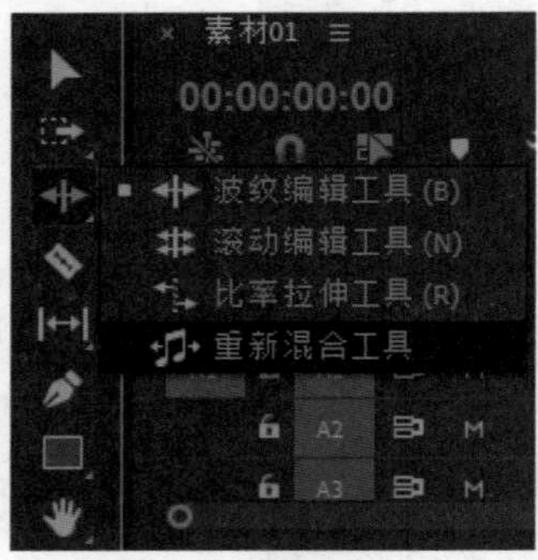

图13-75　重新混合工具

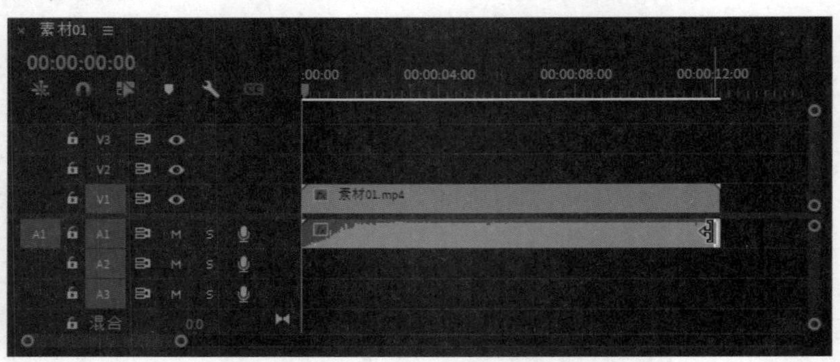

图13-76　调整时长

这样就可以对音频素材进行重新混合，也可以在“基本声音”面板中编辑“重新混合”的属性。

重新混合会始终保留剪辑的开头和结尾，只重新混合中间部分，以便实现无缝过渡。

13.7　录音

在Premiere Pro中可以使用轨道混合器录制音频，也可以直接在时间线中录制画外音。

本节介绍在时间线中录制画外音的方法。

01 在时间线中选择要向其中添加画外音的轨道，将播放指示器放在轨道开始点的位置，如图13-77所示。

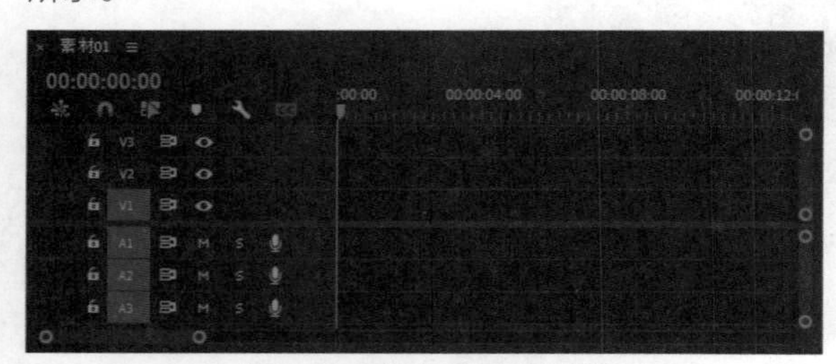

图13-77　放置播放指示器

02 单击音频轨道上的“录制”按钮，节目窗口显示倒计时提示，倒计时到达0之后，便开始录制，节目窗口如图13-78所示。

03 录制完成后单击“停止录制”按钮或者按空格键即可完成音频录制，时间线面板如图13-79所示。

04 完成录制后，即创建了此次录制的音频文件，该音频文件作为新的项目项导入到项目面板，如图13-80所示。

图13-78　节目窗口

图13-79　时间线面板

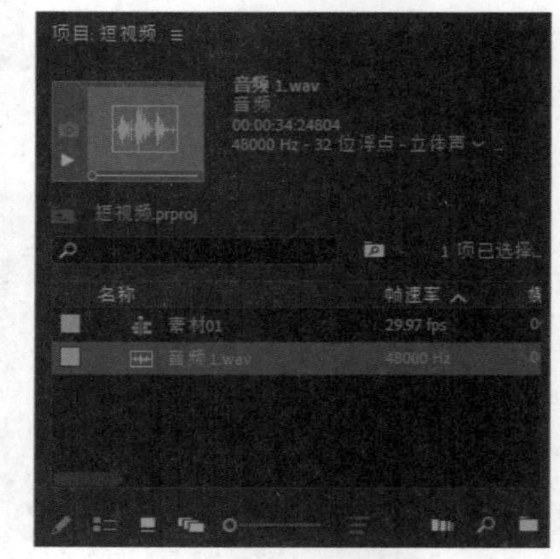

图13-80　项目面板

13.8　抠像

抠像是指吸取视频画面中的某一种颜色并将其调整为透明色，之后这种透明色将被清除，从而使该画面下的背景画面显现出来，这样就形成了两层画面的叠加合成。通过这样的方式，单独拍摄的角色经抠像后可以与各种背景合成在一起。

01 在项目面板中导入素材，如图13-81所示。

02 在项目面板中选择“素材01”并拖曳到时间线面板，如图13-82所示。

03 在效果面板展开“键控”类别，如图13-83所示。

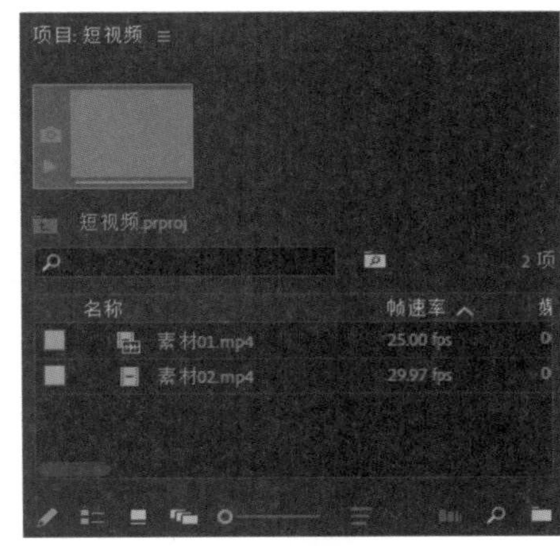

图13-81　项目面板

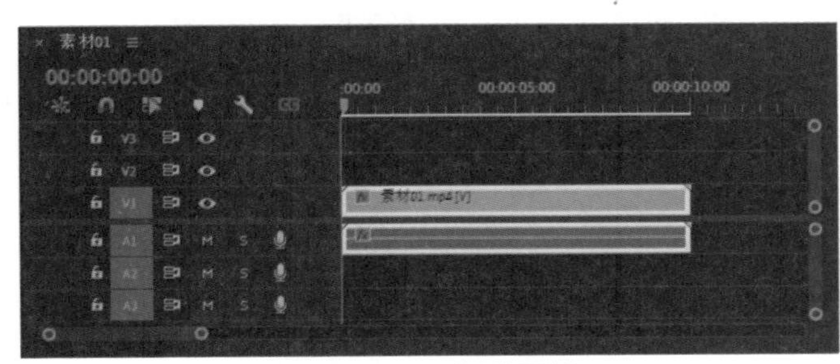

图13-82　时间线面板

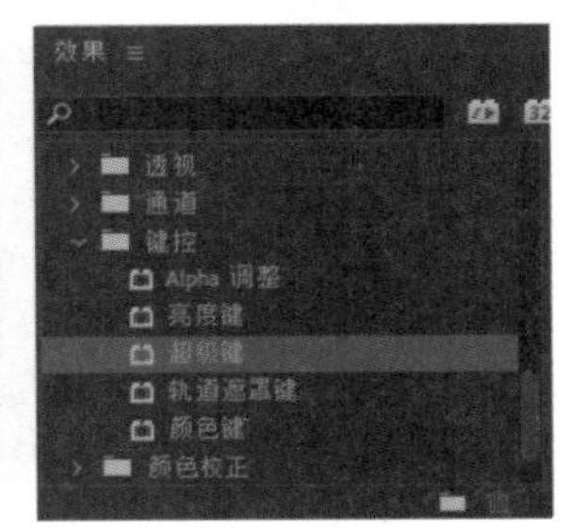

图13-83　效果面板

04 将“超级键”效果拖曳到时间线面板的“素材01”上，打开“效果控件”面板，如图13-84所示。

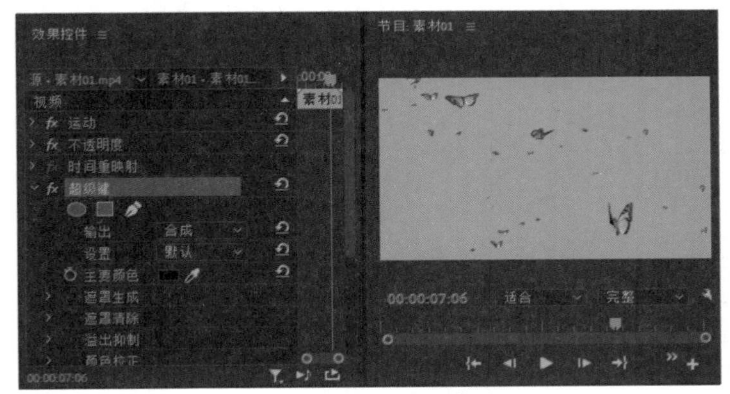

图13-84　拖曳“超级键”效果

05 在“超级键”效果中，用“主要颜色”吸管吸取画面背景中的绿色，如图13-85所示。

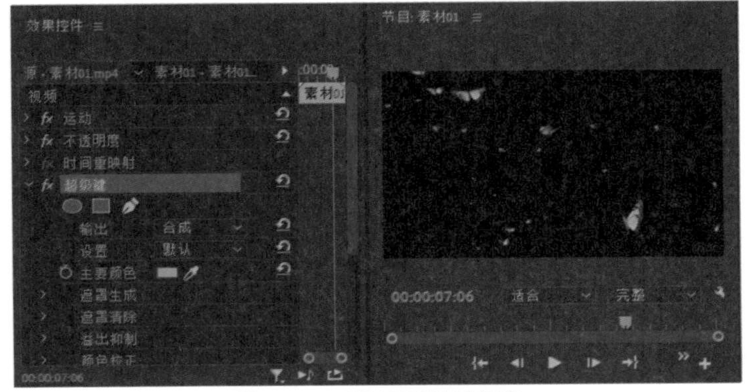

图13-85　吸取画面背景颜色

06 在时间线面板中选中“素材01”并拖曳到时间线V2轨道上，如图13-86所示。

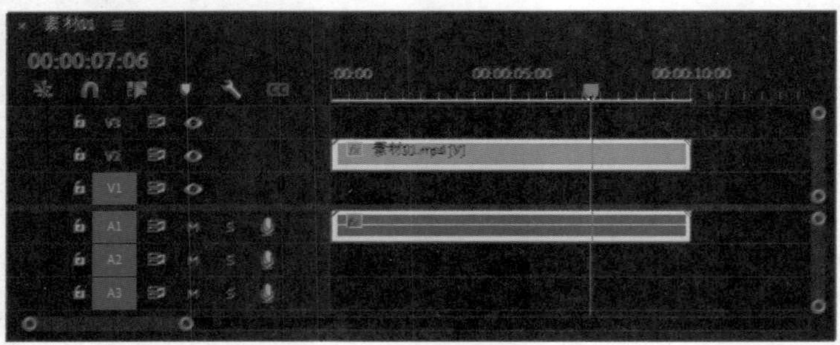

图13-86　V2轨道

07 在项目面板中选中“素材02”并拖曳到时间线V1轨道上，如图13-87所示。

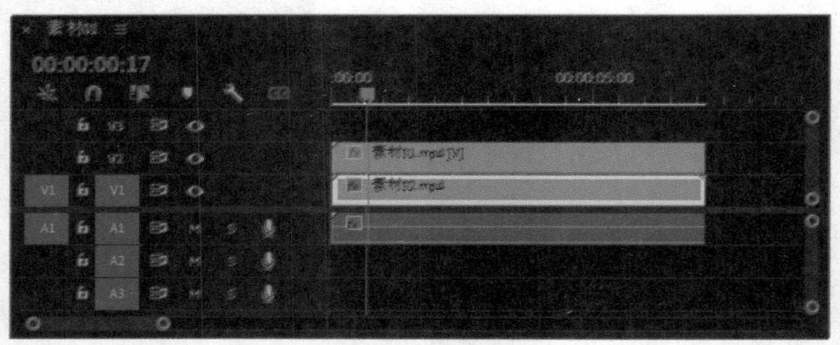

图13-87　V1轨道

08 节目窗口显示合成后的效果，如图13-88所示。

图13-88　合成效果

在超级键效果中还可以调整遮罩生成、遮罩清除、溢出抑制和颜色校正，让抠像的效果更好。

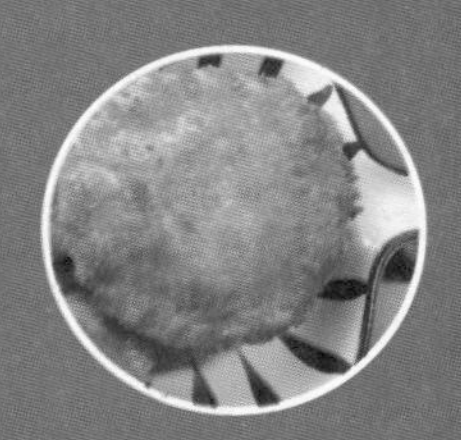

第 14 章

Vlog 短视频制作

本章介绍使用Premiere Pro软件制作Vlog短视频，首先新建项目，然后对视频进行剪辑、录音、变速、转场、Lumetri调色、添加字幕和背景音乐等，最后输出视频。

14.1 新建项目

拍摄完成素材之后，先对素材进行整理，删除拍摄重复的镜头，并且给拍摄的素材重新命名，方便素材管理。本节介绍Premiere Pro软件中新建项目和导入素材的方法。

01 打开Premiere Pro软件，在工作界面单击“新建”按钮，进入导入界面，如图14-1所示。

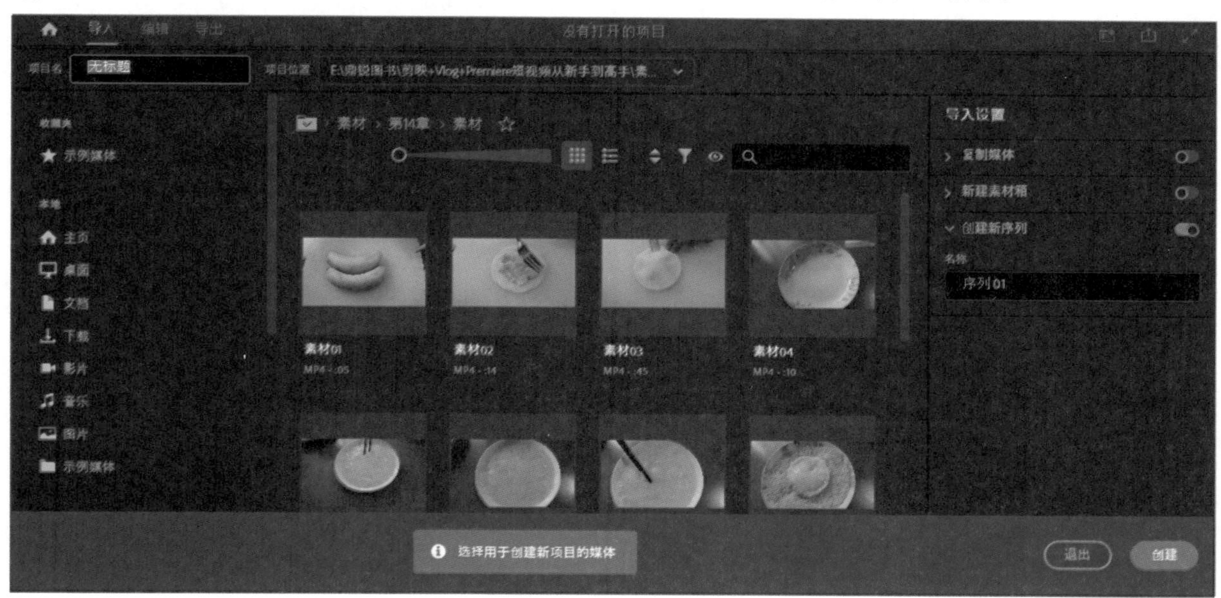

图14-1 导入界面

02 在导入面板中可以新建项目、浏览和选择媒体以及创建和编辑视频序列。可以在左侧面板“项目名”文本框中输入项目的名称，在中间面板选择拍摄的素材；可以按Shift键加选素材；可以在右侧面板输入序列的名称，如图14-2所示。

03 单击右下角的“创建”按钮，进入Premiere Pro编辑界面，如图14-3所示。

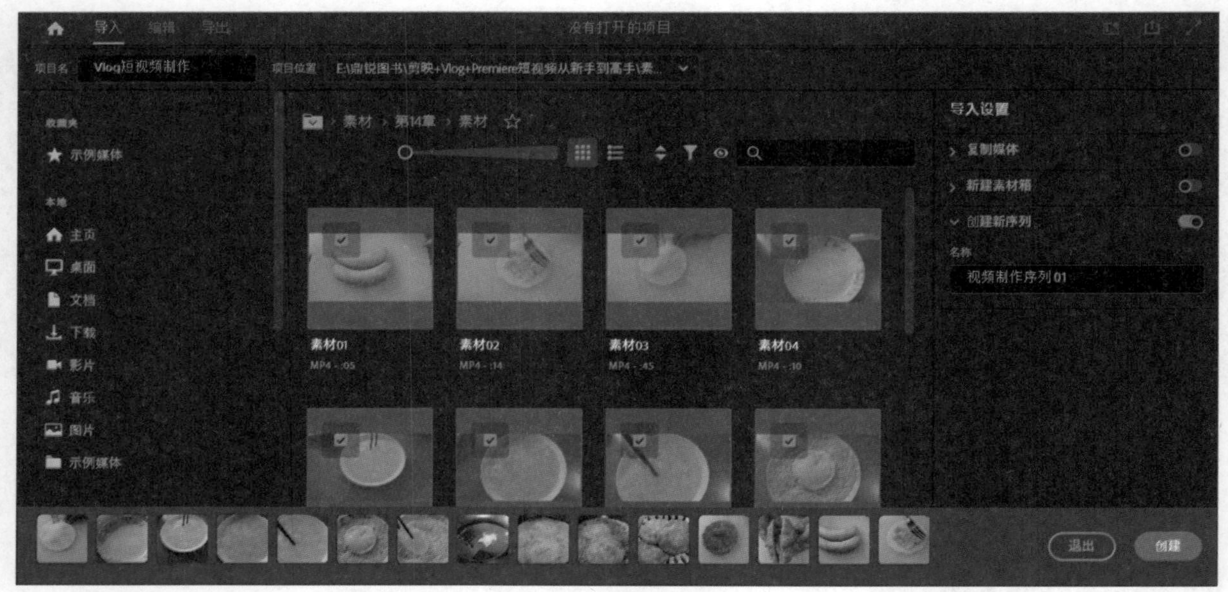

图14-2　输入序列名称

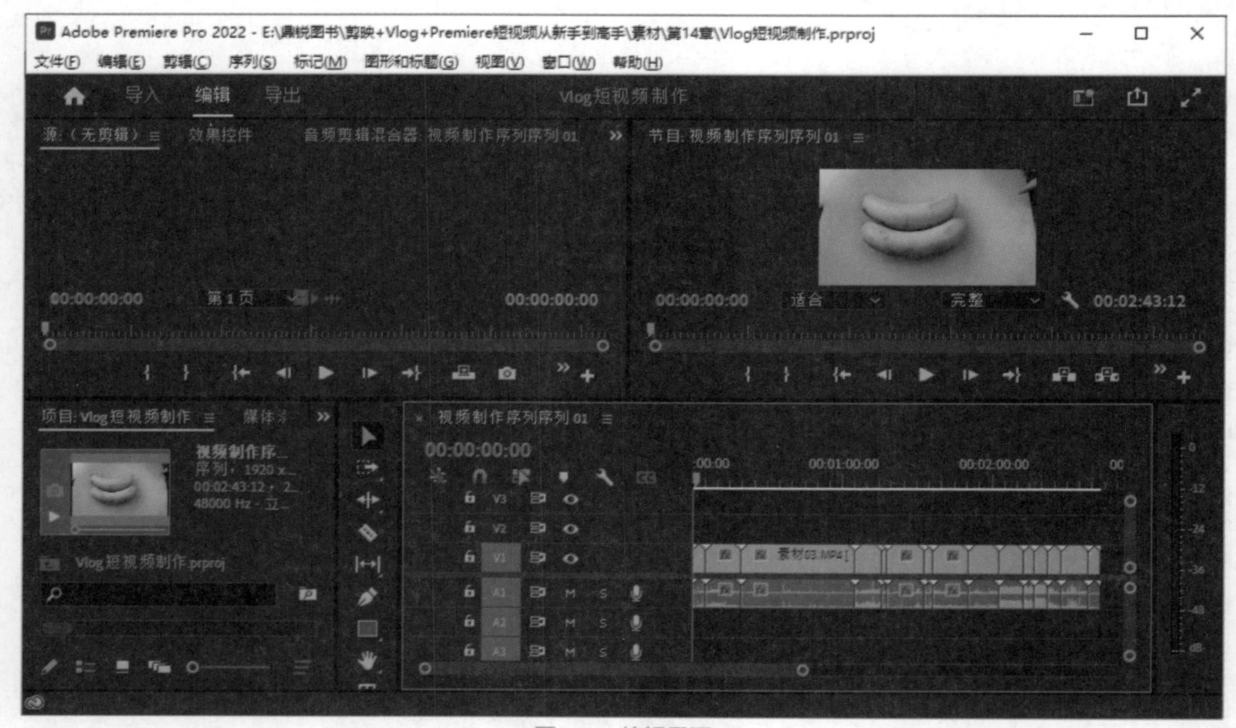

图14-3　编辑界面

04　序列设置是根据选择的第一个素材分配，如果需要修改序列，在项目面板选择相应序列，如图14-4所示。

05　执行“序列”|“序列设置”命令，打开“序列设置”对话框，如图14-5所示。

06　可以从“编辑模式”中选择预设，也可以单独设置帧大小。

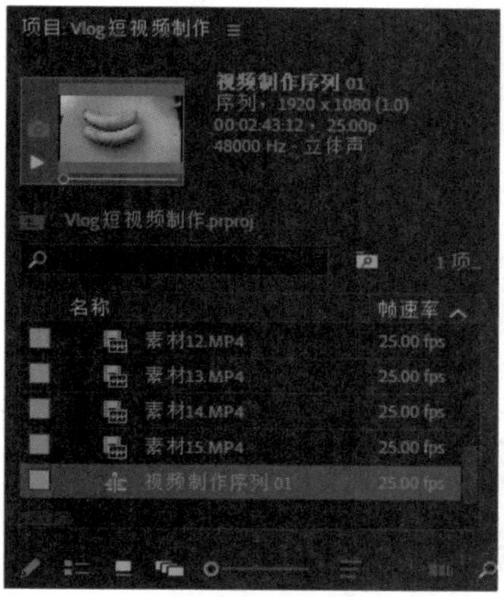

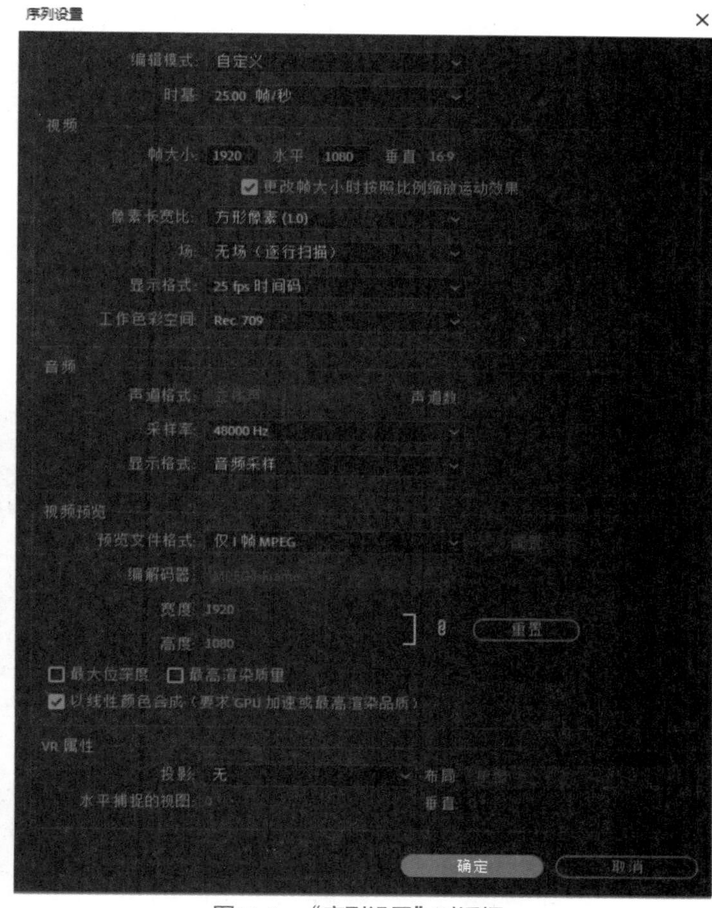

图14-4　选择序列

图14-5　“序列设置”对话框

14.2　视频剪辑

在Premiere Pro中可以快速设置入点和出点、在时间线中修剪剪辑、处理音频波形等。

01 在时间线面板中按空格键播放视频，在节目窗口观看视频效果，时间线面板如图14-6所示。

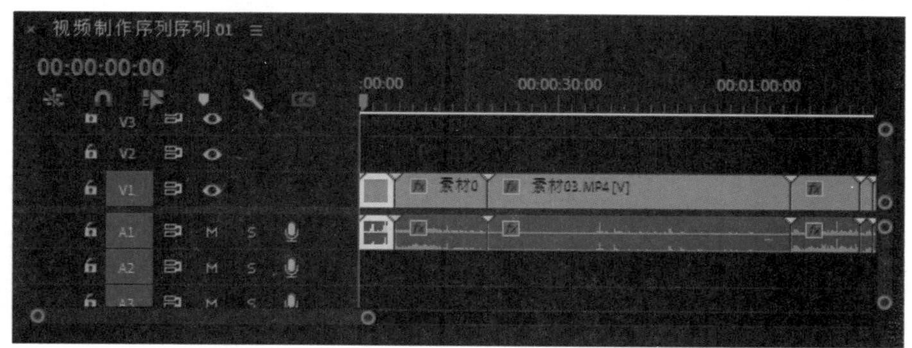

图14-6　时间线面板

02 使用“选择”工具单击编辑点，可选择修剪“入点”或“出点”的编辑点，对视频进行剪辑，如图14-7所示。

03 使用“选择”工具拖动剪辑的编辑点，可更改剪辑的入点或出点。拖曳时，当前入点或出点会显示在节目窗口中，时间线面板如图14-8所示。

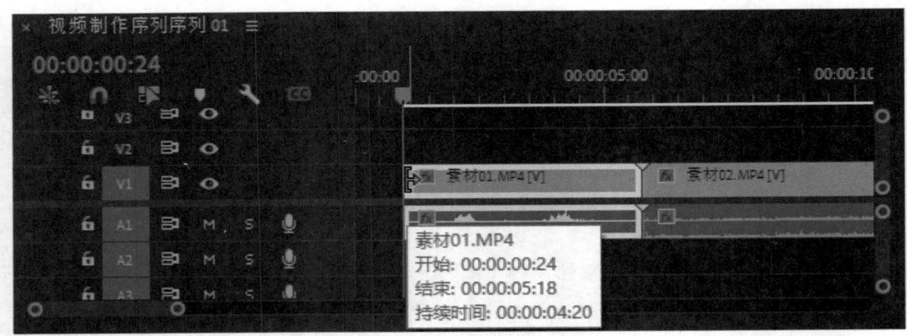

图14-7　视频剪辑

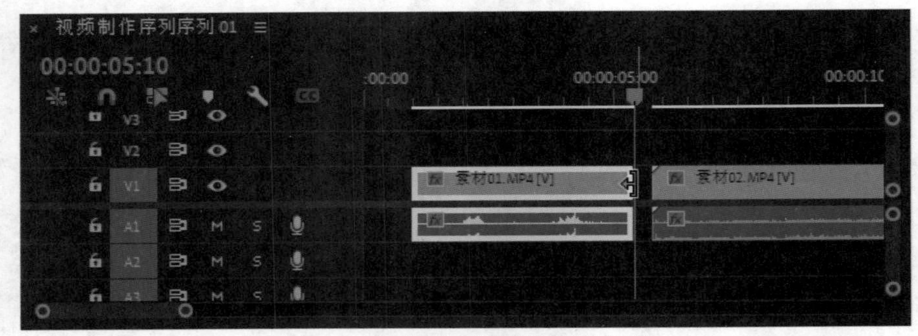

图14-8　拖动编辑点时的时间线面板

04 使用“选择”工具继续修剪视频，时间线面板如图14-9所示。

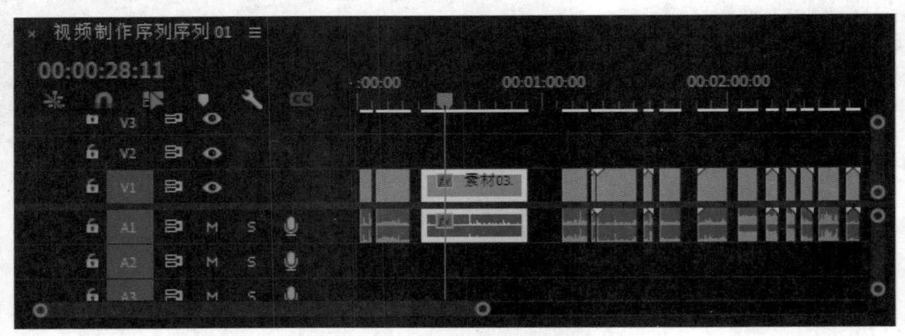

图14-9　修剪视频后的时间线面板

05 在时间线面板轨道的空位置上右击，在弹出的快捷菜单中选择“波纹删除”选项，如图14-10所示。

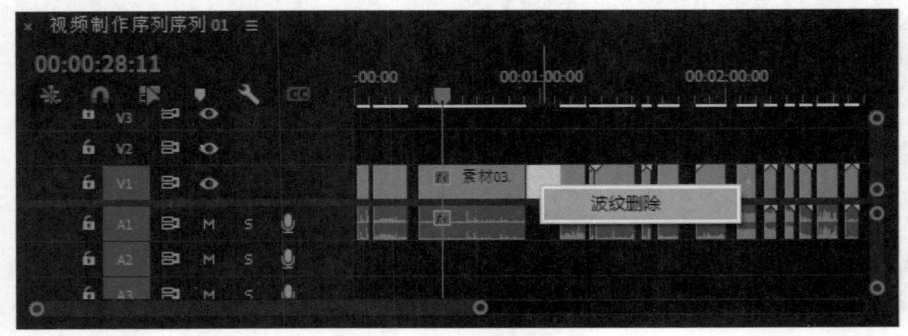

图14-10　波纹删除

06 执行“波纹删除”命令后，视频片段连接到一起，如图14-11所示。

07 还可以通过“分割”工具，对不重要的镜头进行剪辑，删除不需要的片段。

08 在时间线面板中选择所有视频，右击，在弹出的快捷菜单中选择“取消链接”选项，将视频和音频分开，如图14-12所示。

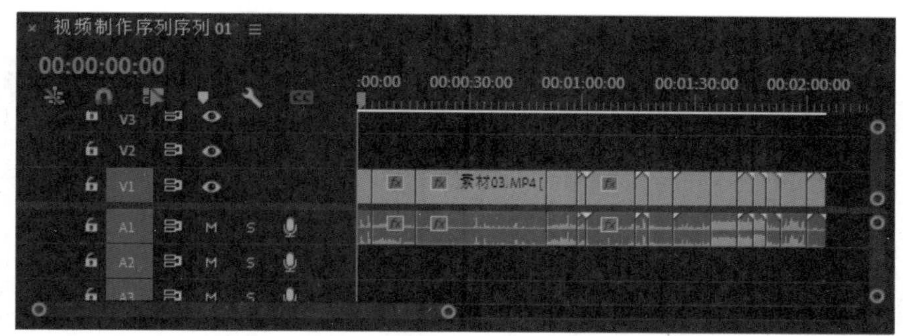

图14-11 视频片段连接在一起

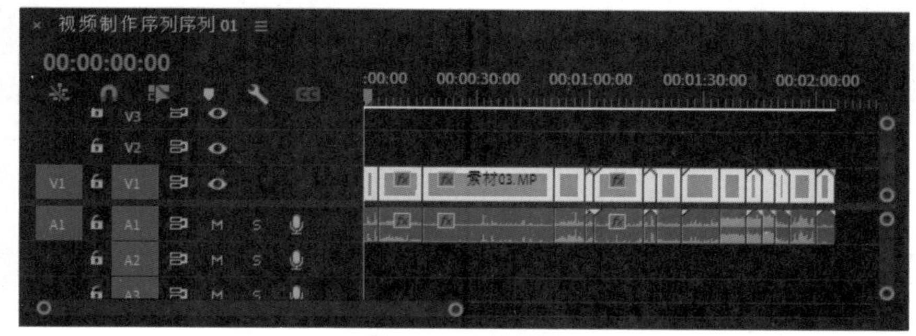

图14-12 取消链接

09 在时间线面板中选择音频素材，按Delete键删除音频，如图14-13所示。

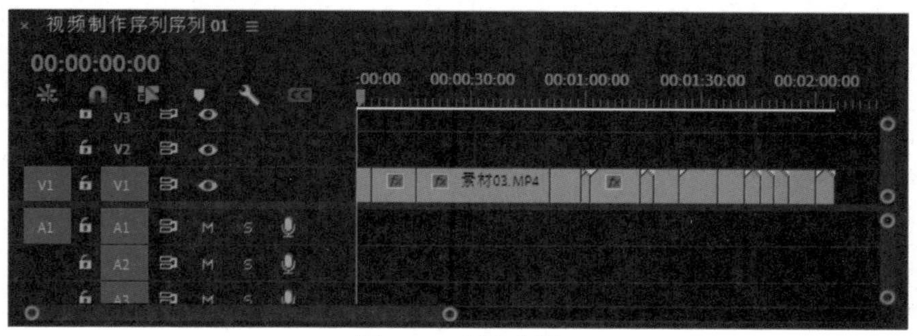

图14-13 删除音频

14.3 视频稳定

拍摄视频时，由于持相机的手会抖动，可以使用Premiere Pro中的视频稳定器效果对视频画面进行稳定处理。

01 选择视频轨道上的“素材01”片段，如图14-14所示。

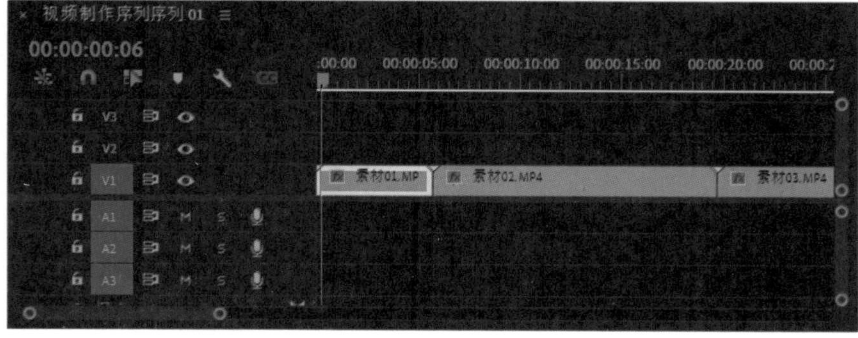

图14-14 视频轨道

02 打开“效果”面板，搜索“变形稳定器”，如图14-15所示。

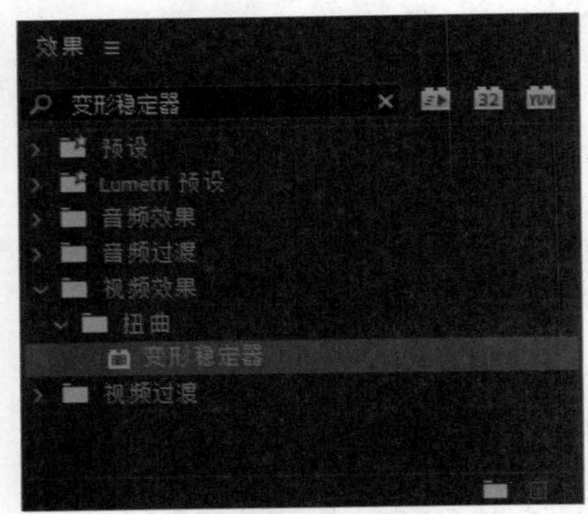

图14-15 变形稳定器

03 将“变形稳定器”效果拖曳到时间线面板“素材01”上，“效果控件”面板上将显示“变形稳定器”效果，如图14-16所示。

04 按空格键播放视频，节目窗口显示视频稳定后的效果，使用同样的方法选择其他片段，添加“变形稳定器”效果，如图14-17所示。

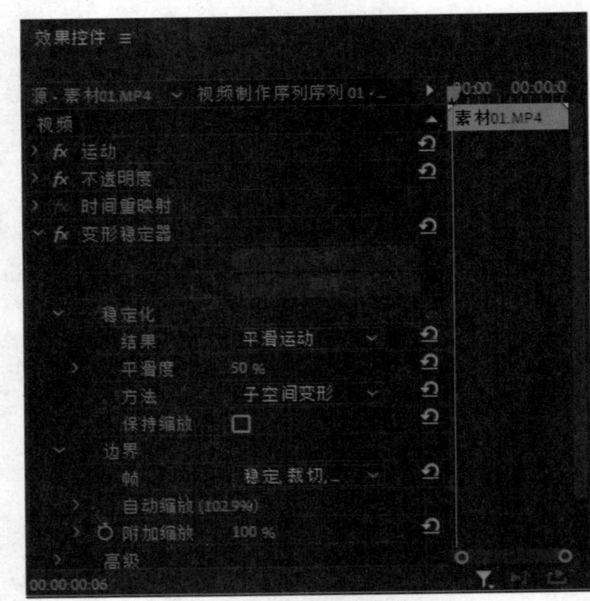

图14-16 “效果控件”面板

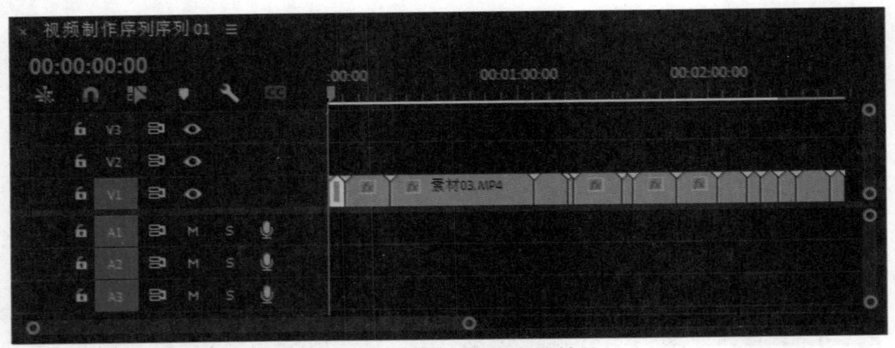

图14-17 添加变形稳定器效果

14.4 录音

本节介绍录音功能的使用。

01 在时间线音频轨道上按下“录制”按钮，如图14-18所示。

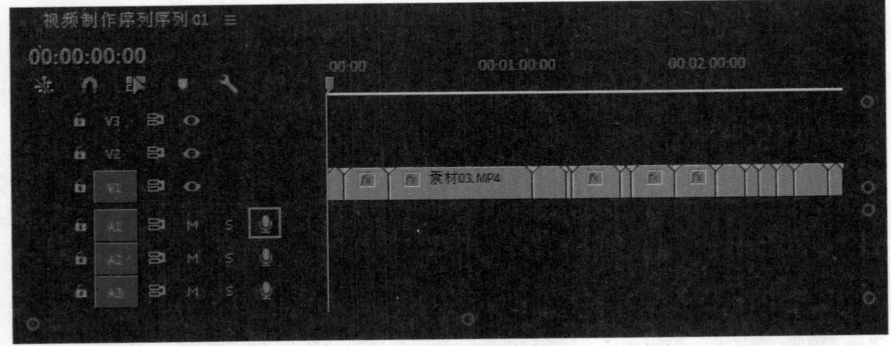

图14-18 录音按钮

02 按下“录制”按钮等待3秒后，对着麦克风讲话，录制完成后再次单击“录制”按钮，即可停止录制音频，录制后的音频显示在音频轨道上，如图14-19所示。

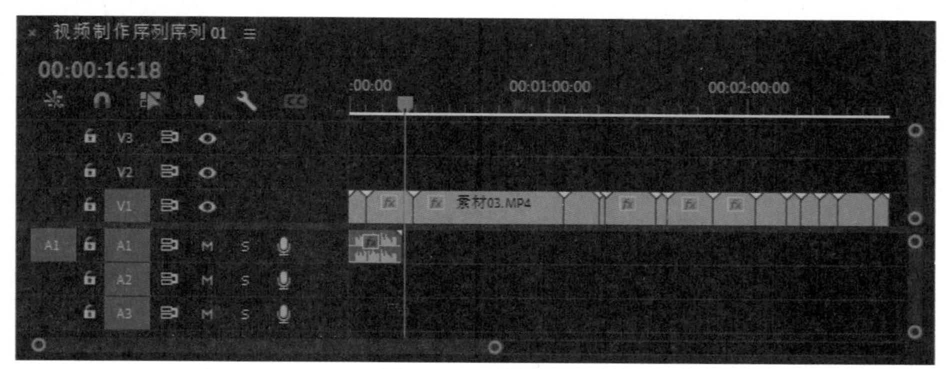

图14-19　录制音频

03 在时间线面板中放大音频轨道，使用“分割”工具将每一句音频剪辑成单独的片段，移动音频的位置，如图14-20所示。

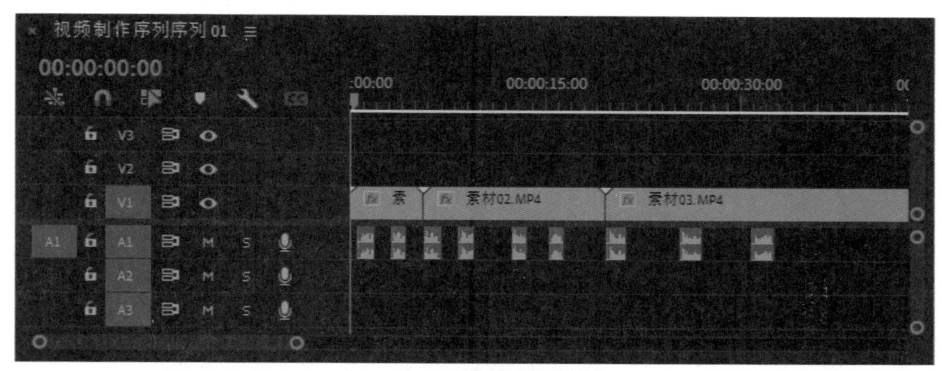

图14-20　移动音频的位置

14.5　视频编辑

本节介绍视频编辑的常用方法，如嵌套序列、视频变速、视频剪辑、视频转场和视频调色的方法技巧。

14.5.1　嵌套序列

本小节介绍视频片段创建为嵌套序列的方法。

01 在时间线面板中选择“素材01”视频片段，如图14-21所示。

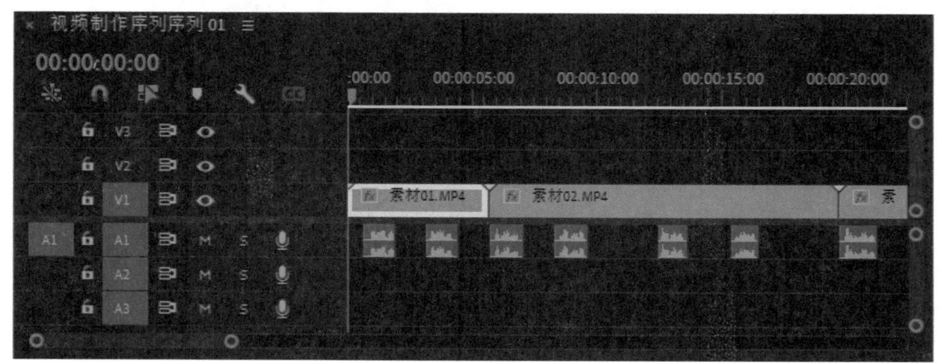

图14-21　选择片段

02 右击，在弹出的快捷菜单中选择“嵌套”选项，如图14-22所示。

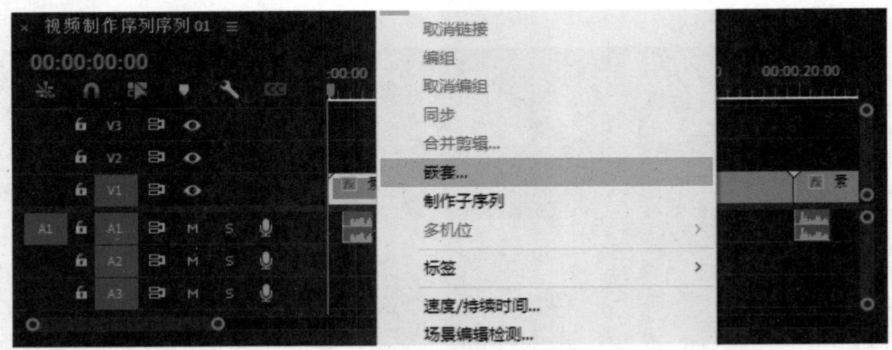

图14-22 “嵌套”选项

03 打开“嵌套序列名称”对话框，输入名称，如图14-23所示。

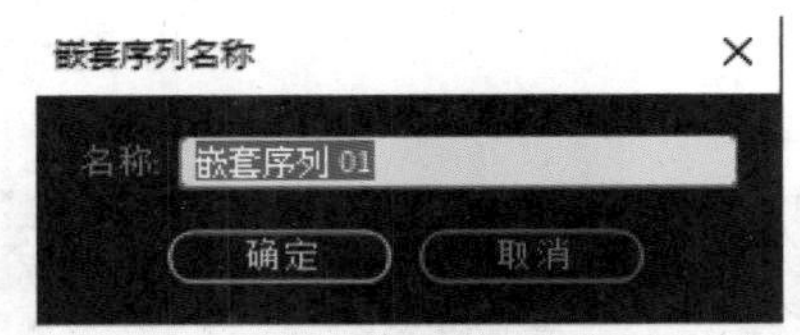

图14-23 “嵌套序列名称”对话框

04 单击“确定”按钮，即可创建嵌套序列，如图14-24所示。

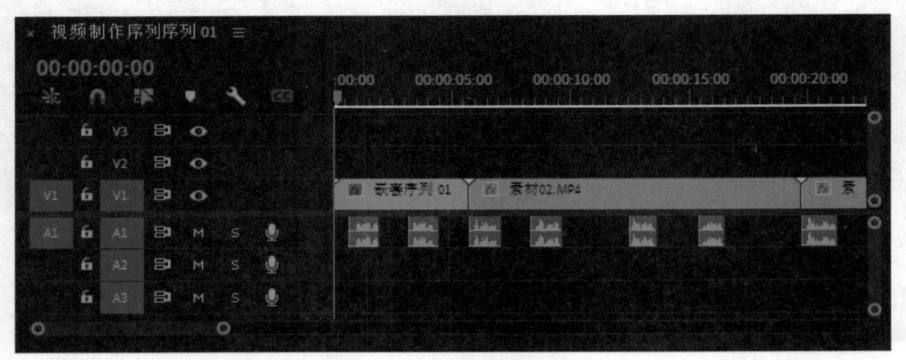

图14-24 创建嵌套序列

05 使用同样的方法，为其他视频片段创建嵌套序列，创建后如图14-25所示。

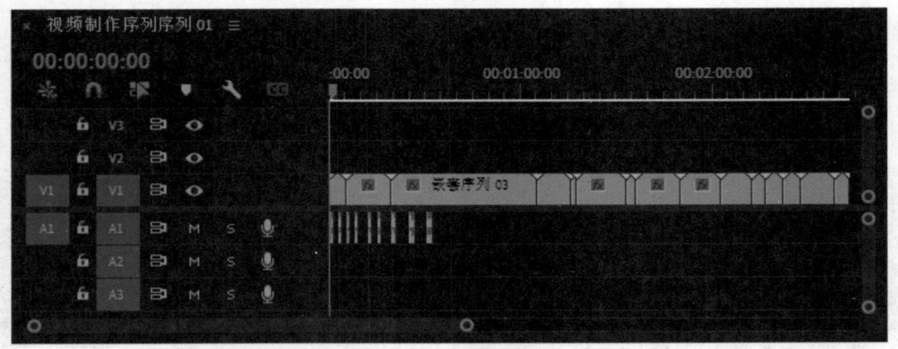

图14-25 为其他视频片段创建嵌套序列

14.5.2 视频变速

本小节介绍制作视频变速的方法，使用嵌套序列后的视频进行变速。

01 在时间线面板中选择“嵌套序列01”视频，如图14-26所示。

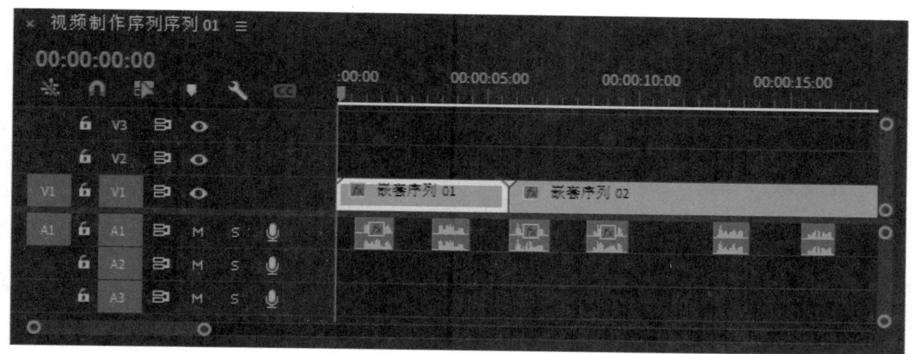

图14-26 选择嵌套序列

02 右击，在弹出的快捷菜单中选择“速度/持续时间”选项，打开“剪辑速度/持续时间”对话框，如图14-27所示。

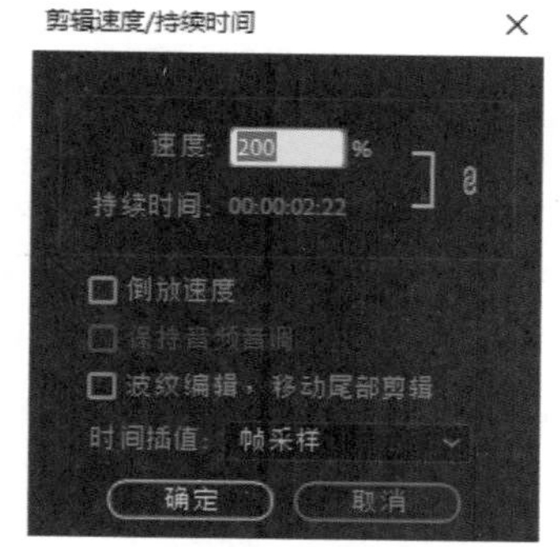

图14-27 “剪辑速度/持续时间”对话框

03 调整“速度”参数，单击“确定”按钮，完成视频变速的调整，如图14-28所示。

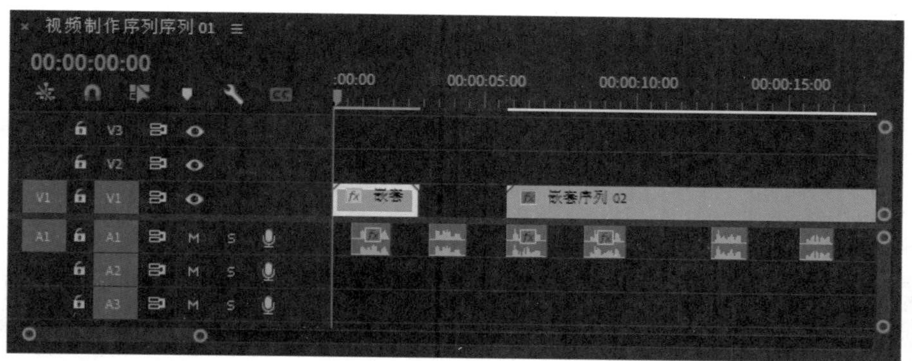

图14-28 完成视频变速的调整

04 使用同样的方法对其他片段进行变速处理，调整后的视频片段如图14-29所示。

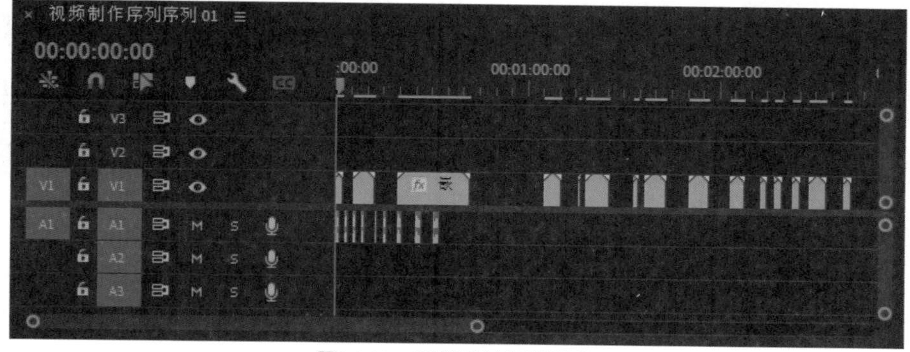

图14-29 调整后的视频片段

05 在时间线上空片段位置右击，在弹出的快捷菜单中选择“波纹删除”选项，如图14-30所示。

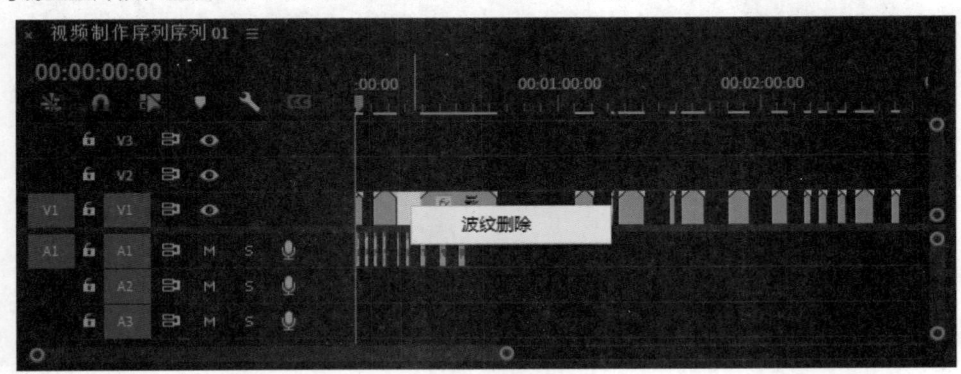

图14-30　波纹删除

06 通过“波纹删除”命令删除空片段，删除片段后的时间线面板如图14-31所示。

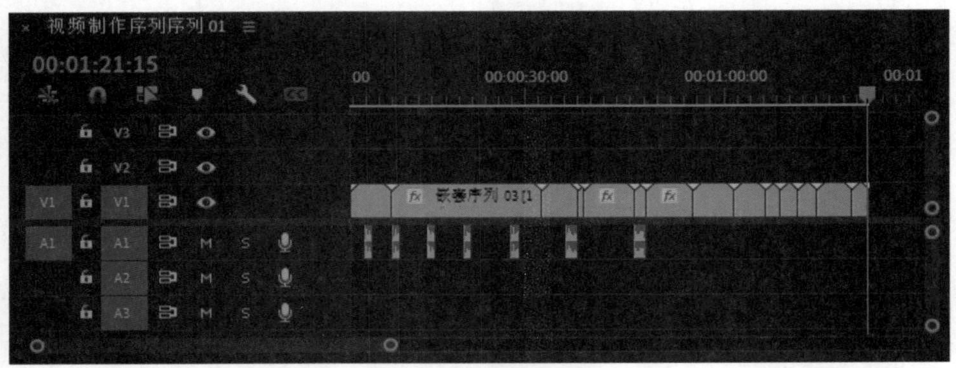

图14-31　删除空片段后的时间线面板

14.5.3　视频剪辑

本小节介绍视频剪辑的方法，通过剃刀工具对视频进行剪辑，然后删除不需要的片段，并且移动剪辑后视频片段的位置，将视频画面和音频位置对应上。现在视频的总时间大概在1分21秒，通过剪辑后视频总时间不超过30秒。

01 按空格键播放视频，将第一句音频移动到时间线开始的位置，如图14-32所示。

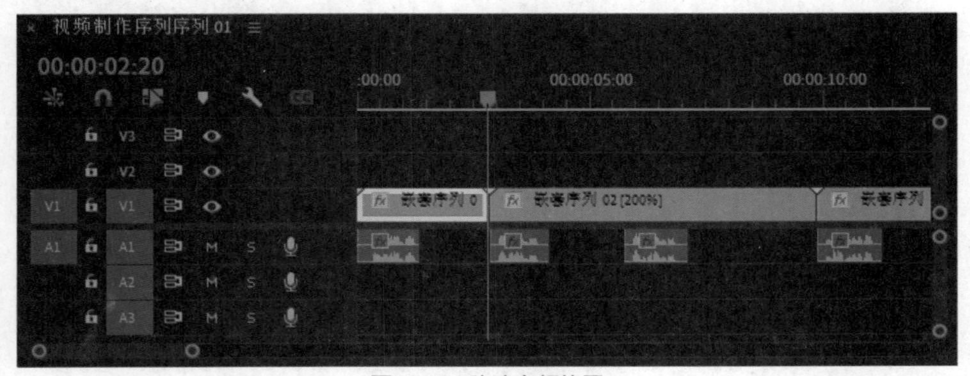

图14-32　移动音频位置

02 使用“剃刀工具”对“嵌套序列01”视频进行剪辑，剪辑后删除多余的镜头片段，如图14-33所示。

03 在时间线面板中将“嵌套序列02”拖曳到“嵌套序列01”后面，将第2句音频对应到“嵌套序列02”视频位置上，对“嵌套序列02”视频进行剪辑，如图14-34所示。

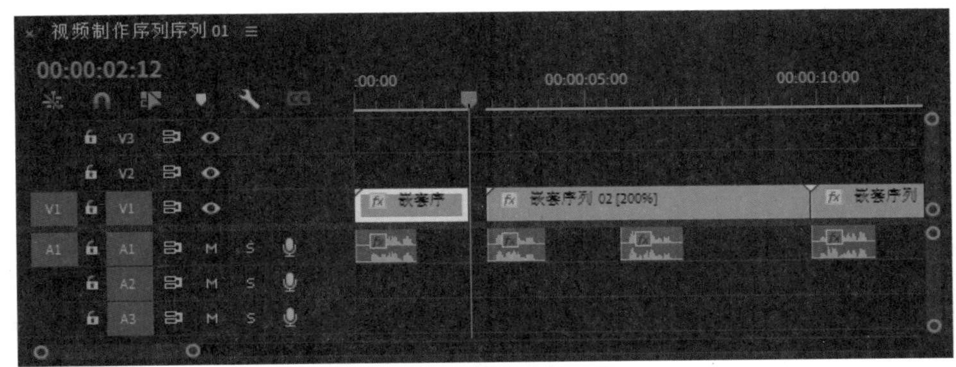

图14-33　删除多余的镜头

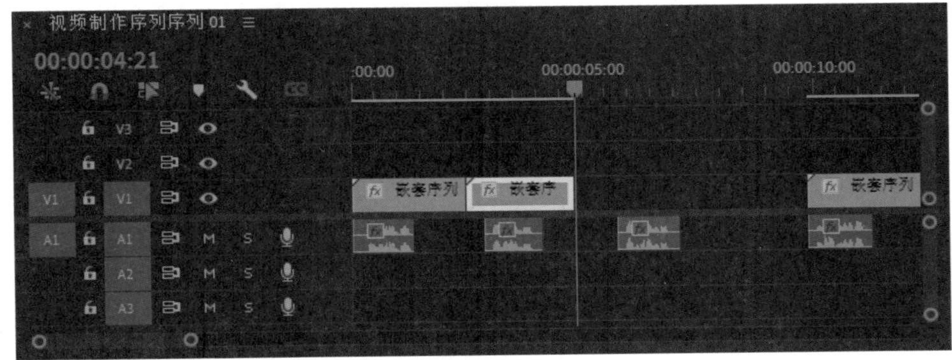

图14-34　对应位置并进行剪辑

04 在时间线面板中将“嵌套序列03”移动到“嵌套序列02”后的位置，如图14-35所示。

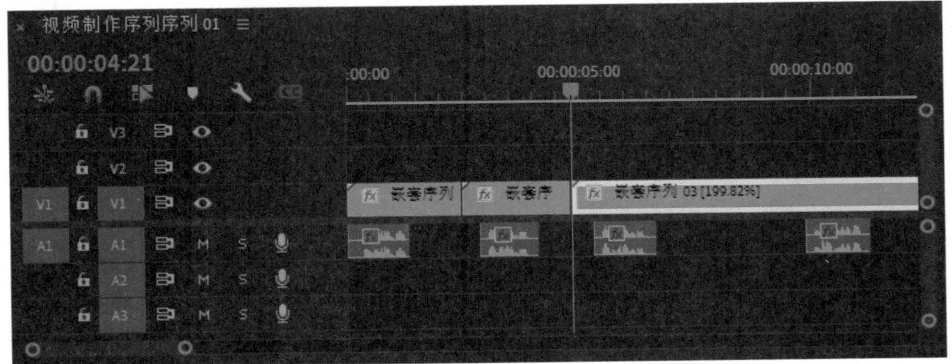

图14-35　调整位置

05 由于“嵌套序列03”的时间比较长，选择“嵌套序列03”，右击，在弹出的快捷菜单中选择“速度/持续时间”选项，在打开的“剪辑速度/持续时间”对话框中将速度调整为600%，如图14-36所示。

06 单击“确定”按钮，时间线面板如图14-37所示。

07 使用“剃刀工具”对“嵌套序列03”片段进行剪辑，如图14-38所示。

08 使用同样的方法对后面的片段进行剪辑，将音频和视频画面统一，剪辑后的效果如图14-39所示。

剪辑视频后的时长在29秒。

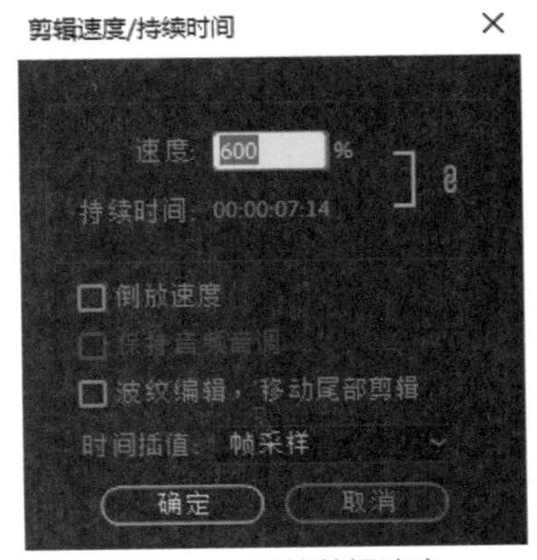

图14-36　调整剪辑速度

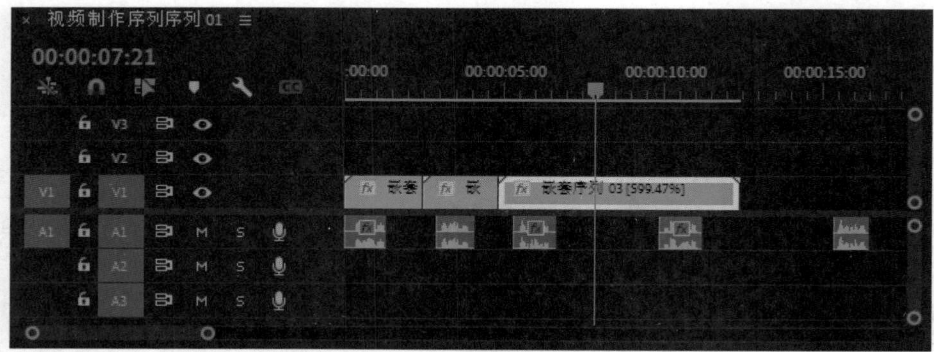

图14-37　调整速度后的时间线面板

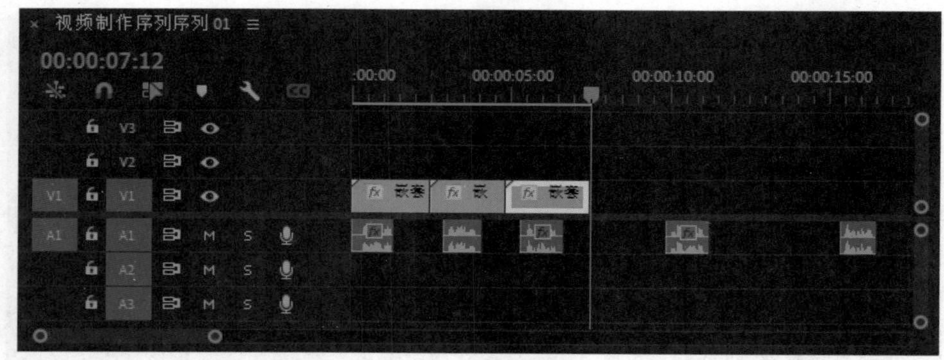

图14-38　剪辑视频

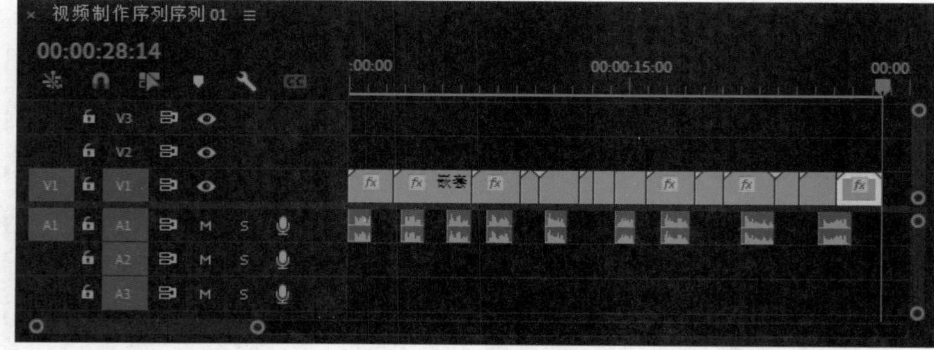

图14-39　剪辑后的效果

14.5.4　视频转场

视频转场是添加在视频片段之间的过渡效果，用于将片段之间的切换变成动画效果，用于将场景从一个镜头移动到下一个镜头。

01 执行“窗口”|“效果”命令，打开“效果”面板，然后展开“溶解”过渡，如图14-40所示。

02 将“交叉溶解”转场效果拖曳到视频上，时间线面板如图14-41所示。

03 在时间线面板中选择转场，可以在“效果控件”面板上调整持续时间和对齐方式，如图14-42所示。

04 使用同样的方法，将视频转场添加到时间线其他片段之间，添加转场后效果如图14-43所示。

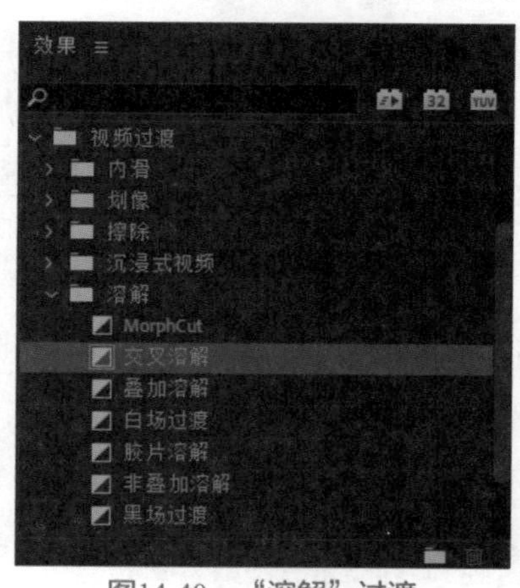

图14-40　“溶解”过渡

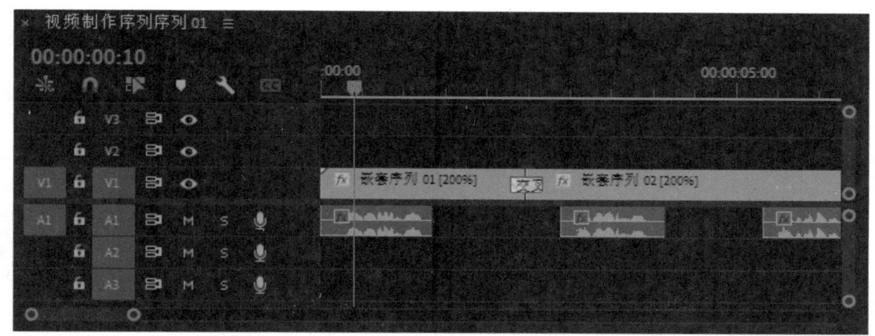

图14-41　时间线面板

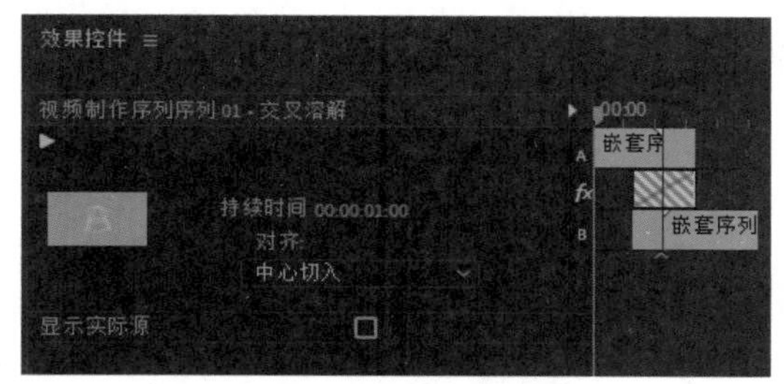

图14-42　效果控件面板

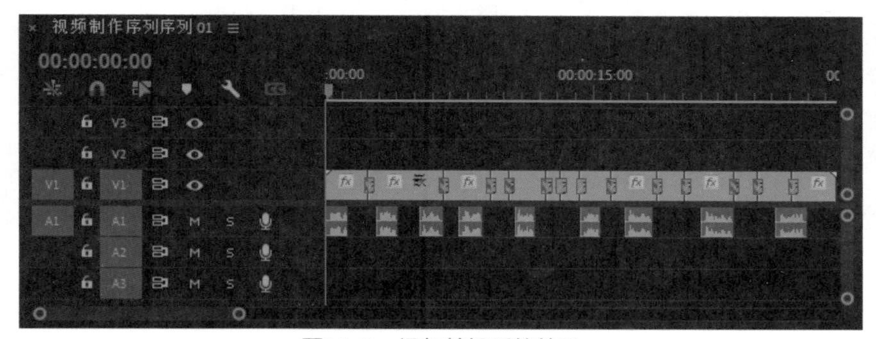

图14-43　添加转场后的效果

14.5.5　Lumetri 调色

Lumetri颜色提供专业质量的颜色分级和颜色校正工具，可以直接在时间线上为素材分级。使用这些工具，可以按序列调整颜色、对比度和光照。

01 执行“文件”|“新建”|“调整图层”命令，打开“调整图层”对话框，如图14-44所示。

02 单击“确定”按钮，新建的调整图层显示在项目面板中，如图14-45所示。

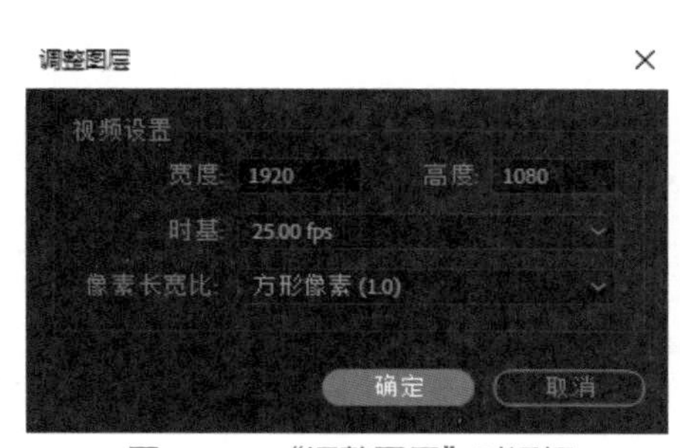

图14-44　“调整图层”对话框

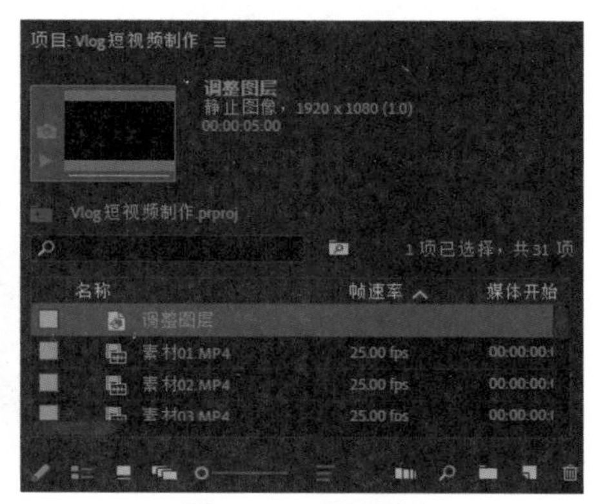

图14-45　项目面板

03 将项目面板中的“调整图层”拖曳到时间线轨道上，拖曳“调整图层”的时间和视频的时间长度一致，如图14-46所示。

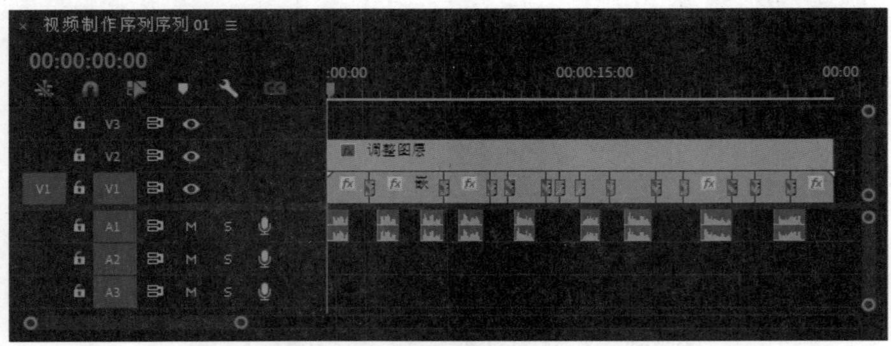

图14-46　拖曳“调整图层”的时间

04 打开“效果”面板，展开“颜色校正”选项栏，如图14-47所示。

05 将“Lumetri颜色”效果拖曳到调整图层上，效果控件面板如图14-48所示。

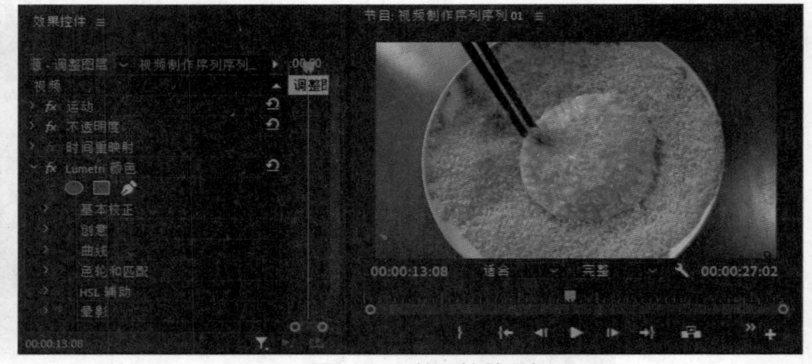

图14-47　视频效果

图14-48　效果控件面板

“Lumetri颜色”效果包含基本校正、创意、曲线、色轮和匹配、HSL辅助和晕影。

- 基本校正：修正过暗或过亮的视频，调整色温、色彩和饱和度等。
- 创意：可用预设快速调整剪辑的颜色。
- 曲线：可快速精确调整颜色，调整画面的外观效果。
- 色轮和匹配：可以对镜头的阴暗或光亮区域进行颜色调整。
- 晕影：用于调整画面的主题。

06 在“效果控件”面板，打开“Lumetri颜色”下的“基本校正”选项，调整颜色，如图14-49所示。

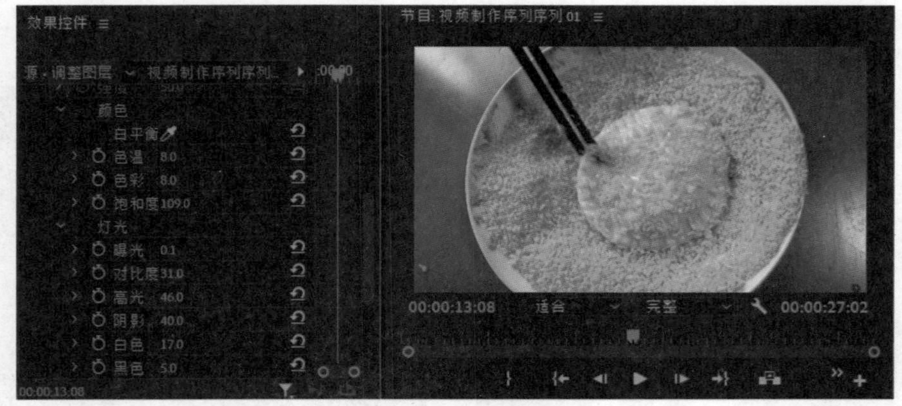

图14-49　调整颜色

还可以通过创意、曲线、色轮和匹配等参数进行颜色调整。

14.6　字幕

Premiere Pro引入了语音转文本功能，可为字幕工作流程自动添加视频转录，本节介绍在Premiere Pro中使用字幕的方法，一般情况下在编辑完成视频后添加字幕。

01 执行“窗口”|“文本”命令，打开文本面板，如图14-50所示。

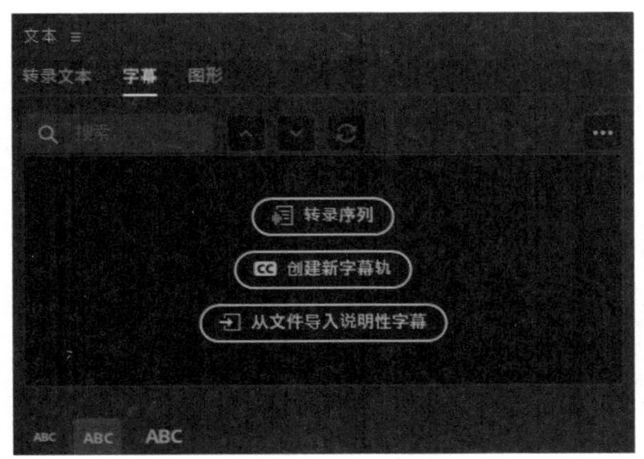

图14-50　**文本面板**

02 单击“转录文本”选项卡，打开“转录文本”工作界面，如图14-51所示。

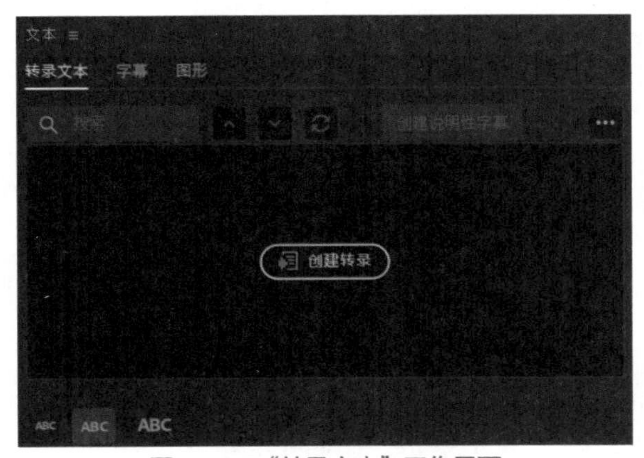

图14-51　**“转录文本”工作界面**

03 单击“创建转录”按钮，打开“创建转录文本”对话框，如图14-52所示。

04 在“语音”中选择“简体中文”选项，单击“转录”按钮，自动创建转录，如图14-53所示。

05 在文本区域双击，进入文本框，可以对文本进行修改，如图14-54所示。

06 单击“创建说明性字幕”按钮，打开“创建字幕”对话框，如图14-55所示。

07 选中“从序列转录创建”单选按钮，单击“创建”按钮，文本面板上的字幕如图14-56所示。

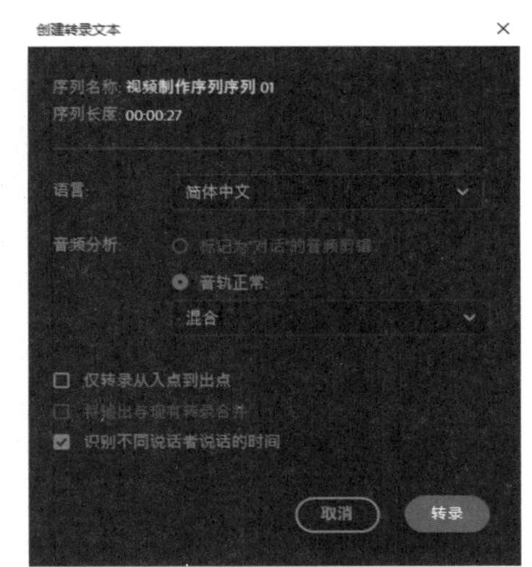

图14-52　**“创建转录文本”对话框**

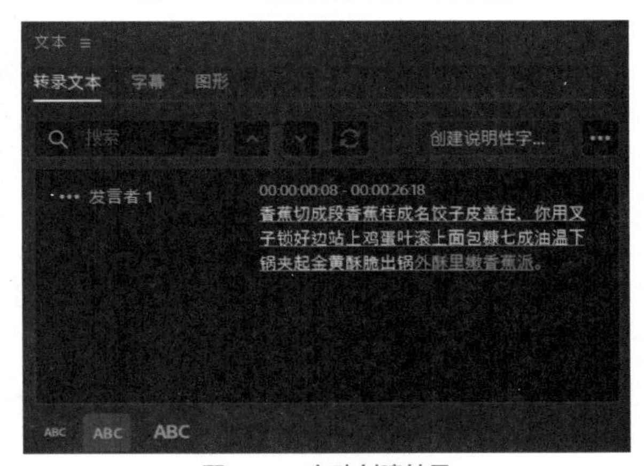

图14-53　**自动创建转录**

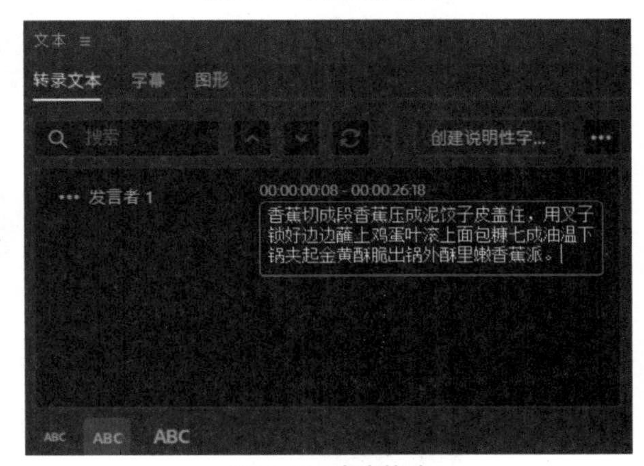

图14-54　**文本修改**

08 创建字幕后，时间线面板中创建了副标题轨道，副标题轨道用于显示字幕，如图14-57所示。

09 在时间线面板中选择字幕，节目窗口如图14-58所示。

10 在时间线轨道上双击字幕，打开“基本图形”面板，如图14-59所示。

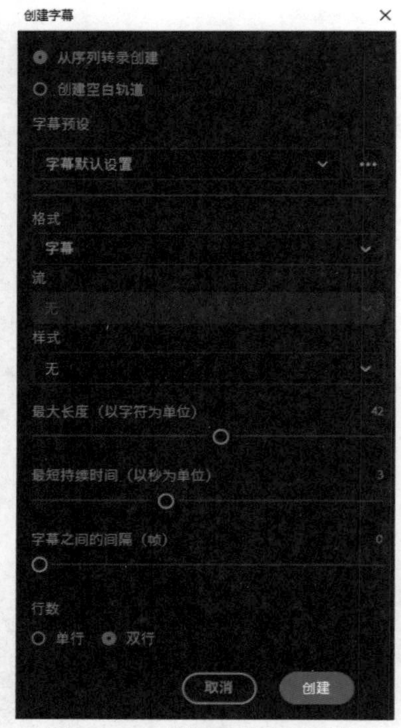

图14-55　“创建字幕”对话框

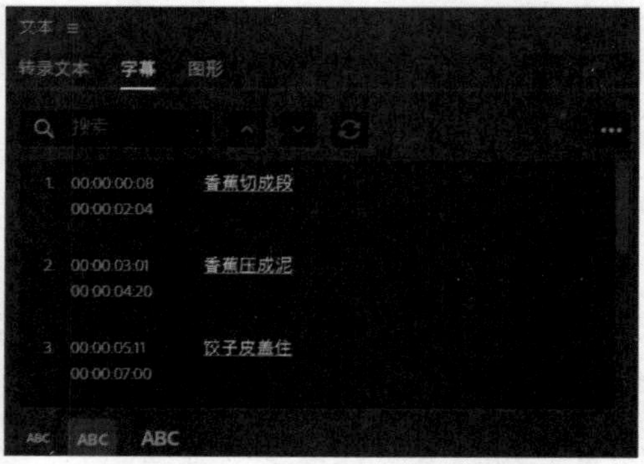

图14-56　文本面板上的字幕

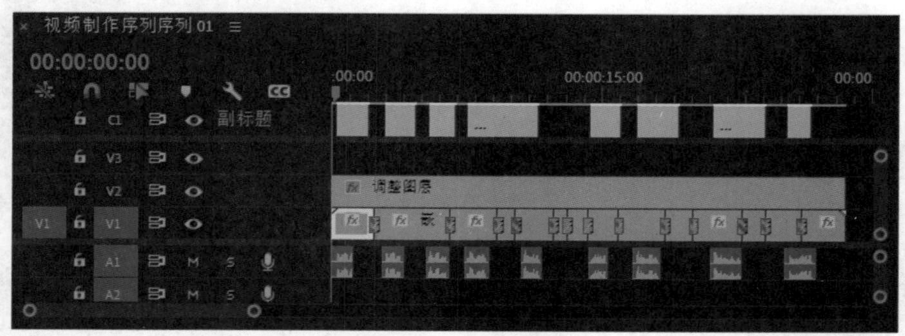

图14-57　副标题轨道

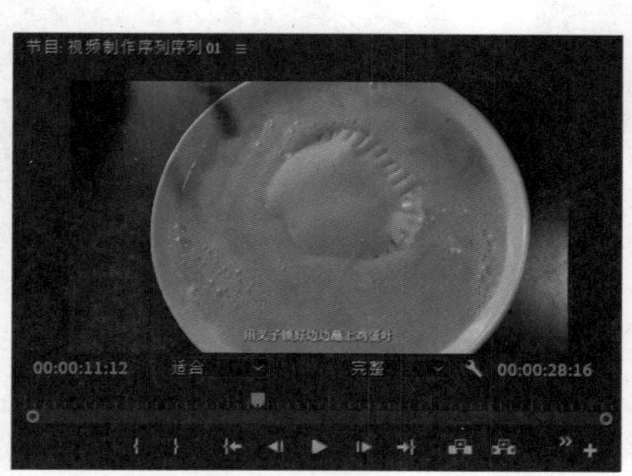

图14-58　节目窗口

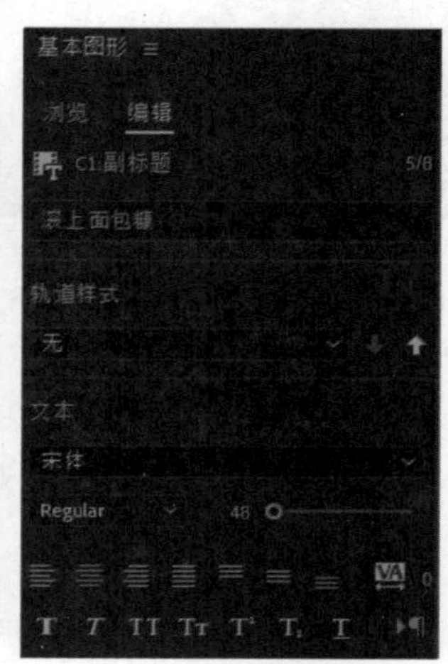

图14-59　基本图形面板

11 在“基本图形”面板中调整字号大小，节目窗口如图14-60所示。

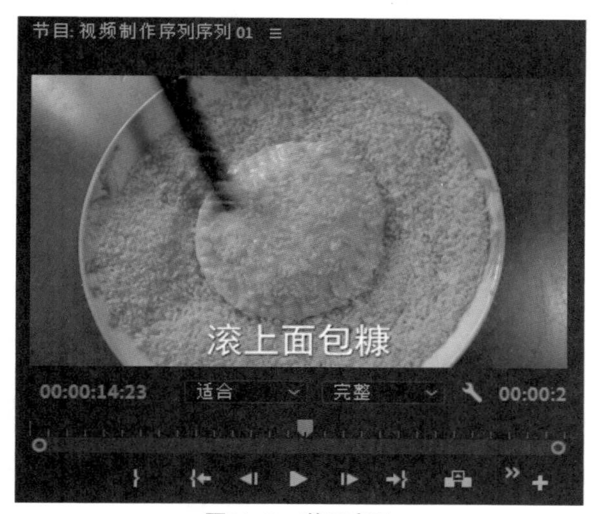

图14-60　节目窗口

14.7　添加背景音乐

Premiere Pro中的重新混合功能由Adobe Sensei提供支持，重新定时音乐可以匹配视频的持续时间，不必再为了剪切一段适合场景长度的音乐而反复剪切、处理波形、添加淡化、预览，可节省数小时的时间。

01 在项目面板中导入音乐素材，如图14-61所示。

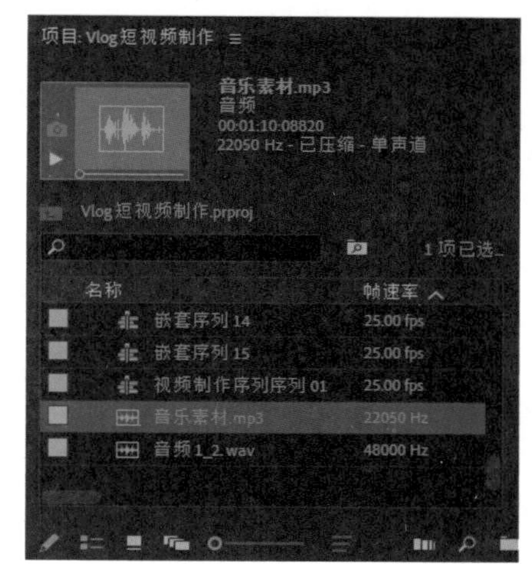

图14-61　项目面板

02 在项目面板中选择音乐素材，拖曳到时间线面板，如图14-62所示。

03 选择音乐素材，在工具栏面板的“波形编辑工具”群组中选择“重新混合工具”选项，然后单击并在时间线中拖曳音乐剪辑的右边缘，如图14-63所示。

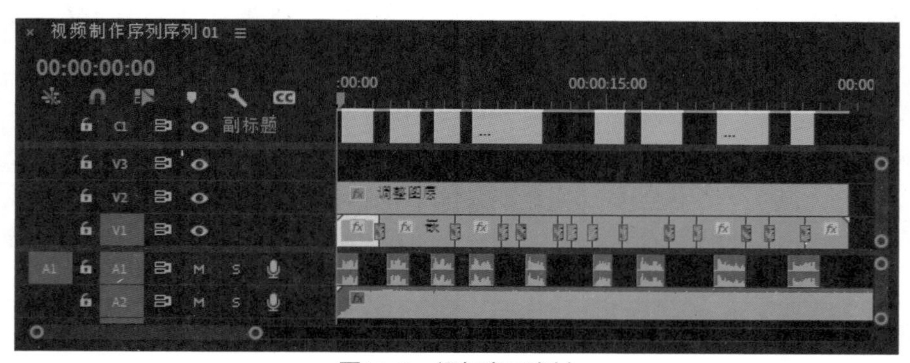

图14-62　添加音乐素材

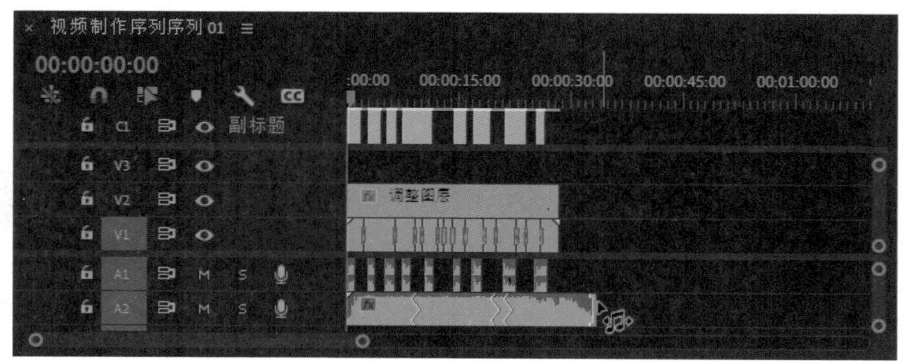

图14-63　重新混合工具

04 在“基本声音”面板中选择“重新混合”单选按钮，并调整“目标持续时间”，如图14-64所示。

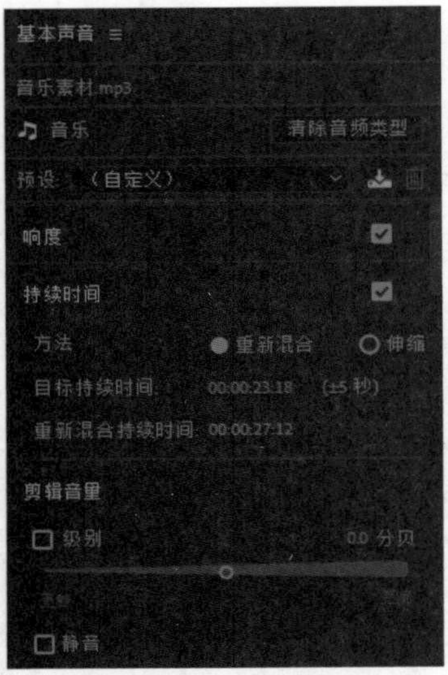

图14-64 基本声音面板

14.8 导出视频

本节介绍导出视频的方法。

01 在标题栏中单击“导出”按钮，打开“导出”面板，如图14-65所示。

02 在“设置”中，输入“文件名”，选择文件保存的“位置”，“预设”中选择匹配来源，“格式”选择“H.264”选项，单击“导出”按钮，即可导出视频。导出好后视频效果如图14-66所示。

也可以单击“发送至Media Encoder”按钮，打开Adobe Media Encoder软件，此时序列编码作业已添加到其队列中，单击“导出”按钮，即可渲染和导出该视频。

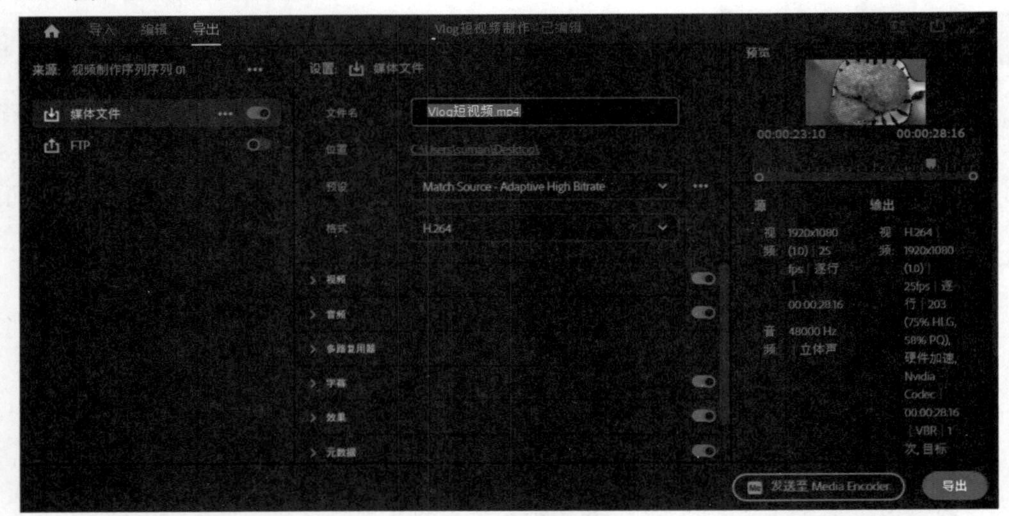

图14-65 导出面板

图14-66 导出后的视频效果